煤炭高等教育“十四五”规划教材

计算机控制技术及网络

主编　程　勇

中国矿业大学出版社
·徐州·

内容提要

本书基于计算机控制技术及网络的发展，借鉴前人优秀经验编写而成。主要介绍如何将计算机技术、通信技术及相关控制理论应用于工业计算机控制生产过程，实现准确检测、干扰抑制、可靠数据通道、精确控制及工业互联网建立等。

本书适合高等学校自动化技术及应用类、电气工程类、电子技术类、计算机科学技术类、机械工程类、仪器仪表技术类等专业学生学习，也可供相关专业研究人员参考。

图书在版编目(CIP)数据

计算机控制技术及网络 / 程勇主编. — 徐州 ：中国矿业大学出版社，2025. 7. — ISBN 978-7-5646-6679-8

Ⅰ. TP273；TP393

中国国家版本馆 CIP 数据核字第 2025UF4969 号

书　　名　计算机控制技术及网络

主　　编　程　勇

责任编辑　仓小金

出版发行　中国矿业大学出版社有限责任公司

（江苏省徐州市解放南路　邮编 221008）

营销热线　(0516)83885370　83884103

出版服务　(0516)83995789　83884920

网　　址　http://www.cumtp.com　**E-mail**:cumtpvip@cumtp.com

印　　刷　徐州中矿大印发科技有限公司

开　　本　787 mm×1092 mm　1/16　**印张** 15.5　**字数** 397 千字

版次印次　2025 年 7 月第 1 版　2025 年 7 月第 1 次印刷

定　　价　48.00 元

（图书出现印装质量问题，本社负责调换）

前　言

本书是煤炭高等教育“十四五”规划教材，由西安科技大学程勇副教授主持编写。

计算机控制技术是工业自动化的重要实现技术，其水平体现我国工业发展程度。当前，我国计算机控制领域发展日新月异，已形成持续发展的产业体系，取得一系列成果。在科技人员努力下，该领域不断实现从零到一的突破，成长起一大批持续成熟进步的企业，显著提升了我国工业领域技术研发能力与储备厚度。日趋完善的计算机控制产业，助力我国航空航天、高速铁路、核电站、半导体加工、特高压直流输电系统、国产飞机、车床加工、汽车制造、石油化工、矿山开采等领域实现长足发展，推动我国计算机控制系统稳健进步。近年来，北京和利时、华为、上海兆芯、长鑫存储、科大讯飞、汇川、北京昆仑通态、大族激光、华工科技、中车集团、沈阳新松机器人、浪潮信息、海康威视、京东方等一批中国企业在该领域崛起，它们在操作系统、应用软件、通信技术、GPU、CPU、存储介质、人工智能、工业互联网、工业控制技术等领域形成自主知识产权，占据相关领域制高点。不过，受计算机控制相关产业不均衡性影响，我国在个别细分领域仍需进一步发展。

“计算机控制技术及网络”是我国高校自动化技术及应用类、电气工程类、电子技术类、计算机科学技术类、机械工程类、仪器仪表技术类等专业的主干课程。该课程主要研究如何将计算机技术、通信技术及相关控制理论应用于工业计算机控制生产过程，实现准确检测、干扰抑制、可靠数据通道、精确控制及工业互联网建立等。

本书基于计算机控制技术及网络的发展，借鉴前人优秀经验编写而成。教材共分7章：第1章为绪论，介绍计算机控制系统及其组成、分类和典型形式，工业控制机的组成结构及特点，以及计算机控制系统的发展概况和趋势；第2章讨论计算机控制系统的输入输出接口与抗干扰技术；第3章讨论数字控制技术，重点介绍轨迹跟踪法及数控系统输出装置的步进与伺服驱动控制技术；第4章讨论数据处理和控制技术，主要介绍数字控制器的各种控制算法；第5章讨论现代控制技术，主要针对多输入多输出系统，介绍状态空间的输出反馈设计法、自抗扰控制法等；第6章讨论人机接口技术与监控组态软件，助力工程师借助组态软件功能实现对计算机系统的更好控制；第7章讨论分布式测控网络技术，主要介绍工业网络通信技术等多种网络技术，并给出设计实例。

全书编写由程勇副教授主持，程勇和高沛林统稿。各章节编写分工如下：第1章由高沛林编写；第3章、第6章、第2章第5节、第4章第1节由程勇编写；第2章其余章节、第4章由辛芳芳编写；第5章、第7章由刘飞编写。研究生李思卿、李森豪、李湘、颜于尧、宋世雄、成琦、姚蕾茹、周江浩参与了本书部分工作，在此致谢。

由于编者水平有限，书中难免有许多欠妥之处，请读者批评指正。

编者

2024年4月

目　录

第1章 绪 论

计算机控制系统伴随着其他学科的发展而迅速进步，它给工业领域和人类社会带来了深刻的变革。计算机控制技术因为其自身独特的优势，成为了工业技术领域重要的组成部分。

本章主要介绍计算机控制系统组成及原理、分类和特点及发展概况和趋势。

1.1 计算机控制系统介绍

计算机控制领域中，工程师对自动控制系统的性能要求越来越高。传统的模拟控制器虽然解决了部分工程问题，但是由于其工作难度和系统复杂度较高，限制了其在不同工业领域中的快速推广。随着计算机技术的飞速发展，计算机控制系统变得简单而稳定，替代了传统的自动控制结构，传统的自动控制系统如图 1-1 所示。

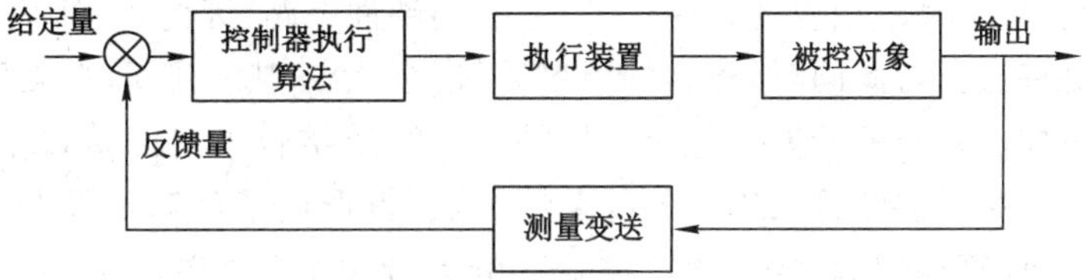

图 1-1 传统自动控制系统结构

1.1.1 计算机控制系统组成及原理

计算机控制系统简单来讲就是对工业计算机实施一定的算法，解决生产过程控制的控制系统。由于其内部系统是一种典型的数字处理结构，同时该系统还需要进行远端数据通信和信号采集，因此常见的计算机控制系统 A/D、D/A 转换器成为了不可或缺的组成部分，通过该结构实现了不同类型的信号（数字信号、模拟信号）设备的兼容和通信。

1.1.1.1 计算机控制系统的工作原理

图 1-2 所示为典型的计算机控制系统原理框图，为了满足工业控制机的输入和输出是数字信号这一要求，所以采用了 A/D 和 D/A 转换器。计算机控制系统的工作原理，大致总结为以下 3 个部分。

① 数据采集：主要指检测和采集来自测量变送装置的被控量的瞬时值，如温度、转速、

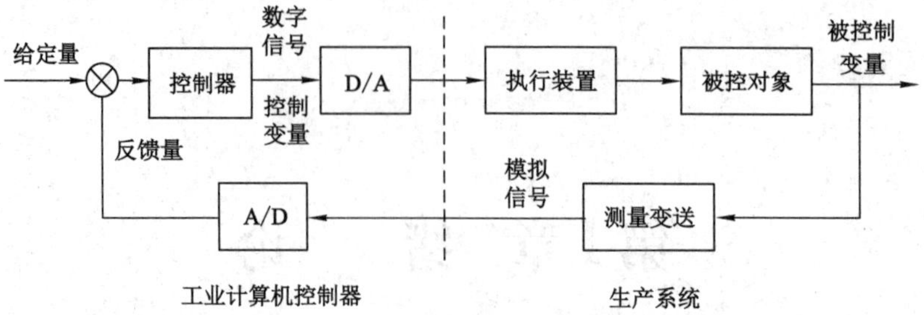

图 1-2　计算机控制系统原理图

电压、电流等变量。

② 控制环节:控制器依据采集的被控量和给定量,结合相应控制策略计算控制变量。

③ 执行输出:将控制分量再次转换为模拟量,适时地发出控制信号给执行机构。

如果计算机控制系统与实际的生产系统直接关联,能够进行实时的数据处理和反馈,这种形式就是在线控制方式。如果两个系统并不直接相关联,没有实时数据的处理和通信过程,只是人为地操作相关的设备,这种结构叫作离线方式。所谓计算机系统中的实时概念,是指该系统在实施控制时候,对于采集信号、处理信号、实施算法、输出信号、远端通信等环节的时间要求,即需要系统能够在规定的时间内完成操作,否则会因为处理速度过慢影响系统输出的时效。实时的概念是与具体控制过程紧密相连的,一个在线的系统不一定是一个实时系统,但一个实时控制系统必定是在线系统。

1.1.1.2　计算机控制系统的功能特点

在计算机控制系统中,控制规律是通过程序在计算机上实现的(数字控制器),想对一个控制过程作修改,只需修改相应的程序,一般不改动硬件电路,因此,灵活性和适应性是计算机控制系统重要特点。与此同时,丰富的指令系统、强大的逻辑判断,造就了计算机控制系统远超模拟电路控制系统的性能。稳定可靠的硬件系统结合丰富的接口配置,使得计算机控制系统往往可以胜任多路输入输出的复杂情况,这也形成了计算机控制系统为数众多的控制形式,如分级计算机控制系统、集散控制系统、计算机网络控制系统等。

计算机控制体现了多学科交叉、融合的特点,其强大的兼容性使其不断吸收新的系统和技术(如工业机器人、柔性生产系统(FMS)等),从而促进计算机控制技术进入性能更高的新境界。计算机控制系统相对于连续控制系统,其主要特点如下:

(1) 系统的结构特点

计算机是计算机控制系统执行控制功能的核心,而连续系统中,被控对象、执行部件及测量部件输入输出信号均为模拟量。所以完备的计算机控制系统必须配备信号转换装置,实现系统信号之间的兼容。因此,计算机控制系统通常是模拟与数字信号组成的混合信号系统,或者是全数字控制系统。

(2) 信号的特点

由于连续系统中各节点信号均为连续模拟信号,而计算机处理的是数字信号,因此必须对连续信号按照一定的采样间隔(称为采样周期)进行采样,将其变为离散信号。通常,计算机控制系统包含了连续模拟信号,离散模拟、离散数字、连续数字等信号形式,是一种混合信号系统。

(3) 信号传递时间上的差异

连续系统中(除纯延迟环节外)模拟信号的计算速度和传递速度都极快,可以认为是瞬时完成的,即该时刻的控制系统输出是由同一时刻的输入得到的,系统各点信号都是相同时刻的对应值,而在计算机控制系统中则不相同,由于存在延迟,因此系统的输出对应的不是在同一时刻的输入值。

(4) 高性能和多回路控制特点

计算机处理器运算速度快、精度高、逻辑功能丰富和存储能力大,因此,能实现高性能控制效果的复杂控制规律,如最优控制、鲁棒控制、智能控制等。传统的连续控制系统中,大多是一个控制器对应一个回路,而计算机的运算处理能力高,一个控制器(控制计算机)可采用分时控制的方式来控制多个回路。通常,计算机控制利用一次巡回的方式实现多路分时控制。

(5) 计算机控制系统的灵活性和适应性

对于连续控制系统,一般必须通过改变硬件结构来提升硬件的控制性能。但是,计算机控制系统往往只需改进软件实现更高性能控制,通常并不需要对硬件进行升级。有些计算机控制系统,还向用户开放通过网络修改算法参数,实现更高适用性的控制方法。

1.1.2　计算机控制系统常见结构

计算机控制系统由工业控制机和生产过程两大部分组成。工业控制计算机,由硬件和软件两个部分组成,对生产过程实施采样信号处理,并且通过相关接口作用于生产设备,如图 1-3 所示。

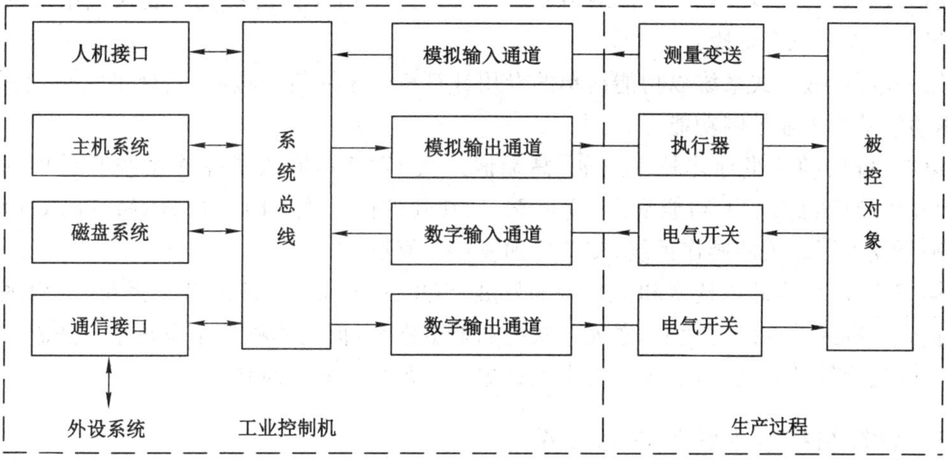

图 1-3　计算机控制系统的组成框图

1.1.3　计算机控制系统主机

在实际工程中,根据控制规模、工艺要求、控制要求、系统成本、现场环境等来选择合适的控制器。

1.1.3.1 可编程序控制器(programmable controller,PC)

20 世纪 70 年代后期,随着微电子技术和计算机技术的迅猛发展,可编程逻辑控制器更多地具有计算机功能,不仅用逻辑编程取代硬件接线逻辑,还增加了运算、数据传送和处理等功能,使其真正成为一种电子计算机工业控制装置,而且做到了小型化和超小型化。这种采用微电脑技术的工业控制装置的功能强于逻辑控制、顺序控制,称为可编程序控制器,简称 PC(programmable controller)。但由于 PC 容易和个人计算机(personal computer)混淆,故习惯地用 PLC 作为可编程序控制器的缩写。

PLC 具有极强的灵活性和适应性,是工业领域的常用计算机控制器。PLC 控制器的水准某种程度反映了一个国家的自动化水准和计算机控制的水平,中国 PLC 厂家虽然起步较晚,但是对于我国工业自动化自主知识产权和独立发展意义重大,经过不断努力,这些国产 PLC 取得了明显的进步,品牌有汇川、和利时、英威腾、台达等。常见外国 PLC 厂家有德国西门子、瑞士 ABB、日本欧姆龙等品牌。

1.1.3.2 工业控制计算机(industrial personal computer,IPC)

工业控制计算机是为工业生产控制而设计的专业计算机,用于对工业生产过程中的机器设备、生产流程、数据参数等进行监测与控制。因此,工业控制计算机除了完成数据的处理工作,还要适应非常恶劣的工作环境,并要保持数据的高安全性,同时它提供了丰富的接口适应各种外部设备。工业控制机(简称工控机),面向工业控制,采用标准总线技术和开放式体系结构,外围接口丰富,如模拟量输入输出模板、数字量输入输出模板等。

1.1.3.3 嵌入式系统

嵌入式系统是以应用为中心,以现代计算机技术为基础,能够根据用户需求(功能、可靠性、成本、体积、功耗、环境等)灵活裁剪软硬件模块的专用计算机系统。嵌入式系统的发展大致经历了以下三个阶段:

第一阶段:嵌入式系统以功能简单的专用计算机或单片机为核心,实现了监测、通信、伺服、驱动等基本工业控制功能。

第二阶段:随着半导体技术发展,高端嵌入式 CPU 和嵌入式操作系统开始出现。这时,计算机硬件也实现了功能复杂、高可靠、低功耗的嵌入式 CPU,如 ARM、PowerPC 等,工程师开发出了相关的操作系统,支持更加复杂的算法。

第三阶段:结合芯片技术和互联网的发展,SOC(system on chip 片上系统)的出现又进一步提升了嵌入式系统的性能,嵌入式系统功能更强大,但是体积却相应减小。随着工业互联网、5G 通信等技术进步,嵌入式技术也将进入大数据互联网时代。

1.1.4 计算机控制系统的常见形式

计算机控制系统往往因为控制对象不同而变化,常见的几种典型的计算机控制系统形式如下。

1.1.4.1 操作指导控制系统

操作指导控制系统的结构如图 1-4 所示。该系统最大的特点是,除了具有基本的数据采集和处理的功能,并且依据一定的逻辑或者算法给操作员做出提示和判断依据,最终由操作员输出控制信息调节输出。

计算机按照相应的输入执行控制算法,然后综合给出这一瞬时条件下的计算结果,即最

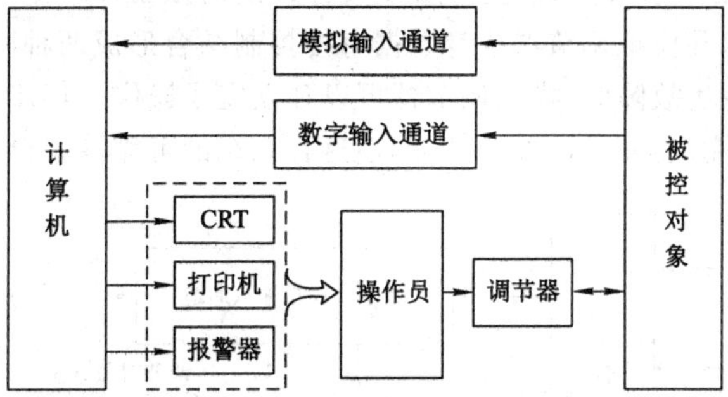

图 1-4 操作控制指导系统

优操作条件及操作方案。操作员根据计算机设备的外部接口，接收计算机输出结果，然后人为控制调节器动作，可见上述控制并没有形成信息的闭环结构，它属于开环控制，这样的系统过于依赖人为操作，构成了潜在的安全风险。

1.1.4.2 直接数字控制

直接数字控制(direct digital control，DDC)系统的结构如图 1-5 所示。计算机直接接收模拟量输入(analog input，AI)和开关量输入(digital input，DI)通道的数据采样，结合事先设定的控制律计算控制变量，按照周期采集数据，然后按照一定的控制规律计算输出控制量，该控制量经过模拟量输出(analog output，AO)和开关量输出(digital output，DO)通道来控制生产过程。DDC 系统中信息变量实现了闭环结构，其有动态响应好、可靠性高、系统结构简单和适应能力强等特点，实际的应用系统中，一台计算机通常要控制几个或几十个回路，它能结合设定的系统程序完成对应的控制功能。

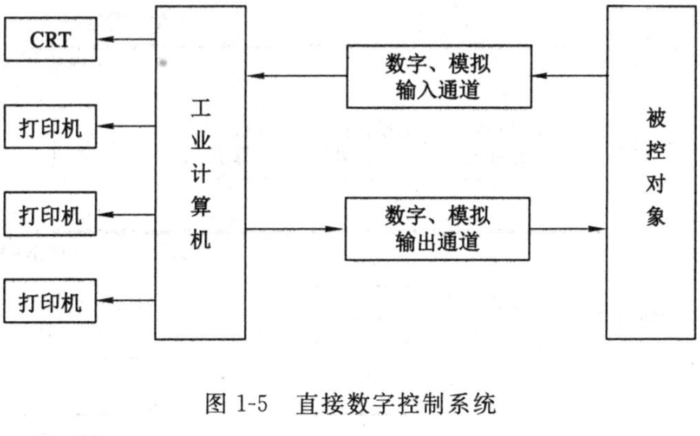

图 1-5 直接数字控制系统

1.1.4.3 监督控制系统

监督控制系统(supervisory computer control，SCC)是一种二级控制系统，监督计算机是第一级控制器，模拟调节器或直接数字控制调节器是第二级控制器。结合原始工艺信息和其他系统参数，监督控制系统在一定最优条件下(如高质量、高效率、低消耗、低成本、最短响应时间等)按照所建立生产过程的数学模型或其他方法，结合模型的数据迭代自动地调节模拟调节器或以直接数字控制的微型机给定值，实现生产过程的最优工况控制。从这个层面说，监督控制系统是用来改变给定值，所以又称设定值控制(set point control，SPC)。监督控制系统SCC可以和模拟调节器或者数据直接控制结合形成两种不同结构，如图1-6所示。当SCC微型机发生故障时，模拟调节器可以独立完成操作；当DDC级微型机出现故障时，可由SCC微型机完成DDC的控制功能，使这种系统的可靠性获得了提高。

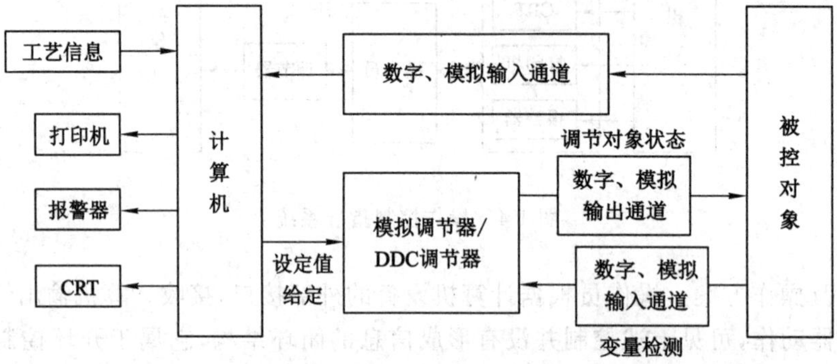

图1-6　监督控制系统

1.1.4.4　集散控制系统

集散控制系统(distributed control system，DCS)，是以微处理器为基础，采用分散控制、集中操作、分级管理、分而自治和综合协调为设计原则的控制系统，也称作"分散控制系统"或"分布式计算机控制系统"，其自1975年问世以来，发展十分迅速，已经得到了广泛的应用，其结构如图1-7所示。

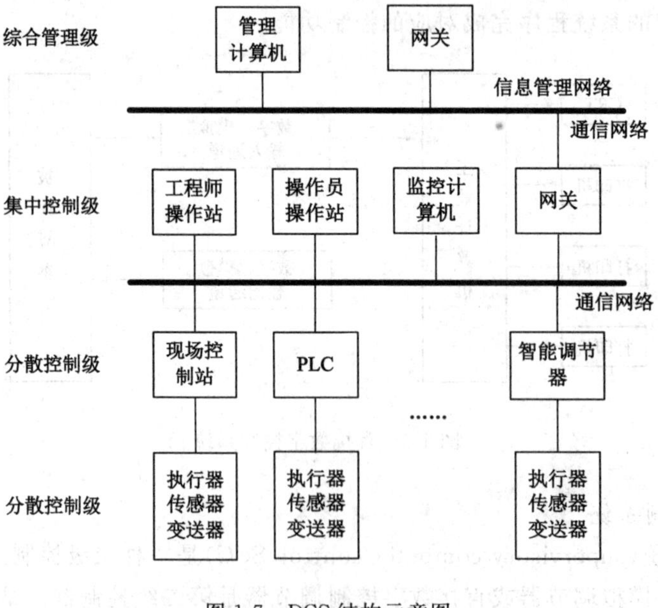

图1-7　DCS结构示意图

集散控制系统采用多层分级、合作自治的结构形式，其主要特征是它的集中管理和分散控制。目前DCS在电力、冶金、石化等各行各业都获得了极其广泛的应用。

1.1.4.5 现场总线控制系统

现场总线控制系统(field bus control system,FCS)是20世纪90年代兴起的分布式控制系统,如图1-8所示。现场总线是顺应智能现场仪表而发展起来的一种开放型的数字通信技术,其发展的初衷是用数字通信代替一对一的I/O连接方式,把数字通信网络延伸到工业过程现场。根据IEC和美国仪表协会ISA的定义,现场总线是连接智能现场设备和自动化系统的数字式、双向传输、多分支结构的通信网络,它的关键标志是能支持双向、多节点、总线式的全数字通信。

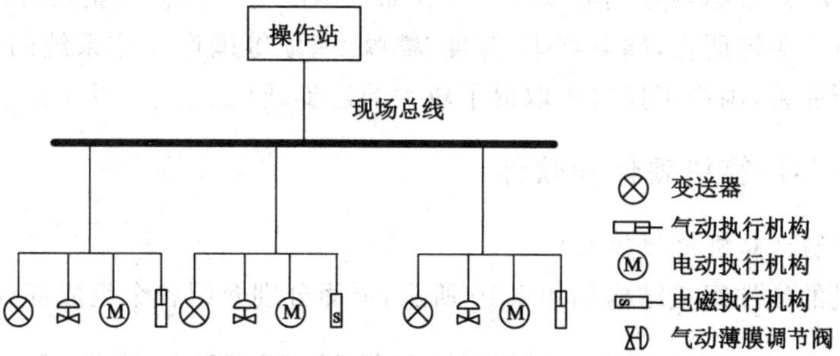

图1-8 FCS结构示意图

随着现场总线技术与智能仪表管控一体化(仪表调校、控制组态、诊断、报警、记录)的发展,这种开放型的工厂底层控制网络构造了新一代的网络集成式全分布计算机控制系统,即现场总线控制系统(简称FCS)。FCS作为新一代控制系统,采用了基于开放式、标准化的通信技术,突破了DCS采用专用通信网络的局限;同时还进一步变革了DCS中"集散"系统结构,形成了全分布式系统架构,把控制功能彻底下放到现场。

1.1.4.6 综合自动化系统

现代工业生产的综合自动化系统包括各种难易程度不同的生产控制系统、生产管理系统、营销管理系统和财务管理系统等,广泛涉及产品物流增值链和产品生命周期的全部过程,向企业提供全面的解决方案。智能制造时代,摒弃"信息孤岛",实施信息集成化的技术,实现PCS、MES、ERP三层架构的集成,已成为企业信息化建设发展的一种必然选择。

由企业资源信息管理系统(enterprise resources planning,ERP)、生产执行系统(manufacturing execution system,MES)和生产过程控制系统(process control system,PCS)构成的三层结构,实现综合自动化系统,如图1-9所示。制造业的计算机集成制造系统和流程工业的计算机集成过程系统组成了综合自动化系统。PCS、MES、ERP系统一体化的实施,不仅实现了企业的综合自动化,而且促使了企业管理从以职能为中心向以过程为中心的转变,实现了扁平化的管理模式,使得企业能够适应多变的市场,实现敏捷制造和一体化过程的控制的要求;使流程企业的生产过程处于最佳状态,也能节省原材料,降低能耗与其他的消耗,提高产品的优质的品率以及设备的寿命及利用率。

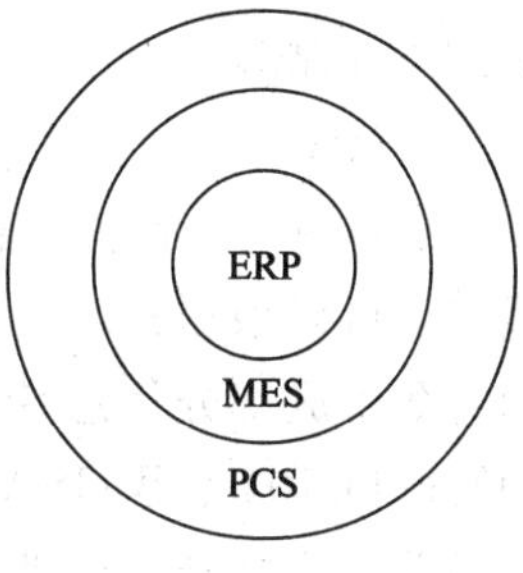

图1-9 综合自动化系统结构

1.2 工业控制计算机组成

工业控制计算机能实时处理来自检测传感器的输入信息，并把处理结果按照统一标准输出到执行机构去控制生产过程，同时可对生产进行监督、管理，它是工业控制领域重要的设备。国产工控机技术较先进的国际标准仍有一定差距，但近几年随着国内半导体行业的兴起，涌现出了龙芯、麒麟等处理器以及长江存储等国产电子信息行业龙头。国产操作系统也是国产工控机的关键所在，随着红旗、深度、麒麟、鸿蒙等国产操作系统的成熟，操作系统的生态圈也日渐完善，国产工控机也取得了较大的进步。

1.2.1 工业控制计算机硬件和软件

1.2.1.1 工业控制计算机的硬件组成

工业控制机的硬件组成结构如图 1-10 所示，下面分别介绍各个组成部分的功能。

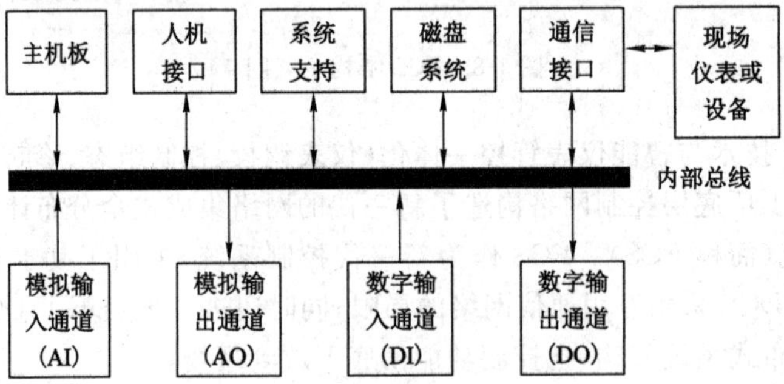

图 1-10 工业控制机的硬件组成结构图

(1) 主机板

工业控制机的核心与普通计算机相似，由中央处理器(CPU)、内存储器(RAM、ROM)、BIOS 芯片、I/O 控制芯片等部件组成。在控制系统中，主机板进行数值计算、逻辑判断、数据处理与存储等工作。

(2) 总线

总线(bus)是计算机各种功能部件之间传送信息的公共通信干线，它是由导线组成的传输线束。可以根据其连接设备的类型分为内部总线和外部总线，内部总线是工业控制计算机内部各组成部分信息传送的公共通道，是一组信号线的集合。常用的内部总线有 IBM PC 总线、PC104 总线、ISA 总线和 PCI 总线。

外部总线是指计算机主机与外部设备接口的总线，实际上是一种外设的接口标准。常用外部总线有 RS-232C 和 USB。

(3) 人机接口

人机接口是指人与计算机之间建立联系、交换信息的输入/输出设备的接口，这些设备包括键盘、显示器、打印机、鼠标器等。

(4) 基本功能

① 监控定时器:俗称“看门狗”(watch dog),是一个在系统异常时自动恢复系统运行,提高系统可靠性的定时器电路。“看门狗”的作用就是防止程序发生死循环或者“跑飞”,能自动恢复系统的一种措施。

② 掉电保护:由于工业系统数据一般都很重要,因此工业控制机如出现电源掉电故障,必须及时发现并保护当时的重要数据和各寄存器的状态,等系统上电后,工业控制机能从断电处继续运行。

③ 后备存储保护:有能保存重要数据的后备存储器是监控定时器和掉电检测功能的必备条件之一。后备存储器主要作用是在系统掉电后确保已经存储的数据不丢失,故通常采用具有后备电池的静态随机存取存储器(SRAM)、非易失性随机存取存储器(NOVRAM,nonvolatile RAM)和可擦除可编程只读存储器(EEPROM)。同时为了保证数据的安全,在系统存储器的工作期间,后备存储器应处于上锁状态。

④ 实时日历时钟:为了给系统提供事件驱动和时间驱动的能力,实时时钟通常可以在停电后继续工作。常用的实时日历时钟芯片有 DS1216,DSl287 等。

(5) 磁盘系统

硬盘是工控机重要的存储设备,其好坏关系到数据的读取速度以及用户资料的安全性,目前工控机上有机械硬盘和固态硬盘。常见的硬盘数据线接口分为 SATA 和 SAS 两种。SATA 亦可称为串行 ATA 接口,是主流硬盘采用的接口,其采用串行传输模式,支持热插拔、接口坚固、安装方便。SAS 接口是新一代的 SCI 技术,跟 SATA 模式一样,它是串行传输模式,此接口优点是能改善存储系统的能效,能扩充更高的传输速度,并且能提高与 SATA 硬盘的兼容性。硬盘内部采用的存储介质是金属盘片,很多容量较大的硬盘由多张盘片组成。通常 1 TB、2 TB、4 TB 的硬盘是指硬盘内所有盘片容量的总和。

(6) 通信功能

计算机通信是指计算机与外部设备之间进行数据交换的过程,计算机的通信离不开接口技术,计算机通信接口技术的发展使不同类型的设备互相通信和协作,极大地拓展了计算机的应用领域。

(7) 输入输出通道

输入输出通道是连接工控机与生产过程之间的数字或模拟信号转换通道,实现了将输入信号转变为满足输出端接口设备电平或者逻辑标准的过程。它由模拟量输入通道、模拟量输出通道、数字量输入通道、数字量输出通道组成。

1.2.1.2 工控机软件

工控机的组成包括硬件部分和软件部分,硬件就像是一个物理平台,真正的控制和管理体现在软件方面。软件是工业控制机管理系统,可分为系统软件、工具软件、应用软件。

(1) 系统软件

系统软件管理工控机资源,并且向用户提供服务。系统软件包括实时多任务操作系统、引导程序、调度执行程序,如 Intel 公司推出的 iRMX86 实时多任务操作系统,美国 Ready System 公司推出的嵌入式实时多任务操作系统 VRTX/OS,国产银河麒麟、鸿蒙系统。国产操作系统是由中国人民解放军国防科技大学、中国软件与技术服务股份有限公司、浪潮集团有限公司和北京民族恒星科技有限公司合作研制的闭源服务器操作系统,打破了国外操作系统的垄断。

(2) 工具软件

工具软件是指工程技术人员从事软件开发的辅助软件,包括汇编语言、高级语言、编译程序、编辑程序、调试程序、诊断程序、组态软件等。

(3) 应用软件

和系统软件相对应的,是用户可以使用的各种程序设计语言,以及用各种程序设计语言编制的应用程序的集合,分为应用软件和用户程序。应用软件是利用计算机解决某类问题而设计的程序的集合,多供用户使用。应用软件是为满足用户不同领域、不同问题的应用需求而提供的那部分软件。

计算机控制系统性能不断提高,软件和硬件要相辅相成、共同进步,才能最大程度地发挥计算机的优势。伴随着国产操作系统的发展,和它们适配的应用软件和工具软件越来越多,相信安全可靠的国产工控机软件生态圈将日渐完善。

1.2.2 工控机的总线

总线(bus)是计算机各种功能部件之间传送信息的公共通信干线,它是由导线组成的传输线束,按照计算机所传输信息的种类,计算机的总线可以划分为数据总线、地址总线和控制总线,分别用来传输数据、数据地址和控制信号。总线是一种内部结构,它是 CPU、内存、输入、输出设备传递信息的公用通道,主机的各个部件通过总线相连接,外部设备通过相应的接口电路再与总线相连接,从而形成了计算机硬件系统。在计算机系统中,各个部件之间传送信息的公共通路叫总线,微型计算机是以总线结构来连接各个功能部件的,其有以下主要性能参数:

(1) 总线宽度

总线宽度又称总线位宽,指的是总线能同时传送数据的位数。

(2) 总线频率

总线频率是总线工作速度的一个重要参数,工作频率越高,传送速度越快。

(3) 总线带宽

总线带宽又称总线的数据传输率,是指在一定时间内总线上可传送的数据总量,用每秒最大传送数据量来衡量,单位为 MB/s(总线频率以 MHz 为单位)。

$$\text{总线带宽或数据传输率}=(\text{总线宽度}/8\ \text{位})\times\text{总线频率}$$

(4) 总线标准特性

① 物理特性:是指总线的物理连接方式(电缆式、蚀刻式),包括总线根数、插头和插座形状,引脚排列等。

② 功能特性:描述一组总线中每一根线的功能。

③ 电气特性:定义每根线上信号的传递方向以及有效电平范围。一般定义送入 CPU 的信号为输入信号,从 CPU 中送出的信号是输出信号(低电平有效的信号用信号名上一横线或信号名后带“#”来表示)。

④ 时间特性:定义每一根线在什么时候有效,这和总线操作的时序有关。

1.2.2.1 内部总线

内部总线,是指负责计算机内部功能模块之间通信的总线,它承担着完整的计算机系统内部信息干线的功能。内部总线按功能可分为数据总线(data bus,DB)、地址总线(address bus,AB)、控制总线(control bus,CB)、电源总线(power bus,PB)四部分。工控机系统采用了母板(底板)结构,继承了各种不同设备、不同总线接口的功能插槽,构建了工控机内部数据高速传输平台。

内部总线又可分为片级总线,其是在主机板上连接各集成电路的总线,包括 I2C 总线、SPI 总线、SCI 总线、数据总线、地址总线、控制总线等;外围总线包括主机板与外设接口板连接的总线;主机板通过系统总线与接口板连接,再通过接口板与外部设备连接,从而构成微型计算机系统;系统总线包括 VESA 总线、PCI 总线、ISA 总线、AGP 总线、IDE(EIDE/ATA,SATA)、SCSI、USB 和 IEEE 1394、IEEE-488、USB、RS-232C、RS-485 等总线;其他总线包括 VME、STD、PC-104、Compact PCI 等。各种总线的比较见表 1-1。

表 1-1 各种总线比较表

名称	ISA(PC-AT)	EISA	STD	MCA	PCI
适用机型	80286,386,486 系列	386,486,586IBM 系列	Z-80,IBM-PC 系列	IBM 个人机与工作站	P5 个人机,PowerPC,Alpha 工作站
最大传输率	8 MB/s	33 MB/s	2 MB/s	33 MB/s	133 MB/s
总线宽度	8/16 位	32 位	8/16 位	32 位	32 位
同步方式	半同步	同步	同步	异步	同步
地址宽度	24	32	24	32	32/64
负载能力	8	6	无限制	无限制	3
信号线数	98	143	56	109	120
64 位扩展	不可以	无规定	不可以	可以	可以
多路复用	不可以	不可以	不可以		是

(1) PCI 总线

PCI 即 peripheral component interconnect,中文意思是“外围器件互联”,是由 PCISIG (PCI special interest group)推出的一种局部并行总线标准。PCI 总线是由 ISA(industry standard architecture)总线发展而来的,ISA 并行总线有 8 位和 16 位两种模式,时钟频率为 8 MHz,工作频率为 33 MHz/66 MHz,是一种同步的独立于处理器的 32 位或 64 位局部总线。从结构上看,PCI 是计算机系统中的一级总线,由一个桥接电路实现对这一层的管理,并实现上下层之间的接口以协调数据的传送。从 1992 年制定规范到如今,PCI 总线已成为了计算机的一种标准总线,已成为局部总线的新标准,广泛用于当前高档微机、工作站以及便携式微机,主要用于连接显示卡、网卡、声卡。PCI 总线是 32 位同步复用总线,其地址和数据线引脚是 AD31～AD0,工作频率为 33 MHz。

PCI 总线作为处理器系统的局部总线,其主要目的是连接外部设备,而不是作为处理器的系统总线连接 Cache 和主存储器。

PCI 总线具备以下主要优点:

① PCI 总线空间与处理器空间隔离

用 HOST 主桥对 PCI 总线空间和存储器空间进行区分,这两个空间进行通信要经过

HOST 主桥将地址进行转换。

② PCI 具备扩展性

HOST 主桥可以作为根，然后可以分出 PCI 桥，其又可以连接更多的设备；但是在 1 棵 PCI 总线树上，最多只能挂接 256 个 PCI 设备(包括 PCI 桥)。

③ 动态配置机制

PCI 设备使用的地址可以根据需要由系统软件动态分配。

④ 共享总线机制

PCI 设备通过仲裁获得总线控制后，都会在总线上进行数据传输。PCI 总线仲裁器不在 PCI 总线规范定义的范围内，也不一定是 HOST 主桥和 PCI 桥的一部分。这种占用总线的机制不如 PCI-E 总线采用的交换结构。

⑤ 中断机制

PCI 总线上的设备可以通过四根中断请求信号 INTA～D# 向处理器提交中断请求。

⑥ HOST 主桥

主要功能是隔离处理器系统的存储器域与处理器系统的 PCI 总线域，管理 PCI 总线域并完成处理器与 PCI 设备间的数据交换。PCI 设备通过 HOST 主桥访问主存储器时，需要与处理器的 Cache 进行一致性操作，因此在设计 HOST 主桥时需要重点考虑 Cache 一致性操作。在一个处理器系统中，每一个 HOST 主桥都管理了一棵 PCI 总线树，在同一棵 PCI 总线树上的所有 PCI 设备属于同一个 PCI 总线域。

(2) PCI 设备

包括 PCI 主设备、PCI 从设备和桥设备。

其中 PCI 从设备只能被动地接收来自 HOST 主桥或者其他 PCI 设备的读写请求；而 PCI 主设备可以通过总线仲裁获得 PCI 总线的使用权，主动向其他 PCI 设备或者主存储器发起存储器读写请求。而桥设备的主要作用是管理下游的 PCI 总线，并转发上下游总线之间的总线事务。

(3) HOST 处理器

PCI 总线规定在同一时刻内，在一棵 PCI 总线树上有且只有一个 HOST 处理器。这个 HOST 处理器可以通过 HOST 主桥发起 PCI 总线的配置请求总线事务，并对 PCI 总线上的设备和桥片进行配置。

在 PCI 总线中，HOST 处理器是一个较为模糊的概念。在 SMP(symmetric multiprocessing)处理器系统中，所有 CPU 都可以通过 HOST 主桥访问其下的 PCI 总线树，这些 CPU 都可以作为 HOST 处理器。但是值得注意的是，PCI 总线树的实际管理者是 HOST 主桥，而不是 HOST 处理器。

(4) PCI 总线负载

PCI 总线频率越高，能挂接的负载越少。

(5) PCI 总线的信号定义

PCI 总线是一条共享总线，在一条 PCI 总线上可以挂接多个 PCI 设备。这些 PCI 设备通过一系列信号与 PCI 总线相连，这些信号由地址/数据信号、控制信号、仲裁信号、中断信号等多种信号组成。

PCI 总线可以使用 33 MHz 或者 66 MHz 的时钟频率，而 PCI-X 总线可以使用

133 MHz、266 MHz或者533 MHz的时钟频率。

除了RST#、INTA～D#、PME#和CLKRUN#等信号之外，PCI设备使用的绝大多数信号都使用这个CLK信号进行同步。其中RST#是复位信号，而PCI设备使用INTA～D#信号进行中断请求。

PCI总线是一种独立于具体处理器之外的局部总线，也就是它不依附于某个处理器。从结构上说，PCI是一级总线，插在CPU和原来的系统总线之间，由一个桥接电路来对这一层进行管理，连接了上下层，用来协调数据的传送。管理器提供信号缓冲功能，可以支撑10种外设的连接，并且能在高时钟频率下保持很高的性能。PCI总线同时也支持总线主控技术，可以在智能设备需要时取得控制总线的权力，使得数据传送的速度更快。

(6) PCI-E总线

PCI Express(PCI-E)是新一代的总线接口。在2001年的春季，英特尔公司提出了要用新一代的技术取代PCI总线和多种芯片的内部连接，并称之为第三代I/O总线技术。随后在2001年年底，包括Intel、AMD、DELL、IBM在内的20多家业界主导公司开始起草新技术的规范，并在2002年完成，对其正式命名为PCI Express。它采用了目前业内流行的点对点串行连接，比起PCI以及更早期的计算机总线的共享并行架构，每个设备都有自己的专用连接，不需要向整个总线请求带宽，而且可以把数据传输率提高到一个很高的频率，达到PCI所不能提供的高带宽。

尽管PCI Express技术规格允许实现X1(250 MB/s)，X2，X4，X8，X12，X16和X32通道规格。PCI Express X1和PCI Express X16将成为PCI Express主流规格，同时芯片组厂商将在南桥芯片当中添加对PCI ExpressX1的支持，在北桥芯片中添加对PCI Express X16的支持。除提供极高数据传输带宽之外，PCI Express因为采用串行数据包方式传递数据，所以PCI Express接口每个针脚可以获得比传统I/O标准更多的带宽，这样就可以降低PCI Express设备生产成本和体积。PCI Express采用串行方式传输数据，它和原有的ISA、PCI和AGP总线不同，这种传输方式，不必因为某个硬件的频率而影响到整个系统性能的发挥。当然了，整个系统依然是一个整体，但是我们可以方便地提高某一频率低的硬件的频率，以便系统在没有瓶颈的环境下使用。以串行方式提升频率增进效能，关键的限制在于采用什么样的物理传输介质，目前人们普遍采用铜线路，而理论上铜材质可以提供的传输极限是10 Gb/s。

(7) PCI-E总线特点

PCI Express总线是一种完全不同于过去PCI总线的一种全新总线规范，与PCI总线共享并行架构相比，PCI Express总线是一种点对点串行连接的设备连接方式，点对点意味着每一个PCI Express设备都拥有自己独立的数据连接，各个设备之间并发的数据传输互不影响，而对于过去PCI那种共享总线方式，PCI总线上只能有一个设备进行通信，一旦PCI总线上挂接的设备增多，每个设备的实际传输速率就会下降，性能得不到保证。而PCI Express以点对点的方式处理通信，每个设备在要求传输数据的时候各自建立自己的传输通道，对于其他设备这个通道是封闭的，这样的操作保证了通道的专有性，避免其他设备的干扰。

在传输速率方面，PCI Express总线利用串行的连接特点，能轻松将数据传输速度提到一个很高的频率，达到远超出PCI总线的传输速率。PCI Express的接口根据总线位宽不同而有所差异，包括 X1、X4、X8 以及 X16(X2 模式将用于内部接口而非插槽模式)，其中 X1 的传输速度为 250 Mb/s，而 X16 就是等于 16 倍于 X1 的速度，即是 4 Gb/s。与此同时，PCI Express 总线支持双向传输模式，还可以运行全双工模式，它的双单工连接能提供更高的传输速率和质量，它们之间的差异跟半双工和全双工类似。因此连接的每个装置都可以使用最大带宽，PCI Express 接口设备将有着比 PCI 设备优越得多的资源。

除了这些，PCI Express 设备能够支持热拔插以及热交换特性，支持的三种电压分别为 +3.3V、3.3Vaux 以及 +12V。考虑到现在显卡功耗的日益上涨，PCI Express 在规范中改善了直接从插槽中取电的功率限制，X16 的最大提供功率达到了 70 W，比 AGP 8X 接口有了很大的提高。

(8) PCI-E 分层结构

PCI-E 规范对于设备的设计采用分层的结构，由事务层、数据链路层和物理层组成，各层又都分为发送和接收两种功能块。如图 1-11 所示，发送端的应用程序(设备核 A)在事务层形成事务层包(TLP，transaction layer package)并储存在发送缓冲器里，等待推向下层。在数据链路层，在 TLP 包上再串接一些附加信息，这些信息是对方接收 TLP 包时进行错误检查要用到的，然后形成数据链路层包(DLLP，data link layer package)。在物理层，对 DLLP 包进行编码，占用链路中的可用通道，从发送器发送出去。在接收端，实际上是发送端的“逆”过程。如果说发送端是在不断组包，那么接收端就是在不断拆包，最后提取出有用的数据信息供设备核 B 的应用程序使用。下面对事务层协议进行介绍。

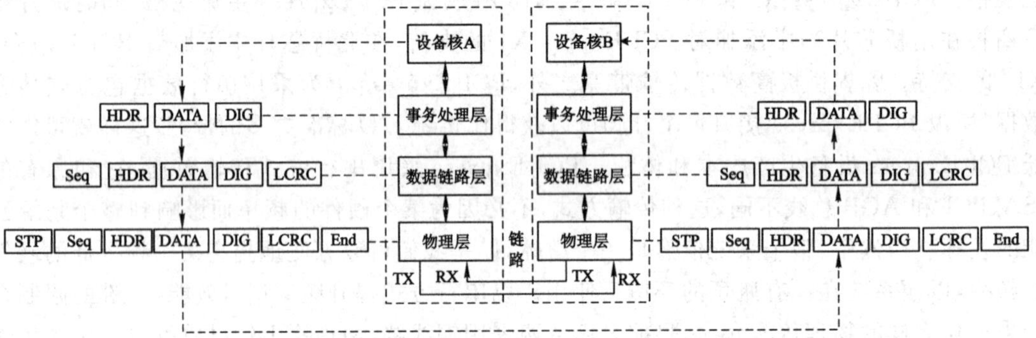

图 1-11 PCI-E 连接示意图

(9) PCI-E 总线数据传输机制简述

PCI-E 总线规定了两类数据传送方式，分别是 Non-Posted 和 Posted 数据传送方式。

在 PCI-E 总线中，Non-Posted 总线事务分两部分进行，首先是发送端向接收端提交总线读写请求，之后接收端再向发送端发送完成(completion)报文。PCI-E 总线使用 Split 传送方式处理所有 Non-Posted 总线事务，存储器读、I/O 读写和配置读写这些 Non-Posted 总线事务都使用 Split 传送方式，简单地说就是“一问一答”的方式。

而 Posted 总线事务，是只向终端发送报文，而终端无须反馈完成报文，所以是一种“单向发送”的机制。

PCI-E 只是南桥的扩展总线，它与操作系统无关，所以也保证了它与原有 PCI 的兼容性，也就是说，在很长一段时间内在主板上 PCI-E 接口将和 PCI 接口共存，这也给用户的升级带来了方便。由此可见,PCI-E 最大的意义在于它的通用性,不仅可以让它用于南桥和其他设备的连接,也可以延伸到芯片组间的连接,整个 I/O 系统将重新统一起来,更进一步简化了计算机系统,增加了计算机的可移植性和模块化。PCI-E 已经为 PC 的未来发展重新铺设好了路基,成为了计算机系统内部重要的总线形式。

1.2.2.2 外部总线

外部总线,也称为外设总线,是指计算机主机与外部设备接口的总线,实际上是一种外设的接口标准。在微型计算机上流行的接口标准有 IDE(EIDE/ATA,SATA)、SCSI、RS-232C、USB 和 IEEE 1394 等。IDE(EIDE/ATA,SATA)、SCSI 主要用于连接硬盘、光驱等外部存储设备,后三种可以用来连接多种外部设备。

(1) RS-232C 串行通信总线

RS-232C 是由美国电子工业协会(Electronic Industry Association ,EIA)制定的一种标准串行接口。RS 为“推荐标准”的缩写,232 为标识号,C 表示修改次数。由于 RS-232C 的机械特性,要求使用 25 芯标准连接插头或 9 芯标准连接插头,每个引脚有固定的含义和作用。

该标准规定:RS-232C 采用负逻辑规定逻辑电平,−3～−15 V 为逻辑“1”电平,+3～+15 V 为“0”电平。这种信号电平与通常并行接口中使用的 TTL 电平不同,由 TTL 到 RS-232C 的转换要借助于 MC1488,而由 RS-232C 电平到 TTL 的转换则要借助于 MC1489,如图 1-12 所示。

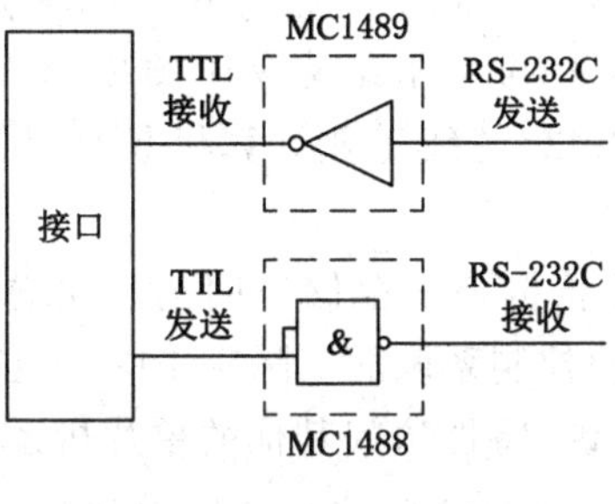

图 1-12 RS-232C 电平转换及接口电路

一般的 RS-232C 串行接口的输入输出采用 TTL 电平,为了达到 RS-232C 信号电平的要求,使用集成电路 MC1488 发送器和 MC1489 接收器,来相互转换 TTL 电平与 RS-232C 电平并保证接口的连接。

规定 RS-232C 总线的通信距离小于等于 15 m,传送信号的速率小于等于 20 kb/s,单个信号配备单根导线,每个信号共用一根信号地线。但是使用这样的单端输入、信号地线公用的系统,容易引起干扰。

(2) USB 串行通信总线

USB 是一个外部总线标准,规范电脑与外部设备的连接和通讯。USB 接口具有热插拔功能。USB 接口可连接多种外设,如鼠标和键盘等。USB 是由英特尔等多家公司联合在 1996 年推出后,已成功替代串口和并口,已成为当今电脑与大量智能设备的必配接口。

USB 设备采用“级联”方式,即每个 USB 设备用一个 USB 插头连接到一个外设的 USB 插座上,而其本身又提供一个 USB 插座供下一个 USB 外设连接用。通过这种类似菊花链式的连接，一个 USB 控制器允许连接多达 127 个外设，而每个外设间距离(电缆长度)可达 5 m。

USB 能智能识别 USB 链上外围设备的插入或拆卸。这样，USB 为 PC 机的外设扩充提供了一个很好的解决方案。USB 1.1 版本允许两种数据传送速度，低速传送为 1.5 Mb/s，高速传送为 12 Mb/s。因此，USB 能支持高速接口(如 ISDN、PRI、T1)，使用户拥有足够的带宽供新的数字外设使用。

USB 2.0 版规范将允许以 480 Mb/s 的速度传输数据。主机与要求高速传送的 USB 设备连接时，接点间的连接距离为 5 m，可利用 HUB 级连方法延长连接距离，但最多允许 5 个 HUB 级连，最长扩展连接距离不得超过 30 m。

USB 总线协议层提供很强的差错控制和恢复功能，使用时可靠性很高。而且 USB 总线有良好的兼容性，总线与系统是完全独立的，只要有软件支持，同一个 USB 设备可以在任何计算机体系中使用。

1.2.2.3 其他总线

STD 总线在 1978 年最早由 Pro-Log 公司作为工业标准发明的，由 STDGM 定制为 STD80 规范，随后被批准为国际标准 IEEE961。STD80/MPX 作为 STD80 追加标准，支持多主(Multi-Master)系统。STD 总线工控机是工业型计算机，16 位总线能满足嵌入式和实时性应用要求。特别是它的小板尺寸、垂直放置无源背板的直插式结构、丰富的工业 I/O 模板、低成本、低功耗、可靠性和良好的可维护性设计，使其在空间和功耗受到严格限制的、可靠性要求较高的工业自动化领域得到了广泛应用。STD 总线产品其实就是一种板卡(包括 CPU 卡)和无源母板结构，采用金手指结构易于插拔，对于用户来讲便于扩展开发。工业控制中广泛采用 STD 总线，STD 总线工业计算机具有组合方式灵活、成本低、小板结构及广泛的兼容性等优点。

STD 总线起初设计为可用于 64 KB 存储空间的 8 位总线，后发展成为可用于寻址的 16 M空间的 16 位总线。在工业控制系统的实际应用中，上位机、主控模块等往往需要通过 STD 总线，根据 STD 总线的协议、特性访问其他的单片机系统。例如，在某测量设备中，上位机、主控模块可以通过总线上的 I/O 模块、AND 模块接口，采集传感器的测量值，通过 STD 总线访问 RAM 模块，以及通过 STD 总线进行主控模块与总线上其他控制器之间，主控模块与上位机之间的通信与数据交换等，构成了一个微型的工业控制网络。本书的多路数字I/O就是 STD 总线中的一个模块，如图 1-13 所示。

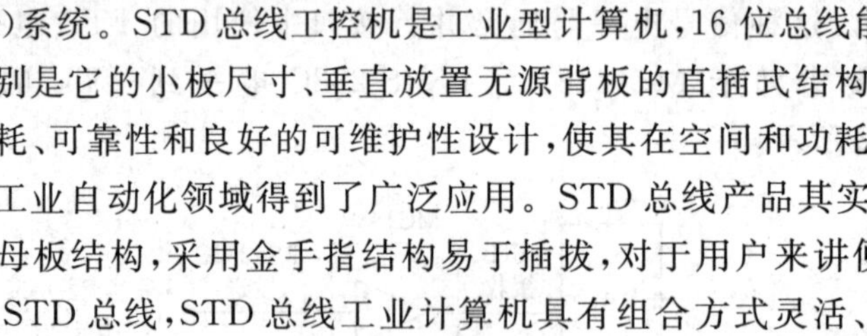

图 1-13 STD 总线

(1) STD 总线的特点

56 根并行总线，采用小模板结构，尺寸为 165 mm×114 mm；

模块化的总体设计布局；

开放式的系统结构；

兼容式总线结构，拥有丰富的I/O功能，广泛适用于工业控制；

小模板结构，模板尺寸小，可减少冲击和震动的影响。

(2) STD总线引脚分配(见表1-2)

表1-2 STD总线引脚分配表

	元件面				线路面			
	插脚	信号名称	信号流向	说明	插脚	信号名称	信号流向	说明
逻辑电路	1	+5 VDC	入	逻辑电源	2	+5VDC	入	逻辑电源
	3	GND	入	逻辑地	4	GND	入	逻辑地
	5	VBAT	入	电池电源	6	VBB	入	电池电源
数据总线	7	D3/A19	入/出	数据总线/地址扩展	8	D7/A23	入/出	数据总线/地址扩展
	9	D2/A18	入/出		10	D6/A22	入/出	
	11	D1/A17	入/出		12	D5/A21	入/出	
	13	D0/A16	入/出		14	D4/A20	入/出	
地址总线	15	A7	出	地址总线	16	A15/D15	出	地址总线/数据总线扩展
	17	A6	出		18	A14/D14	出	
	19	A5	出		20	A13/D13	出	
	21	A4	出		22	A12/D12	出	
	23	A3	出		24	A11/D11	出	
	25	A2	出		26	A10/D10	出	
	27	A1	出		28	A9/D9	出	
	29	A0	出		30	A8/D8	出	
控制总线	31	WR *	出	写存储器或I/O	32	RD *	出	读存储器或I/O
	33	IORQ *	出	I/O地址选择	34	MEMRQ *	出	存储器地址选择
	35	IOEXP	入/出	I/O扩展	36	MEMEX	入/出	存储器扩展
	37	REFRESH *	出	刷新定时	38	MCSYNC *	出	CPU机器周期同步
	39	STATUS1 *	出	CPU状态	40	STATUS0 *	出	CPU状态
	41	BUSAK *	出	总线响应	42	BUSRQ *	入	总线请求
	43	INTAK *	出	中断响应	44	INTRQ *	入	中断请求
	45	WAITRQ *	入	等待请求	46	NMIRQ *	入	非屏蔽中断
	47	SYSRESET *	出	系统复位	48	PBRESET *	入	按钮复位
	49	CLOCK *	出	处理器时钟	50	CNTRL *	入	辅助定时
	51	PCO	出	优先级链输出	52	PCI	入	优先级链输入
辅助电源	53	AUXGND	入	辅助地	54	AUXGND	入	辅助地
	55	AUX+V	入	辅助正电源(+12 VDC)	56	AUX-V	入	辅助负电源(−12 VDC)

* 表示低电平有效。

(3) STD 总线读写时序

写时序由当前主控模板控制，地址选择、数据及写信号都由当前主控模板发出。数据总线信号包含要传输给存储器或 I/O 的数据字节。数据信号可以出现在写信号前沿之前或之后，并且需要在写信号的后沿之前稳定一段规定的时间，在写信号的后沿之后再维持一段规定的时间。写信号应在地址选择信号期间改变状态。

① 读时序

临界读时序在当前主控插件和存储器或 I/O 插件之间分配，比较存储器或 I/O 插件所需的读访问时间或主控插件实际读时间，才能决定插件读操作时的兼容性。

② 写时序

为了保证兼容性，临界写时序受存储器或 I/O 插件所需的写数据建立时间和写数据保持时间的限制。插件写操作时的兼容性可以通过对存储器或 I/O 插件的写数据建立时间和保持时间与主控插件实际能提供的写数据建立时间和保持时间进行比较来决定。

(4) STD 总线的技术特点

① 小板结构，高度的模块化

STD 产品采用了小板结构，它的所有模板的标准尺寸为 165 mm×114 mm。这种小板结构在机械强度、抗断裂、抗老化和抗干扰等方面具有优越性。它实际上是将大板结构的综合功能进行分解，实现了模板级的功能分散，一块模板基本上有一种或两种功能，用户可以根据需要，灵活地组成自己的使用系统，减少了硬件的冗余量，降低了系统成本。

STD 总线采用功能模板概念，即按功能划分模板。一台工业控制机按功能划分成 CPU 板、存储器、A/D 板、D/A 板以及开关量 I/O 等功能模板，不同用户根据各自应用系统的功能要求，选择不同的功能模板组装各自的应用系统。STD 总线 I/O 模板在结构上由三部分组成，即 STD 总线接口逻辑、I/O 功能逻辑和用户接口，形成有序的信号流。这对降低干扰，形成产品内在的良好特性很有好处。

② 严格的标准化、广泛的兼容性

STD 总线兼容式总线结构，该总线支持 8 位、16 位、32 位微处理器。在 STD 总线上，原系统的各种模拟量 I/O、开关量 I/O、数字 I/O 以及存储器都不用变动，只要将新选的 CPU 模板插入系统，取代原来的 CPU 模板，然后将软件改变过来，即可将升级换代的新系统投入运行。STD 总线模板设计有严格的标准化，这是 STD 总线与众不同的特点。它的所有信号线都有其严格的定义，用户均不得更正，这使得其具有广泛的兼容性。同时，其在软件方面也具有兼容性。

③ 面向 I/O 设计，适合工业控制应用与高可靠性

许多高性能的总线，其总线设计目的是系统性能的提高，即提高系统的吞吐量或处理能力，而 STD 总线是面向 I/O 的，它往往有很强的 I/O 扩展能力。STD 总线作为工业标准的微型机总线有很强的可靠性，为了适应控制现场的震动、灰尘、潮湿、有害气体和各种电磁干扰，采用了固化操作系统和各种软件及 Watch dog 等功能与措施。同时，还应用具有掉电保护的 RAM 板，当电源波动或掉电时可保护各种数据。

STD 总线是一条 56 信号线的小总线，在不断的发展过程当中，吸取了多种微型机总线的优点。

1.3 计算机控制系统的发展趋势

自世界第一台电子计算机问世后，计算机首先被用来自动检测化工生产过程的过程参量并进行相关的数据处理，实现了计算机的开环控制。到 20 世纪 60 年代，出现了用于过程控制的计算机，实现了直接数字控制。后由集中式计算机控制系统发展到以微处理器为核心的分层式控制系统控制，通过计算机对生产过程进行集中监视、操作和管理控制等。伴随着计算机处理器等技术的发展，计算机控制技术也随之发生相应的变革，最终应用到工业生产中并对其产生巨大影响。

(1) 国家超算互联网

国家超算互联网是致力于实现全国计算资源统筹与调度的综合算力服务平台。于 2023 年 4 月召开的国家超算互联网工作启动会，发起成立国家超算互联网联合体，预计到 2025 年，国家超算互联网将形成总体布局，成为数字中国建设的“高速路”。

如今大数据、人工智能等新一代信息技术对算力提出了更高要求，亟须突破现有单体超算中心运营模式，加强全国超算资源统筹协调，以应对算力设施分布不均衡、接口不统一、应用软件自主研发和推广不足等问题，因此超算互联网应运而生。超算互联网的确是通过高速网络把超算中心连接起来形成一个统一的、可以对外提供服务的资源平台，将全国众多超算中心通过算力网络连接起来，构建一体化算力服务平台。当行业用户在研发 AI 应用时，无须投入海量硬件，依托超算互联网平台就可完成 AI 大模型训练等复杂计算任务。2023 年，科大讯飞还联合华为正式发布基于昇腾生态的“飞星一号”国产算力平台，打造纯国产创新算力底座。

(2) 管理控制一体化

建设管控一体化系统，包括多种系统和多种技术的集成。在多种系统集成方面，首先是现场控制网络多种系统的集成，其次是管理网络与控制网络的集成，在未来的企业管理中，大量的数据来自控制网络，建设企业应用软件系统，包括实时数据库、历史数据库、数据发布、数据挖掘、模型计算、过程仿真、配方设计、运行优化、参数检测、偏差分析和故障诊断等，通过在 Internet/Web 应用网络环境上建立各类数据库，才能真正实现管控一体化。它向下可以为控制软件提供智能决策，向上可以为管理软件提供有价值的数据。

(3) 控制系统的智能化

智能化系统是由现代通信与信息技术、计算机网络技术、图像处理、智能控制技术形成的针对某一个方面的应用的智能集合，主要体现在相关处理过程不需要人为参与，而是依靠大量传感器采样数据，形成自动处理实现目标的过程。伴随着智能算法的不断发展，人工智能将大量应用在计算机控制系统中，能提高系统的效率，推进自动化系统的高效发展。

(4) 工业大数据

2020 年工业和信息化部发布《工业和信息化部关于工业大数据发展的指导意见》，明确了工业大数据的重要性和对工业发展的重要性。工业大数据是工业领域产品和服务全生命周期数据的总称，包括工业企业在研发设计、生产制造、经营管理、运维服务等环节中生成和使用的数据，以及工业互联网平台中的数据等。随着第四次工业革命的深入展开，工业大数据日渐成为工业发展最宝贵的战略资源，是推动制造业数字化、网络化、智能化发展的关键生产要素。全球主要国家和领军企业向工业大数据聚力发力，积极发展数据驱动的新型工业发展模式。

习　题

1. 简述计算机控制系统的结构并画出控制系统的组成框图。
2. 计算机控制系统工作原理是什么？
3. 举例说明几种典型的计算机控制系统，并进行相互比较。
4. 工控机的组成结构包含哪些？各部分的功能是什么？有哪些特点？
5. 列举几种常见的工业总线，简述 PCI-E 总线的基本特点。
6. 讨论计算机控制系统的发展趋势。

第 2 章　输入输出通道及抗干扰技术

在计算机控制系统中，信息在不同部件之间通过接口相互传递。因此，通道成为了计算机控制系统中信息传递的重要环节，它包括了输入接口和输出接口和过程通道。外设通过输入接口把信息传递给计算机，而计算机又把重要的信息经过输出接口传递给外设。过程通道负责把生产过程相关的不同种类（模拟输入、输出，数字输入、输出）信息经过信息通道传送给计算机。

2.1　总线接口

2.1.1　系统总线扩展技术

2.1.1.1　输入输出接口

计算机控制系统中，各种设备间进行数据读写时，一般需要寻址访问和控制等过程，为此，接口电路内部需要若干寄存器，用以暂存 CPU 和外设之间传输的数据、状态和控制信息，这些寄存器分别称为数据寄存器、状态寄存器和控制寄存器。这些能够被 CPU 直接访问的寄存器统称为端口（port），分为数据端口、状态端口和控制端口，端口具有独立的地址和功能。

（1）数据端口

数据端口（data port）存放 CPU 与外设进行交换数据。这些数据是 CPU 与外设传递的重要数据信息，可见数据端口起数据缓冲作用。

（2）状态端口

状态端口（state port）主要用来指示当前外设的状态。为了反映设备状态，一般采用二进制位表示设备状态，每个外设可以有几个状态位，它们可被 CPU 读取，以测试或检查外设的状态，决定程序的流程进度。一般接口电路中常见的状态位有准备就绪位（ready）、忙碌（busy）、错误位（error）等。

（3）命令端口

命令端口（command port）也称控制端口（control port），用来存放 CPU 向接口发出的控制、命令指令。一般可编程接口芯片往往具有工作方式命令字、操作命令字等。

CPU 对外部设备的端口操作，是 CPU 内部寄存器与外设备的端口之间的数据交换过程。高效、可靠的数据传输需要从全局的角度定义设备的地址，使其地址编码具有独立或者唯一性。

2.1.1.2 输入输出接口编址

CPU 为了准确访问连接在不同端口的外设,需要对外设进行地址编码:一种是存储器统一编址,将端口看作特殊的内存单元,称为存储器映射方式;另一种是独立编址,把 I/O 端口和存储单位分开,称为 I/O 映射方式。

(1) 统一编址

存储器统一编址,称为存储器映射 I/O(memory mapped I/O)编址方式,即从存储空间中划出一部分地址给 I/O 端口。CPU 访问端口和访问存储器的指令在形式上完全相同,只能从地址范围来区分两种操作。

统一编址方式的优点是存储器指令集作为统一指令,访问外设端口,不必专门的 I/O 指令,简化指令系统设计;I/O 地址空间可大可小,灵活性强。缺点是 I/O 地址具有与存储器地址相同的长度,即增大译码复杂程度,延长了译码时间,降低了效率。程序中 I/O 操作不清晰,难以区分程序中的 I/O 操作和存储器操作。I/O 端口占用了一部分内存空间,I/O 端口地址译码电路较复杂(因为内存的地址位数较多)。

(2) 独立编址

I/O 端口编址和存储器的编址相互独立,即 I/O 端口地址空间和存储器地址空间分开设置,互不影响。采用这种编址方式,对 I/O 端口的操作使用输入/输出指令(I/O 指令)。Intel 的 80x86 系列机采用单独编址方式访问外设。

I/O 独立编址的优点是:不占用内存空间;使用 I/O 指令,程序清晰,很容易看出是 I/O 操作还是存储器操作;译码电路比较简单(因为 I/O 端口的地址空间一般较小,所用地址线也就较少)。其缺点是:只能用专门的 I/O 指令,访问端口的方法不如访问存储器的方法多。

2.1.1.3 接口地址译码技术

微机系统工作时,CPU 往往需要在不同的端口间传输数据,这就需要对不同的端口加以区分,才能正确读写。

(1) 地址译码原理

CPU 在进行 I/O 端口读写,就需要译码电路进行读写信号的操作。译码电路将地址和控制信号组合,实现对芯片或端口高效的访问。

以 DMA 控制器 8237A 为例,它含有 4 个相互独立的通道,每个通道有独立的地址寄存器和字节数寄存器,而控制寄存器、状态寄存器为四个通道所共用。CS 片选,低电平有效时,微处理器与 8237A 通过数据线通信。IOR(IOW)读取(写入)8237A 内部寄存器低电平有效引脚。$DB_0 \sim DB_7$:8 条双向数据线,用于 8237A 与微处理器进行数据交换。在 CPU 控制系统总线时,可以通过 $DB_0 \sim DB_7$ 对 8237 编程或读出 8237 的内部状态寄存器的内容;在 DMA 操作期间,由 $DB_0 \sim DB_7$输出高 8 位地址信号 $A_8 \sim A_{15}$,并利用 ADSTB 信号锁存该地址信号。$A_3 \sim A_0$ 是 4 条双向三态的低位地址信号引脚;在空闲周期,接收 CPU 的四位地址信号,用以寻址 8237 内部的不同的寄存器(组);在 DMA 传送时,输出要访问的存储单元或者 I/O 端口地址的低 4 位。$A_7 \sim A_4$ 是 4 条三态地址信号输出引脚。RESET:复位信号,输入引脚,用来清除 8237 中的命令、状态请求和临时寄存器,且使字节指针触发器复位并置位屏蔽触发器的所有位(即使所有通道工作在屏蔽状态),在复位之后,8237 工作于空闲周期。

在设计地址译码电路时，要考虑地址范围、CPU 与 I/O 端口交换数据时的目标、数据宽度(8 位、16 位、32 位、64 位)等要求引入控制信号，形成端口地址译码电路。

(2) 地址译码电路

基于 DMA 总线的工控机系统由主板和系列工业过程通道板卡组成。考虑到多块板卡出现共用总线情况，为了避免争抢现象必须为每块过程通道板卡和外设接口板卡设置不同的 I/O 地址空间。每个通道板卡一般使用地址空间 I/O 端口的译码电路实现这一过程。

为了最大化利用 I/O 端口资源，常常采用地址信号和控制信号组合来选择端口地址。借鉴存储器的地址单元分类法，将地址信号分为高低两部分使用：高位地址线与 CPU 或总线的控制信号组合，经译码电路产生一个片选信号去选择对应 I/O 接口芯片，实现接口芯片片间选择；低位地址线直接连到 I/O 接口芯片，经过地址译码电路选择该接口电路特定寄存器端口，实现接口芯片的片内寻址。

I/O 端口的译码一般有两种，即固定地址译码和开关选择变地址译码。

(3) 固定地址译码

固定地址译码是目前 PC 系统板卡译码的常用方法，它结合固定的地址字段来设计对应译码电路，如图 2-1 所示。

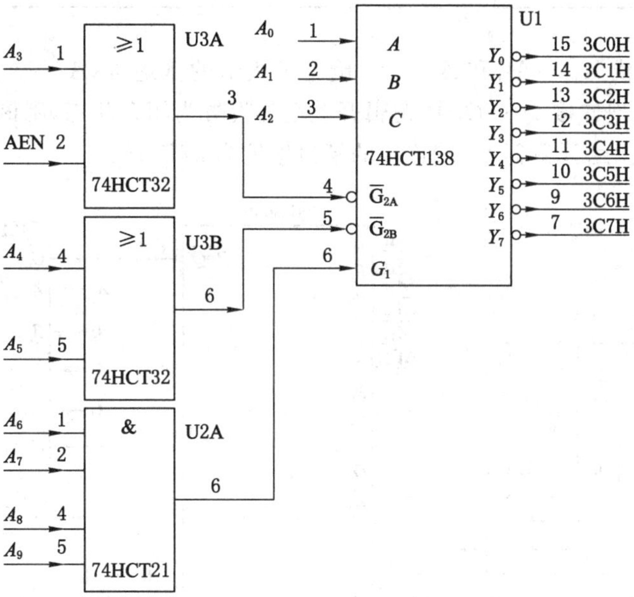

图 2-1　固定地址译码

据要求选译码器：3C0H～3C7H 共 8 个，故采用 74HCT138 译码器；3C0H～3C7H 中仅 $A_2 \sim A_0$ 变化(接译码器三个输入端)；不变的 $A_9 \sim A_3 = 1111000B$，这是确定高地址与译码器控制端连接的关键。

AEN 是 ISA 总线上的 DMA 周期的地址使能信号。CPU 控制总线时，AEN=0；DMA 控制总线时，AEN=1。

(2) 开关选择变地址译码

计算机控制系统中不断加入新的板卡,这样就可能与原有板卡地址冲突,这也是固定译码的一个缺点。ISA 板卡的地址一般设计成用户设置模式,采用数据比较器和一组逻辑开关来实现 ISA 板卡高地址的设定,解决地址冲突。

逻辑选择开关可以灵活地实现任意 8 位二进制编码,它与数据比较器 74LS688(见表 2-1)组合使用,与 ISA 板卡高位地址相等。当 ISA 地址总线发出地址,形成数据(P)和开关设定数据(Q)值相比较,两者相等时,表示该板卡满足($P=Q$),再将输出端连接板内的低位地址译码器,形成板内地址译码器的使能。

表 2-1 74LS688 功能表

输入		输出
数据	允许	$\overline{P=Q}$
$P\backslash Q$	$\overline{G}$	
$P=Q$	L	L
$P<Q$	L	H
$P>Q$	L	H
X	H	H

图 2-2 中地址线 $A_{15}\sim A_{11}$ 和 $A_9\sim A_4$ 确定了板卡的基地址,$A_3\sim A_1$ 确定了板卡内各端口的地址。如果把连接 $Q_5\sim Q_0$ 的逻辑开关全部设置为闭合状态,则该板卡的高 12 位地址为 07ExH。因此,由译码器 Y_0 端连接的端口地址为 07E0H。

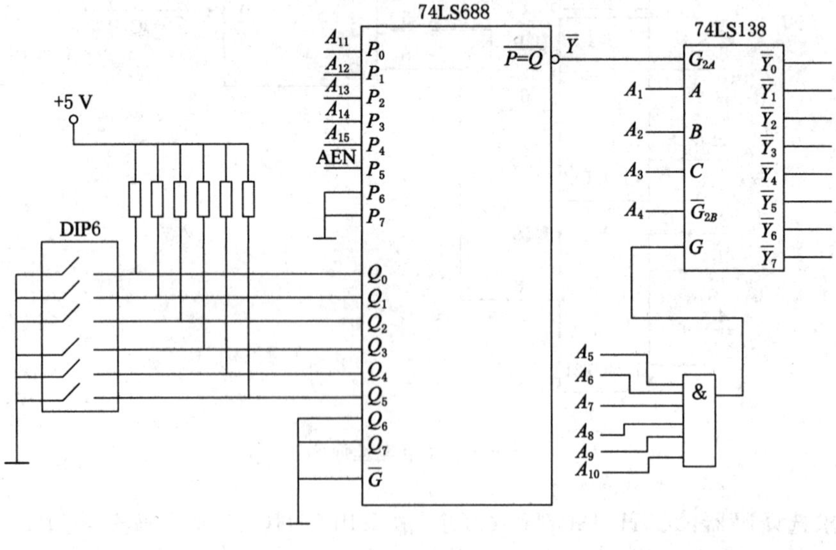

图 2-2 开关式译码电路

除了上述译码电路外,还可以通过可编程阵列逻辑门阵列 FPGA、复杂可编程门阵列 CPLD 等,灵活地配置端口状态。

2.1.2　外部总线扩展技术

2.1.2.1　传输方式

串行数据传输的线路通常有两种方式，即平衡方式和不平衡方式。不平衡方式采用单线传输信号，以地线作为信号的回路，接收器是用单线输入信号的；平衡方式采用双绞线传输信号，信号在双绞线中自成回路，不通过地线，接收器是用双端差动方式输入信号的。平衡式传输，又叫差分传输，是指信号传输线有两个输入端，一个地线。当有共模干扰存在时，由于平衡传输的两个端子上受到的干扰信号差不多，而极性相反，干扰信号在平衡传输的负载上可以相互抵消。因此，平衡电路具有较好的抗干扰能力，并适合较远距离的数据传输。在不平衡方式中，信号线上所感应到的干扰和地线上的干扰将叠加后影响到接收信号，适用于要求不高，近距离通讯的场景。

众所周知，RS-232C 标准采用负逻辑电平，即逻辑“1”为－5～－15 V，逻辑“0”为＋5～＋15 V。在没有调制解调器的情况下，接口驱动器负载电容小于 2 500 pF。为了达到传输码元畸变小于 4％的要求，最长的通信距离只有大约 15 m。

RS-232C 的电气接口是单端双极性电源供电电路，其原理如图 2-3(a)所示。每个信号只有一根导线，两个传输方向仅有一个信号地线；接口使用不平衡的发送器和接收器，可能在各信号成分间产生干扰。

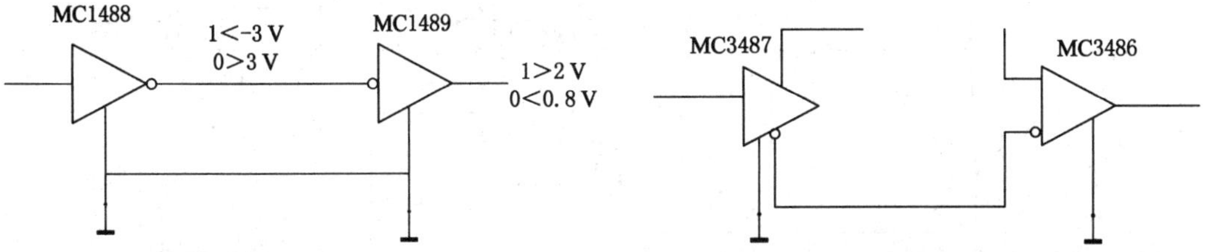

(a) 不平衡驱动非差分接收电路　　(b) 平衡驱动差分接收电路

图 2-3　RS-232C 电气接口电路

RS-232C 传输电路是单端驱动单端接收电路。这种电路的特点是：传输一种信号只用一根信号线，对于多根信号线，它们的地线是公共的，这种电路是传送数据的最简单方法。它的缺点是不能区分由驱动电路产生的有用信号和外部的干扰信号。

最小输入高电平(≥2.0 V)和低电平(≤0.8 V)电平决定了两种逻辑之间有 1.2 V 的摆幅，而很多大功率电气系统例如电动机等又很容易使地线电平波动几伏。为此，公共信号地线的存在迫使 RS-232C 要采用高电压。由于供电系统差异会形成低电平的电压差，影响了接收端，极有可能收了一个不确定的电压信号。所以 RS-232C 规定其最高速率为 19.2 kb/s、最大距离为 15 m。

2.1.2.2　RS-422A 和 RS-485

RS-422A 由 RS-232C 发展而来，它是为弥补 RS-232C 之不足而提出的。为改进 RS-232C 通信距离短、速率低的缺点，RS-422 定义了一种平衡通信接口，将传输速率提高到 10 Mb/s，传输距离延长到 4 000 英尺(速率低于 100 kb/s 时)，并允许在一条平衡总线上连接最多 10 个接收器。RS-422 是一种单机发送、多机接收的单向、平衡传输规范，被命名为 TIA/EIA-422-A 标准，后命名为 TIA/EIA-485-A 标准。由于 EIA 提出的建议标准都是以“RS”作为前缀，所以在通讯工业领域，仍然习惯将上述标准以 RS 作前缀称谓。

RS-422A 标准规定了差分平衡的电气接口，如图 2-4(b)所示。它的远距离通信能力的改善是由于平衡结构，这种差分平衡结构能较好抑制地线的干扰对信号的影响。差分接收器可以区分 0.20 V 以上的电位差，因此，可不受对地参考系统之地电位的波动和共模电路电磁干扰的影响。采用 RS-422A，实现两点之间远程通信时，其连接方式如图 2-4(a)所示，需要两对平衡差分电路形成全双工传输电路。

RS-485 是 RS-422A 的变形，都是采用平衡差分电路，不同之处是 RS-485 为半双工方式，采用一对平衡差分信号线来连接。采用 RS-485 进行两点之间远程通信时的连接电路如图 2-4(b)所示。任何时候只能有一点处于发送状态，因此发送电路必须由使能信号加以控制。通常情况下，RS-485 的信号在传送出去之前会先分解成正负对称的两条线路(即常说的 A、B 信号线)，当到达接收端后，再将信号相减还原成原来的信号。发送驱动器 A、B 之间的正电平在 +2～6 V，是一个正逻辑 1 状态；负电平在 −2～−6 V，是一个负逻辑状态 0；另有一个信号地 C。“使能”端是用于控制发送驱动器与传输线的切断与连接。当“使能”端起作用时，发送驱动器处于高阻状态，称作“第三态”，即它是有别于逻辑“1”与“0”的第三态。

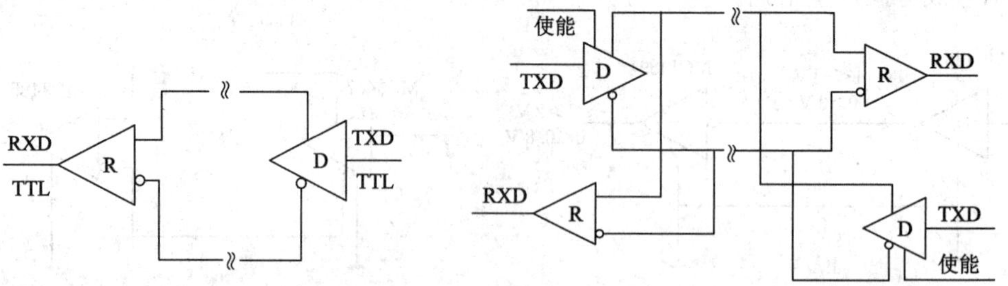

(a) RS-422A两点传输电路　　(b) RS-485两点传输电路

图 2-4　RS-422A 与 RS-485 传输电路

接收端与发送端的电平逻辑规定，收、发端通过平衡双绞线将 AA 与 BB 对应相连，当在接收端 AB 之间 $D_T = D_+ - D_-$ 有大于 +200 mV 的电平时，输出正逻辑电平，小于 −200 mV 时，输出负逻辑电平。接收器接收平衡线上的电平范围通常在 200 mV～6 V 之间。如果受到共模干扰，则接收端 AB 之间 $D_T = (D_+ + \text{Noise}) - (D_- + \text{Noise}) = D_+ - D_-$，由此可以看出干扰信号被消除。RS-485 通信接口方式是国内厂家应用比较多的一种编码通信方式。使用的芯片主要是 MAXIM 公司的 MAX487 或 MAX1487，以及 TI 公司(Texas Instruments)的 SN65LBC184 和 SN75LBC184 等。MAX487 引脚如图 2-5 所示。

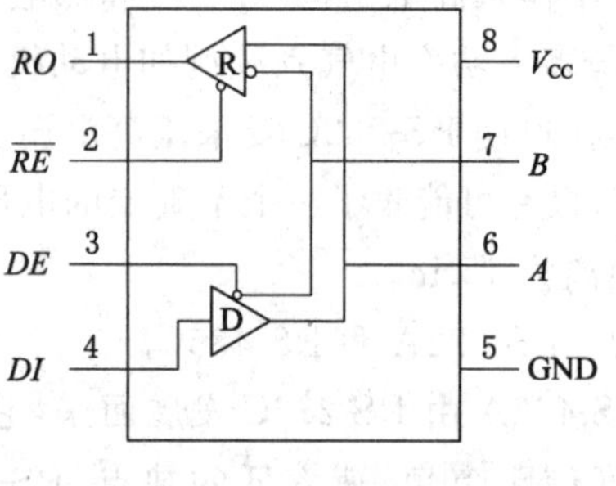

图 2-5　MAX487 引脚

2.1.2.3　RS-422A 与 RS-485 和 RS-232C 的连接

(1) RS-422A 和 RS-232C 连接

在 RS-232C 接口通过光电隔离器件将 RS-232C 的 MC1489 与 RS-422A 的 SN75174 相连，两个光电隔离器件间采用 RS-422A 方式连接，其传输示意如图 2-5 所示。RS-232C 电路中的 MC1488 则与 RS-422A 中的 SN75175 相连，从而完成电气接口标准的转换。电路图如图 2-6 所示。

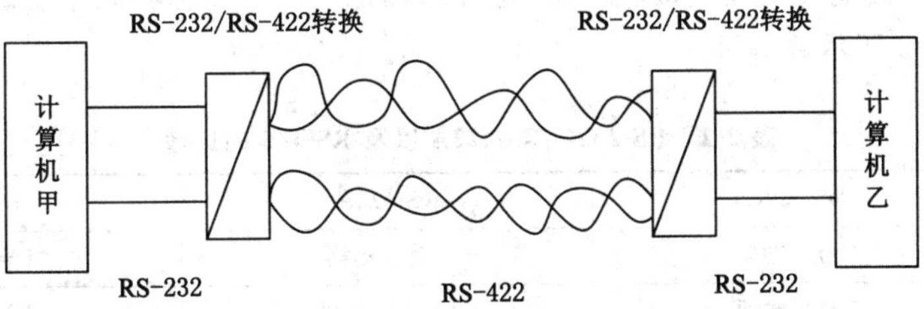

图 2-6　RS-232C/422 转换传输示意图

(2) RS-422A 与 RS-485 多点连接(见图 2-7)

对 RS-422A 与 RS-485 总线网络一般要使用终接电阻进行匹配，但在短距离与低速率下可以不用考虑终端匹配。因为终端匹配采用终接电阻方法，要消耗较大功率，对于功耗限制比较严格的系统不太适合。还有一种较为省电的方法就是 *RC* 配对，运用一只电容器隔断直流成分可以节省大部分功率。但电容 *C* 的取值是个难点，需要在功耗和匹配质量间进行调试和取值。

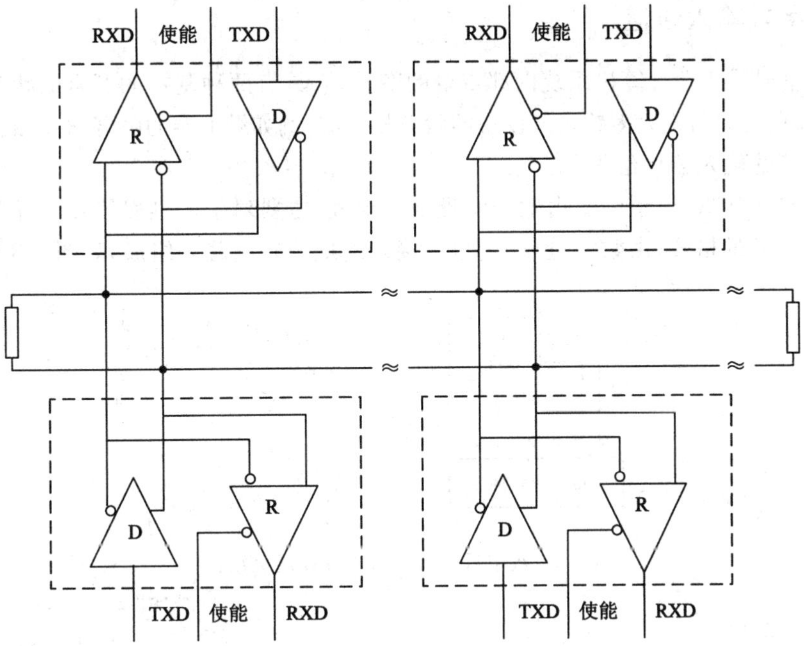

图 2-7　RS-422A/485 多点连接电路示意图

RS-422A与RS-485接口均采用差分方式传输,并不需要相对于某个参照点来检测信号,系统只需检测两线之间的电位差就可以了。为了解决地电平的电位差问题,RS-422A采用平衡驱动和差分接收方法,从根本上消除信号地线。这种驱动器相当于两个单端驱动器,它们输入同一个信号,而一驱动器的输出信号正好与另一个反相。当干扰信号作为共模信号出现时,接收器则接收差分输入电压。只要接收器具有足够的抗共模电压工作范围,它就能识别这两种信号并正确接收传送信息。由于RS-485多点连接系统中,每一个时刻只有一个发送数据,其他模块处于接收状态,这种结构也便于组成分布式系统的互联结构。它们的比较如表2-2所示。

表2-2 RS-232C,RS-422A以及RS-485的比较

接口	RS-232C	RS-422A	RS-485
连接台数	1台驱动器	1台驱动器	32台驱动器
	1台接收器	10台接收器	32台接收器
传送距离与速率	15 m,20 kb/s	12 m,10 Mb/s	12 m,10 Mb/s
		120 m,1 Mb/s	120 m,1 Mb/s
		1 200 m,100 kb/s	1 200 m,100 kb/s

2.2 输入输出接口及设计原理

2.2.1 数字量输入通道

数字量信号是工业计算机系统内部重要的变量,它具有两种基本的逻辑的状态量:“1”和“0”。它可以直观地与绝大多数电气设备的状态相对应,例如继电器的吸合、阀门的开关等。

2.2.1.1 数字量输入接口结构

数字量输入接口、通道主要由输入调理电路组成,主要对生产过程信号进行采样和调理成符合接口标准的格式,由数字量输入接口、接口地址编码电路等组成,如图2-8所示。

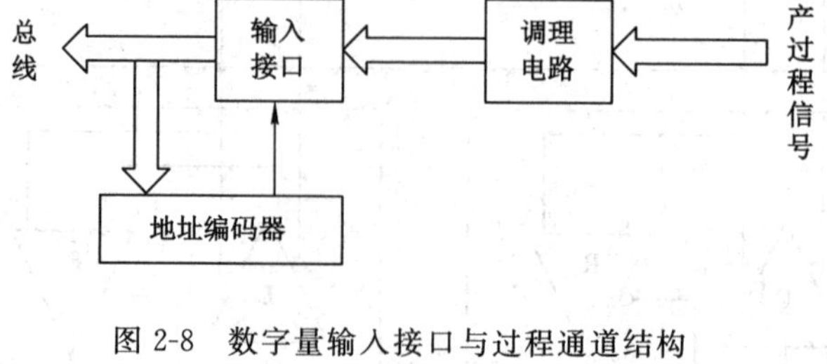

图2-8 数字量输入接口与过程通道结构

2.2.1.2 调理电路

数字量(开关量)输入通道的基本功能是接收外部装置或生产过程的状态信号。这些状态信号的形式多样,但是调理电路进行转换、保护、滤波、隔离等调理措施将状态信号转换成计算机能够接收的逻辑信号，转换成为计算机系统可以处理的数字信号。而这些状态信号可以是电压、电流，也可以是继电器触电的吸合或者断开信号。

图 2-9 所示为将开关或者继电器的两种工作状态与输入信号状态相结合，实现 TTL 数字信号接入计算机的调理电路，解决了接点的机械抖动以及由其产生的振荡扰动信号，同时，还需要加入较长时间常数的积分电路抑制振荡，采用 *RS* 触发器消除开关两次反跳的方法。

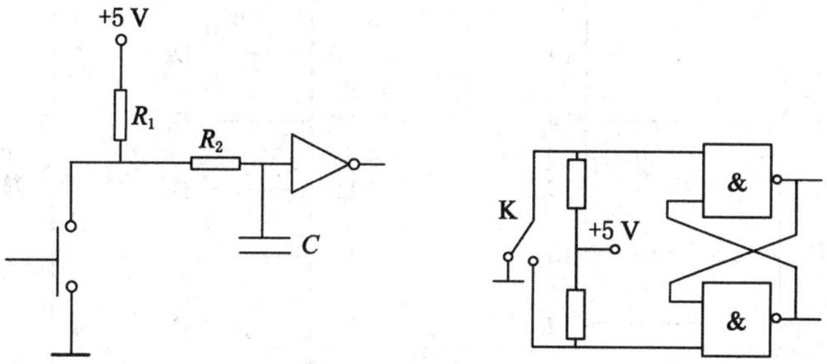

图 2-9　小功率输入调理电路

在大功率系统中，一般将电磁离合、继电器等大功率器件的接点状态和输入信号逻辑状态相结合。为了使接点工作可靠，接点两端采用低直流电压，以及光电耦隔离的方法可以进一步隔离输入波动对输出的影响，如图 2-10 所示。

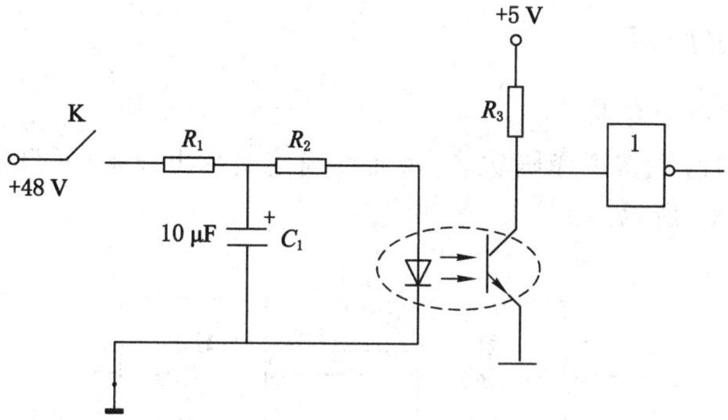

图 2-10　大功率输入调理电路

2.2.1.3　数字量输入

在控制生产过程时，包括了采样、计算、输出等环节，为了提高电路的可靠性和数据的准确性，可用三态门缓冲器 74LS244 取得状态信息，如图 2-11 所示。经过端口地址译码，得到片选信号，当在执行 IN 指令周期时，产生$\overline{IOR}$信号，则被测的状态信息可通过 1 三态门送到 PC 总线工业控制机的数据总线，然后装入 AL 寄存器。

```
MOV DX, part
IN AL, DX
```

三态门缓冲器 74LS244 用来隔离输入和输出线路，在两者之间起缓冲作用。另外，如图 2-11 所示，74LS244 有 8 个通道可输入 8 个开关状态。74LVC1G125 也具有三态缓冲的功能。

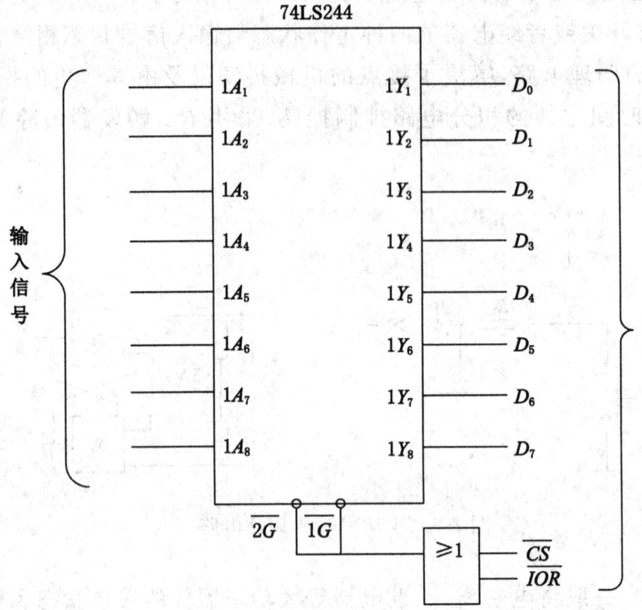

图 2-11　数字量转换接口

2.2.2　数字量输出通道

2.2.2.1　数字量输出接口结构

数字量输出接口应能实现译码功能，从而准确连接输出设备，并且保持一定的输出驱动能力，其结构如图 2-12 所示。

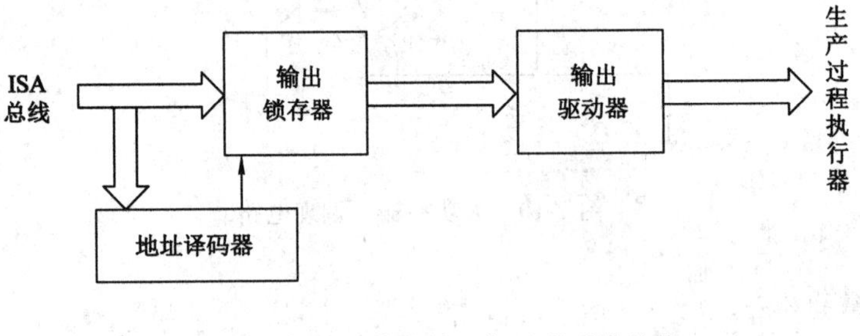

图 2-12　数字量输出端口与过程通道结构

2.2.2.2　输出驱动

由于计算机系统输出信号驱动能力有限，所以需要将信号放大，但是考虑稳定性和安全性因素，往往在驱动电路中加上隔离环节，将弱侧控制信号放大并且隔离为大功率信号。可以采用数字输出端口经过光耦、隔离变压器(隔离)、三极管(功率放大)、继电器、固态继电器等驱动外部设备的措施实现。

(1) 直流小功率驱动电路

① 功率晶体管输出驱动继电器电路

采用功率晶体管输出驱动继电器的电路如图 2-13 所示。因负载呈电感性，所以输出必须加装克服反电势的保护二极管 VD、J 作为继电器的线圈。

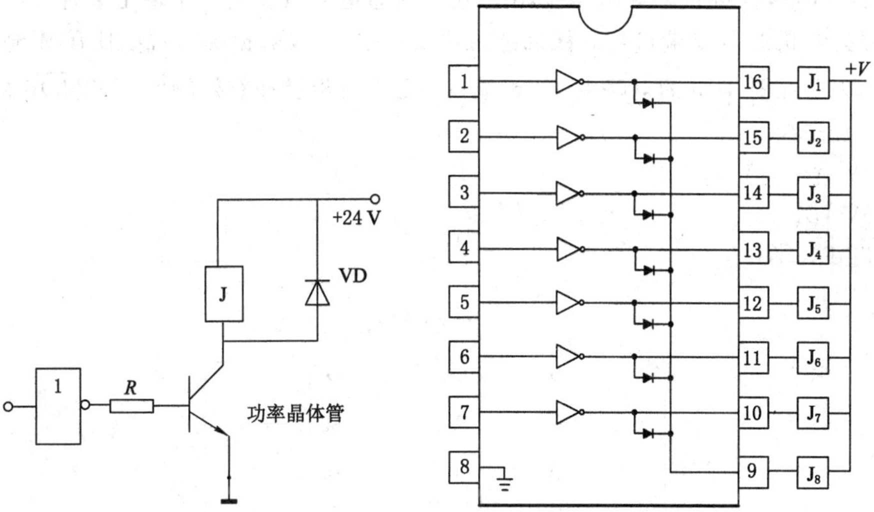

图 2-13　功率晶体管输出驱动继电器

② 达林顿输出驱动继电器电路

ULN2003L 内部是由达林顿管组成的驱动电路，其为单片双极型大功率高速高压大电流达林顿晶体管阵列芯片。其内部由 7 组达林顿晶体管阵列和相应的电阻网络以及钳位三极管网络构成，具有同时驱动 7 组负载的能力。一片 ULN2003L 可以分别不同时驱动 7 个继电器，当继电器动作时，会感应出高压，续流二极管将感应出的高压向电源放电，防止过压击坏芯片，也会减小高压对电路产生的干扰。

(2) 大功率交流驱动电路

小电压控制大电压可以采用电磁继电器或者固态继电器实现。固态继电器(SSR)是由微电子电路、电力电子功率器件组成的无触点开关，用隔离器件实现了控制端与负载端的隔离。固态继电器的输入端用微小的控制信号直接驱动大电流负载，图 2-14 为固态继电器的结构和使用方法。零交叉电路可使交流电压变化到零伏附近时接通电路，从而减少干扰。电路接通以后，由触发电路给晶闸管触发信号，实现输出控制。

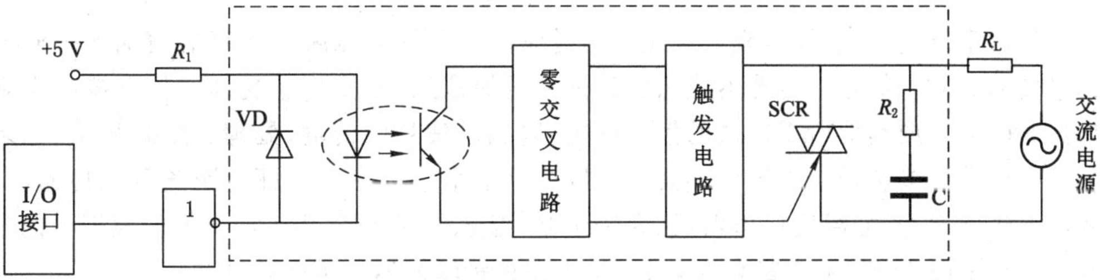

图 2-14　固态继电器结构及用法

2.2.2.3　数字量输出接口

在工业生产控制中，由于数字电路的采样特性，需要将控制变量保持一段时间，直到新周期到来，即为了保证系统可靠，需要保持(锁存)控制状态。如图 2-15 所示，用 74LS273 做 8 位输出锁存口，保持状态输出信号，8 个独立的通道可以驱动 8 个输出装置。考虑到 PC 总线工业控制机的 I/O 端口与总线周期时序关系中，总线数据 $D_0 \sim D_7$ 比$\overline{IOW}$前沿(下降沿)稍晚，因此在图 2-15 的电路中，CLK 端口需要上升沿脉冲有效触发，利用$\overline{IOW}$的后沿锁存数据。程序如下：

```
MOV AL,DATA
MOV DX,port
OUT DX,AL
```

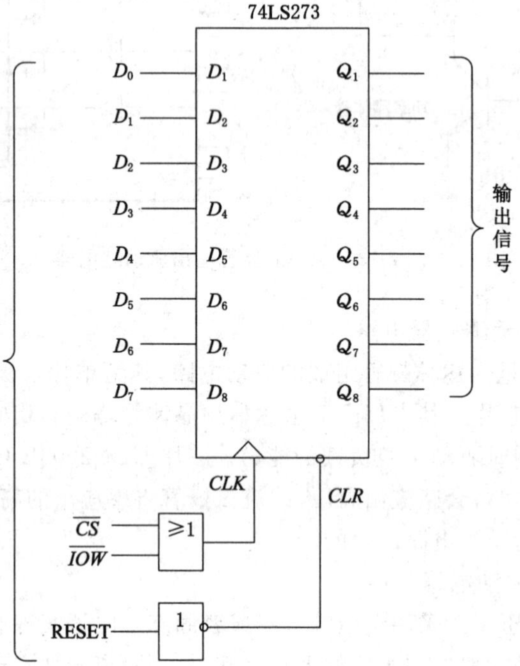

图 2-15　数字量输出接口

2.2.3　模拟量输入通道

计算机系统进行采样时，模拟量输入通道应做到在尽可能减小失真的情况下把输入模拟信号转换成数字信号。传感器能感受到被测量的信息，并能将感受到的信息按一定规律变换成为电信号或其他所需形式的信息输出，以满足信息的传输、处理、存储、显示、记录和控制等要求的检测装置。由于传感器输出模拟低电平信号无法保证远距离可靠传输，一般需要经变送器变送，如温度变送器、压力变送器、流量变送器等，将不同类型的模拟电信号变成 0～10 mA 或 4～20 mA 的信号，然后送入模拟量输入通道进行处理。

2.2.3.1　模拟量输入接口结构

模拟量是生产过程中的重要参量，完整可靠的巡回检测过程能够为后续的 A/D 转换提供重要的支持。模拟量过程参数首先经过传感元件测量，变送器转换为电流（或电压）形式后，传送至多路开关；工控机按照一定的选择逻辑，选择多路开关对应的过程参数，读取对应信号再进行采样和 A/D 转换，实现过程参数的巡回检测。模拟量输入通道的一般结构如图 2-16 所示。

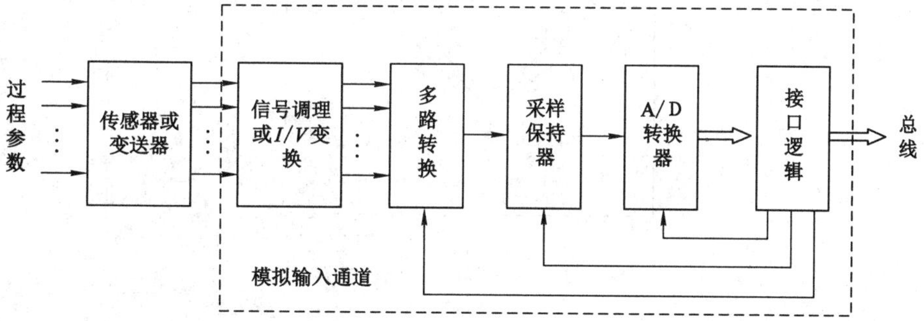

图 2-16　模拟量输入接口与过程通道的一般结构通道结构

2.2.3.2　信号调理和 I/V 变换

(1) 信号调理的基本原理

信号调理电路主要功能是将非电量和非标准的电信号转换为标准的电信号，比如把来自传感器的模拟信号转变为用于数据采集、控制过程、执行计算显示读出等的数字信号。信号调理电路还可以实现非电量的转换、信号的变换、放大、滤波、线性化、共模抑制及隔离等。

① 非电信号的不平衡电桥检测

被测信息（声、光、温度、压力、微形变等）的采集由传感器完成，一般需要将被测信号转换成电信号，即把被测信号转换成电压、电流或电路参数（电阻、电感、电容、电荷、频率）等电信号输出，这些电信号还需要进一步转换为电压或电流，一般情况下，电压、电流还需要进行放大，这就是变送器的变换部分，这些功能由转换电路来实现。

在利用电桥的不平衡状态实施测量时，只有当测量问题是一个只需注意某一个被测对象参数的增量（改变量），而并非要去测量其整个参数时，方可使用不平衡电桥。由于电桥电路具有灵敏度高、容易实现、温度补偿等优点，因此应用广泛。图 2-17 为一个热电阻测量电桥电路，其由 3 个精密电阻 R_1、R_2、R_3 和热电阻 R_{pt}（铂热电阻分度号为 pt100，该电阻大小为 100 Ω）构成。激励源（电压或电流）接到 E 端，A、B 两端接到测量放大电路。

一般情况下 $R_2=R_3$，$R_1=100\ \Omega$，当测量温度为 0 ℃时，$R_{pt}=100\ \Omega$，此时电桥平衡，输出电压 $V_{out}=0$，当温度变化时，R_{pt} 阻值是温度的函数

$$R_{pt}(t)=R_0+\gamma(t)\cdot t=R_0+\Delta R$$

式中，R_0 为零度时的电阻值；$\gamma(t)$ 是电阻温度系数；t 为被测量温度。即由不平衡电压 ΔV 推算出温度值。

② 运算放大电路

运算放大电路具有较高的放大增益，并且能够在放大过程中提高输入电路的阻抗，降低输出阻抗。在实际电路中，通常结合反馈网络共同组成某种功能模块，它是一种带有特殊耦合电路及反馈的放大器。例如上述电桥输出电压一般达不到要求时，需要运算放大器进行

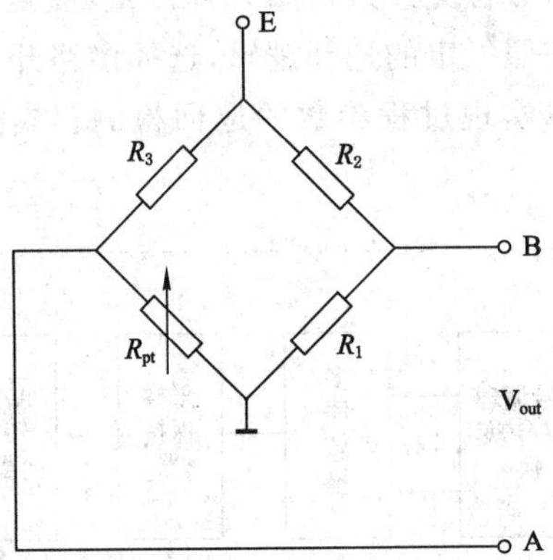

图 2-17　热电阻测量电桥电路

调理放大。运算放大器的选择主要考虑精度要求(失调及失调温漂)、速度要求(带宽、上升率)、幅度要求(工作电压范围及增益)及共模抑制、响应速度要求。常用的运算放大器有通用型 μA741(单运放)、LM358(双运放)、LM324(四运放)、高输入阻抗的 CA3130、CA3140 等。

(2) I/V 变换

变送器的作用是检测工艺参数并将测量值以特定的信号形式传送出去,以便进行显示、调节,电流型变送器输出的信号为 0～10 mA 或 4～20 mA 的标准信号,经过 I/V 变换变成电压信号后才能处理。对于电动单元组合仪表,DDZ-Ⅱ型的输出信号标准为 0～10 mA,而 DDZ-Ⅲ型和 DDZ-S 系列的输出信号标准为 4～20 mA,它们需要 I/V 变换后才能进一步处理。

① 无源变换

无源 I/V 变换主要是利用无源器件电阻加上滤波和输出限幅等保护措施来实现,如图 2-18所示。R_1、C 组成滤波电路,R_2 为取样电阻。

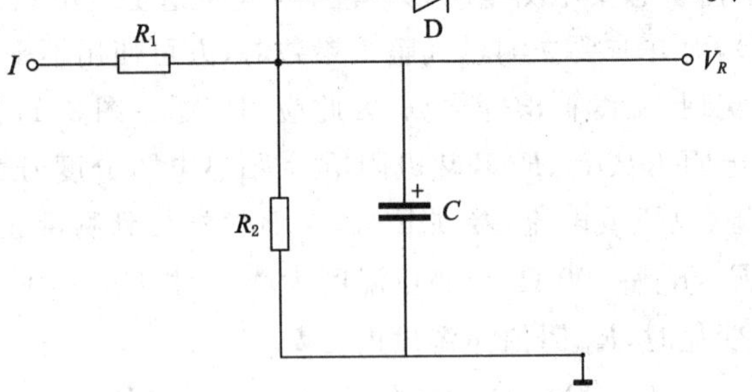

图 2-18　无源 I/V 变换电路

由电路原理可知,$V_R = R_2 \times I$。I 为 0～10 mA 时,可取 $R_1 = 100\ \Omega$,$R_2 = 500\ \Omega$,且 R_2 为精密电阻,这样,当输入的 I 为 0～10 mA 时,输出的 V_R 为 0～5 V,I 为 4～20 mA 时,可取 $R_1 = 100\ \Omega$,$R_2 = 250\ \Omega$,输出的 V_R 为 1～5 V。

② 有源变换

有源 I/V 变换主要由有源器件运算放大器、电阻组成，如图 2-19 所示。R_2 为精密取样电阻，R_2 将电流信号转换为电压信号，阻值为 250 Ω。R_1、C 组成滤波电路，R_3、R_f 组成调整比例电路，R_4、R_5 组成调零电路。由图 2-19 可知，$V_1=V\times(-R_f)/(R_3)=R_2\times I\times(-R_f)/(R_3)$，因此取 $R_3=1\ \text{k}\Omega$，R_4 设定为 4.7 kΩ 电位器，通过调整 R_f 的值，可使 0～10 mA输入对应于 0～5 V 的电压输出，4～20 mA 输入对应于 1～5 V 的电压输出。

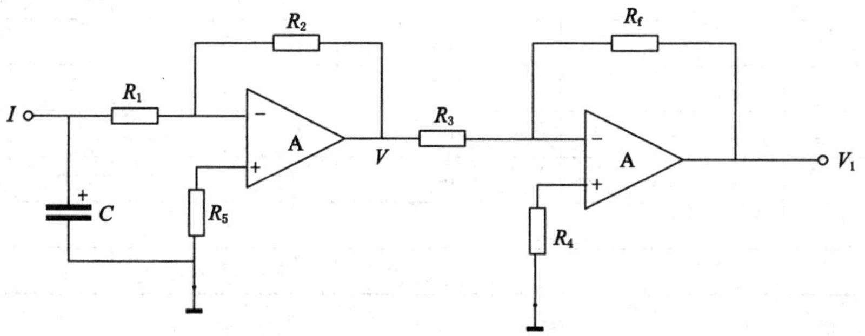

图 2-19　有源 I/V 变换电路

还有一类传感器将传感量以电流形式输出，在仪器仪表中使用时，可用运算放大器将其电流直接转换成电压，如在测光强时经常使用测光传感器硫化镉，该器件产生的电流与接收的光照强度成一定比例，若将该器件直接接到运算放大器的反相端，如图 2-20 所示，其输出的电流和运算放大器输出的电压可表示为：$V_{OUT}=-I_mR$。

2.2.3.3　多路转换器

多路转换器又称多路开关，在多路数据传送过程中，该电路能够根据一定的输入逻辑选出某单独一路输出，可将各个输入信号按要求连接到后续电路，例如公用放大器或 A/D 转换器上。多路开关在切换开关时尽量保持原输入信号特性，多路转换器具有响应速度快、噪声影响小、工作可靠等特点。

AD7501 的原理如图 2-21 所示，它是单端的 8 通道开关，有 3 根二进制的控制输入端和 1 根使能输入端 EN（低电平禁止）。片上有二进制译码器，由 A_2、A_1、A_3 这 3 个二进制信号在 8 个通道中选择一个，使输入和输出接通。而当 $EN=0$ 时，不论 A、B、C 为何值，8 个通道均不通。通道选择如表 2-3 所示。

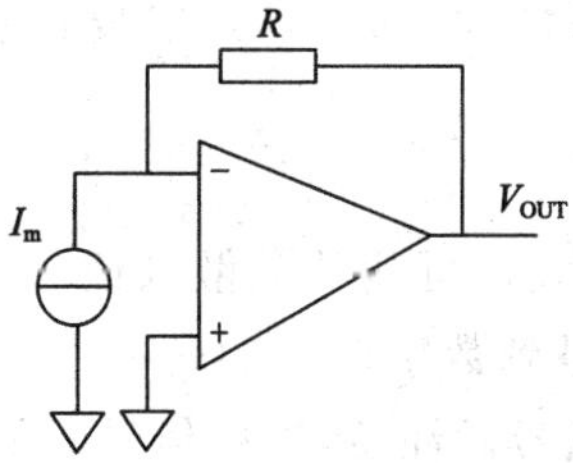

图 2-20　运算放大器连接示意图

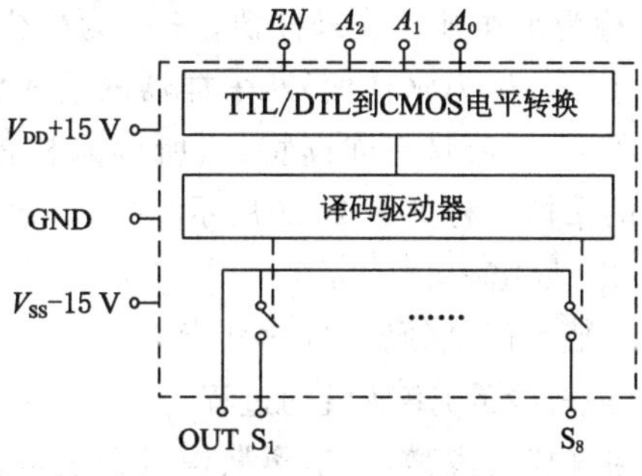

图 2-21　AD7501

表 2-3 AD7501 通道选择表

地址输入				OUT 接通
EN	A_2	A_1	A_0	
0	×	×	×	none
1	0	0	0	S_1
1	0	0	1	S_2
1	0	1	0	S_3
1	0	1	1	S_4
1	1	0	0	S_5
1	1	0	1	S_6
1	1	1	0	S_7
1	1	1	1	S_8

AD7501 是一种 8 路输入、1 路输出的 CMOS 集成芯片，电阻为 170～300 Ω，漏电流为 0.2～2 nA，导通截止时间典型值为 0.8 μs，静态功耗为 30 μW，其内部结构和引脚如图 2-21 所示。

2.2.3.4 采样、量化及采样/保持器

(1) 信号的采样

带限信号变换的快慢受到其最高频率分量的限制，也就是说它的离散时刻采样表现信号细节的能力是非常有限的。采样定理是指，如果信号带宽小于奈奎斯特频率(即采样频率的二分之一)，那么此时这些离散的采样点能够完全表示原信号。高于或处于奈奎斯特频率的频率分量会导致混叠现象，混叠问题的严重程度与这些混叠频率分量的相对强度有关。从采样过程可知，采样不是取全部时间上的信号值，而是取某些时刻的值。为了最大程度地保持信号不失真，香农(Shannon)采样定理指出：如果模拟信号(包括噪声干扰在内)频谱的最高频率为 f_{max}，只要按照采样频率 $f \geqslant 2f_{max}$ 进行采样，那么采样信号 $y^*(t)$ 就能唯一地复现 $y(t)$。实际应用中，为了更接近于实际信号，取 $f \geqslant (5 \sim 10) f_{max}$，甚至更高。

按时间间隔 T，把连续的模拟信号转变成在固定采样时刻 $0, T, 2T, \cdots, nT$ 的脉冲信号的过程称为采样过程，采样开关每次通断的时间间隔 T 称为采样周期。执行采样动作的开关 K 称为采样开关或采样器。τ 称为采样宽度，表示采样开关闭合的时间。采样后的脉冲序列 $y^*(t)$ 称为采样信号，采样器的输入信号 $y(t)$ 称为原信号。采样信号 $y^*(t)$ 在时间上是离散的，幅值具有连续特征，所以采样信号是一个离散的模拟信号，还需要进一步量化。信号的采样过程如图 2-22 所示。

(2) 量化

在数字信号领域，量化是指将信号的连续取值(或者大量可能的离散取值)近似为有限多个(或较少的)离散值的过程，其主要应用于从连续信号到数字信号的转换中。连续信号经过采样成为离散信号，离散信号经过量化后成为数字信号。注意，离散信号通常情况下不需要经过量化的过程，但可能在值域上并不离散，还是需要经过量化的过程。信号的采样和量化通常都是由 A/D 转换器实现的。

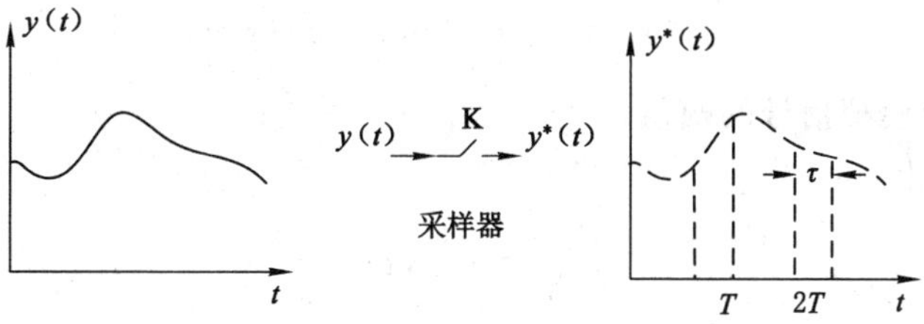

图 2-22　信号的采样过程

字长为 n 的 A/D 转换器把 $y_{\min} \sim y_{\max}$ 范围内变化的采样信号变换为数字 $0 \sim 2^{n-1}$，其最低有效位(least significant bit，LSB)所对应的模拟量 q 称为量化单位。

$$q = \frac{y_{\max} - y_{\min}}{2^n - 1} \tag{2-1}$$

量化过程是用统一的量化单位 q 去量化采样的幅值取整过程，如同用一个固定标准的砝码(如 1 g)去称量重物一样，通常会留下余数(小于 1 g)无法称量而舍弃。因此，存在量化误差，量化误差为($\pm 1/2$)q。例如，q＝20 mV 时，量化误差为±10 mV，(1.990～2.010) V 范围内的采样值，其量化结果都相同。一般而言，量化误差随着 A/D 转换器的字长 n 增加而减小，等效的数字信号越接近采样信号。

(3) 采样保持器和孔径误差

孔径时间是模数转换器中采样保持电路的重要参数，它定义了在模数转换过程中，采样保持电路需要通过模拟开关完成采样与保持状态的切换。当电路从采样模式切换到保持模式时，控制开关的实际断开过程存在延迟即为孔径时间。如果这段时间内输入信号的变化，必然会导致采样值误差。如果使用采样-保持电路，孔径时间基本上等于采样时间。如果没有采样保持电路，它基本上等于数字转换时间。

对于随时间变化的模拟信号来说，孔径时间决定了每一个采样时刻的最大转换误差，即为孔径误差。例如图 2-23 所示的正弦模拟信号，如果从 t_0 时刻开始进行 A/D 转换，但转换结束时已为 t_1，模拟信号已发生 Δu 的变化。因此，对于一定的转换时间，最大的误差可能发生在信号过 0 的时刻。因为此时 $\mathrm{d}u/\mathrm{d}t$ 最大，孔径时间 $t_{A/D}$ 一定，所以此时 Δu 最大。

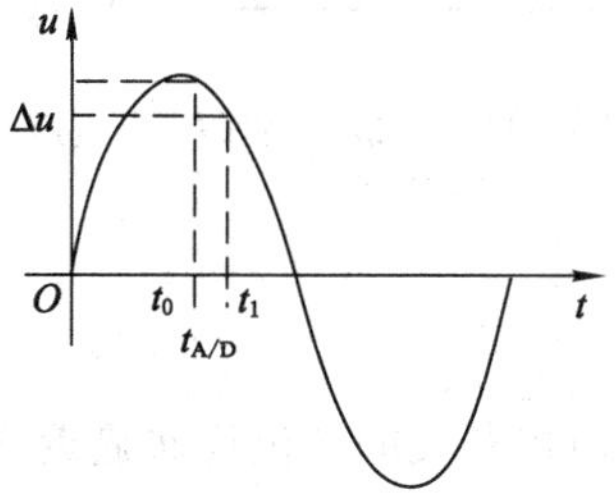

图 2-23　$t_{A/D}$ 引起的误差

令 $u = U_m \sin \omega t$，则有：

$$\frac{\mathrm{d}u}{\mathrm{d}t}=U_{\mathrm{m}}\omega\cos\omega t=U_{\mathrm{m}}2\pi f\cos\omega t \tag{2-2}$$

式中 U_{m}——正弦模拟信号的幅值。

在坐标的原点上：

$$\frac{\Delta u}{\Delta t}=U_{\mathrm{m}}2\pi f \tag{2-3}$$

取 $\Delta t=t_{\mathrm{A/D}}$，则得原点处转换的不确定电压误差为：

$$\Delta u=U_{\mathrm{m}}2\pi f t_{\mathrm{A/D}} \tag{2-4}$$

误差的百分数：

$$\sigma=\frac{\Delta u\cdot 100}{U_{\mathrm{m}}}=2\pi f t_{\mathrm{A/D}}\times 100 \tag{2-5}$$

在一定的转换时间 $t_{\mathrm{A/D}}$，误差的百分数和信号频率成正比。为了确保 A/D 转换的精度，可以限制信号的频率范围。如一个 10 位的 A/D 转换器（量化精度 0.15%），孔径时间 15 μs，如果要求转换误差在转换精度内，则允许转换的正弦波模拟信号的最大频率为：

$$f=\frac{0.15}{2\pi\times 15\times 10^{-6}\times 10^{2}S}\approx 11\ \mathrm{Hz} \tag{2-6}$$

为了提高模拟量输入信号的频率范围，以适应某些随时间变化较快的信号的要求，可以使用采样保持器保持采样过程中的数据。常用的采样保持器有 AD582（见图 2-24）、LF398 等。

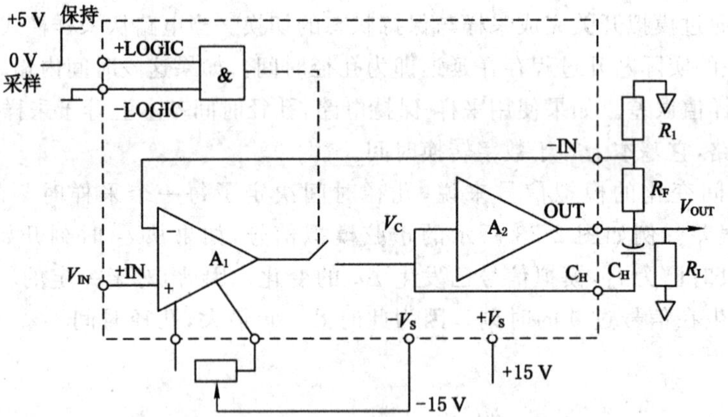

图 2-24　AD582 采样保持原理图

2.2.3.5　A/D 转换器

(1) ADC0809

ADC0809 是一种带有 8 通道模拟开关的 8 位逐次逼近式 A/D 转换器，转换时间为 100 μs 左右，线性误差为(±1/2)LSB，采用 28 脚双立直插式封装。ADC0809 其逻辑结构如图 2-25所示，其由 8 通道模拟开关、通道选择逻辑（地址锁存与译码）、8 位 A/D 转换器及三态输出锁存缓冲器组成。

① 8 通道模拟开关

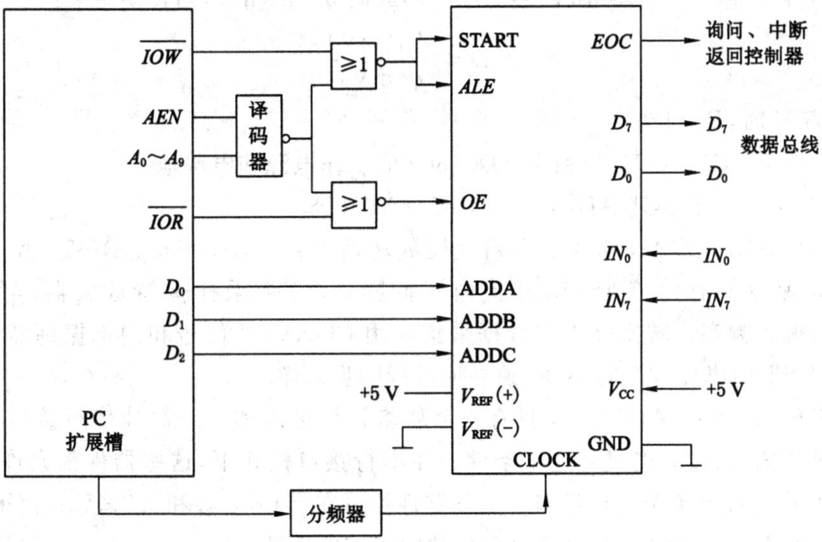

图 2-25　ADC0809 连接原理图

该部分的功能是实现 8 选 1 操作，通道选择信号 C、B、A 与所选通道之间的关系如表 2-4通道选择逻辑所示。

表 2-4　通道选择逻辑

C	B	A	所选通道
0	0	0	V_{IN0}
0	0	1	V_{IN1}
⋮	⋮	⋮	⋮
1	1	1	V_{IN7}

地址锁存允许信号（ALE、正脉冲）用于通道选择信号 C、B、A 的锁存。C、B、A 上的通道选择信号在 ALE 的作用下送入通道选择逻辑后，通道 i（V_{Ini}，$i=0,1,\cdots,7$）上的模拟输入被送至 A/D 转换器转换。8 位 A/D 转换器转换结果 D（$D=0\sim2^8-1$）存入三态输出锁存缓冲器。它在 START 收到启动信号，此时 EOC 信号为低电平，表示系统工作在转换过程中，100 μs 左右后结束，然后 EOC 信号变为高电平，通知连接设备读取转换结果。CPU 可用查询方式（将转换结束信号接至一条 I/O 线上）或中断方式（EOC 作为中断请求信号引入中断逻辑）了解 A/D 转换过程是否结束。

② 三态输出锁存缓冲器

用于存放转换结果 D，输出允许信号 OE 为高电平时，D 由 $D_7\sim D_0$上输出；OE 为低电平输入时，数据输出线 $D_7\sim D_0$为高阻态。

ADC0809 的量化单位：

$$q=\frac{V_{REF(+)}-V_{REF(-)}}{2^8} \tag{2-7}$$

通常基准电压$V_{REF(+)}=5.12$ V，$V_{REF(-)}=0$ V，此时$q=20$ mV，则转换结果：

$$D=\frac{V_{IN}(\mathrm{mV})}{q(\mathrm{mV})} \tag{2-8}$$

如$V_{IN}=2.5$ V时，$D=125$。

V_{CC}(+5 V)、GND(0V)分别为ADC0809的工作电源和电源地。

(2) 12位A/D转换器AD7656/AD7657/AD7658

AD7656/AD7657/AD7658是高精度模数转换芯片。AD7656/AD7657/AD7658三款器件的吞吐速率高达250 kSPS，并且内置低噪声、宽带采样保持放大器，可处理最高12 MHz的输入频率。转换过程与数据采集利用CONVST信号和内部振荡器进行控制。三个CONVST引脚允许三对ADC独立地进行同步采样。

AD7656/AD7657/AD7658均具有一个高速并行接口和一个高速串行接口，为器件与微处理器或DSP的接口连接创造了条件。在串行接口模式下，这些器件都允许多个ADC以菊花链形式连接至单个串行接口。三款器件均可在$\pm4\times V_{REF}$和$\pm2\times V_{REF}$范围内支持真双极性输入信号。此外还内置一个2.5 V片内基准电压源。

① 参数说明

6个独立ADC：真双极性模拟输入；

引脚/软件可选范围：±10 V、±5 V；

高吞吐速率：250 kSPS；

工作模式：并行、串行和菊花链接口模式；

高速串行接口：SPI-/QSPI™-/MICROWIRE™-/DSP兼容；

待机模式：100 μW(最大值)。

② 转换码

AD7656/AD7657/AD7658的输出编码方式为二进制补码。所设计的码转换在连续LSB整数值的中间(即1/2LSB、3/2LSB)进行。AD7656的LSB大小为FSR/65536，AD7657为FSR/16384，而AD7658为FSR/4096。理想的传递特性如图2-26所示，各模拟输入范围的LSB大小见表2-5。

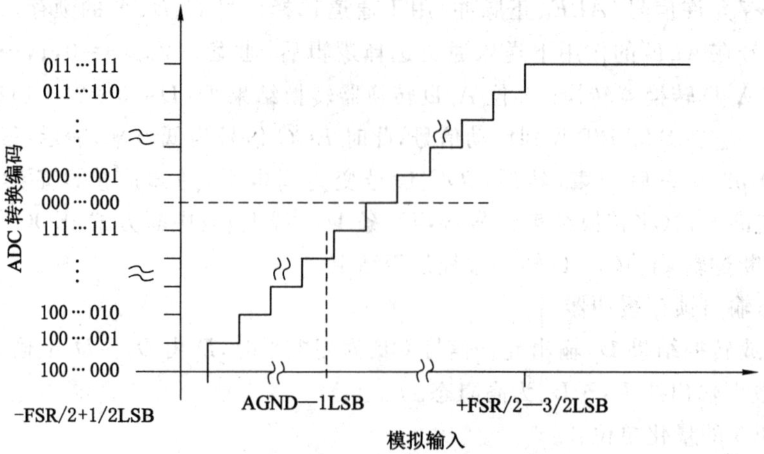

图2-26 理想的传递特性

表 2-5　各模拟输入范围的 LSB 大小

范围	AD7656		AD7657		AD7658	
输入范围	±10 V	±5 V	±10 V	±5 V	±10 V	±5 V
LSB 大小	0.305 mV	0.152 mV	1.22 mV	0.610 mV	4.88 mV	2.44 mV
FS 范围	20 V/65536	10 V/65536	20 V/16384	10 V/16384	20 V/4096	10 V/4096

(3) 典型连接及转换原理

每个 AD7656/AD7657/AD7658 均内置六个 SARADC、六个采样保持放大器、一个 2.5 V片上基准电压源、基准电压缓冲器和高速串行并行接口。三个 CONVST 信号全部连在一起时，还允许对所有六个 ADC 进行同步采样。或者，六个 ADC 可分成三对，每对都有一个相关的 CONVST 信号，用来对每对、四个或全部六个 ADC 启动同步采样。CONVSTA 用来对 V_1 和 V_2 启动同步采样，CONVSTB 用来对 V_3 和 V_4 启动同步采样，而 CONVSTC 用来对 V_5 和 V_6 启动同步采样。通过脉冲激活 CONVST 输入，可启动 AD7656/AD7657/AD7658 的转换。在 CONVSTx 上升沿时，所选 ADC 的采样保持器进入保持模式，并开始转换。达到 CONVSTx 上升沿后，BUSY 信号变为高电平，表示正在进行转换。AD7656/AD7657/AD7658 的转换时钟由内部产生，这些器件的转换时间均为3 μs，BUSY 信号恢复低电平表示转换结束。在 BUSY 下降沿时，采样保持器返回跟踪模式。数据可通过并行或串行接口从输出寄存器读取。采样保持部分 AD7656/AD7657/AD7658 的采样保持放大器可以将满量程幅度的输入正弦波分别精确地转换成 16/14/12-bit 分辨率。即使 AD7656/AD7657/AD7658 以最大吞吐速率工作，采样保持放大器的输入带宽也大于 ADC 的奈奎斯特频率。这些器件可支持高达 12 MHz 的输入频率。采样保持放大器在 CONVSTx 上升沿时对其各自输入进行同步采样。采样保持器的孔径时间(即外部 CONVSTx 信号从采样到实际进入保持模式的延迟时间)为 10 ns。无论是单个器件还是器件之间，所有六个采样保持器的孔径时间都完全匹配。因此允许对六个以上 ADC 进行同步采样。BUSY 下降沿表示转换结束，此时采样保持器返回跟踪模式，采集时间开始计时。

① 接口模式

AD7656/AD7657/AD7658 提供两种接口选项：并行接口和高速串行接口。所需接口模式可通过 SER/PAR 引脚来选择。并行接口模式可采用字(W/B=0)或字节(W/B=1)工作模式。其他详细的资料可以参考相关数据手册。

AD7656 分别包括六个 16/14/12-bitADC。将所有三个 CONVST 引脚(CONVSTA、CONVSTB 和 CONVSTC)连在一起，便可对六个 ADC 进行同步采样。AD7656 需由 CONVST 脉冲启动转换；CONVST 脉冲应包括一个 CONVST 下降沿，随后为一个 CONVST 上升沿。CONVSTx 上升沿对所选的 ADC 启动同步转换。AD7656 内置一个片内振荡器用于转换，转换时间为 3 μs。BUSY 信号变为低电平表示转换结束。BUSY 信号下降沿用来让采样保持器进入跟踪模式。分别向三个 CONVST 引脚发出脉冲信号，AD7656 还可以实现六个 ADC 的成对同步转换。CONVSTA、CONVSTB、CONVSTC 分别用于对 V_1 和 V_2、V_3 和 V_4、V_5 和 V_6 启动同步转换。同步采样 ADC 的转换结果储存在输出数据寄存器内。

② 驱动模拟输入

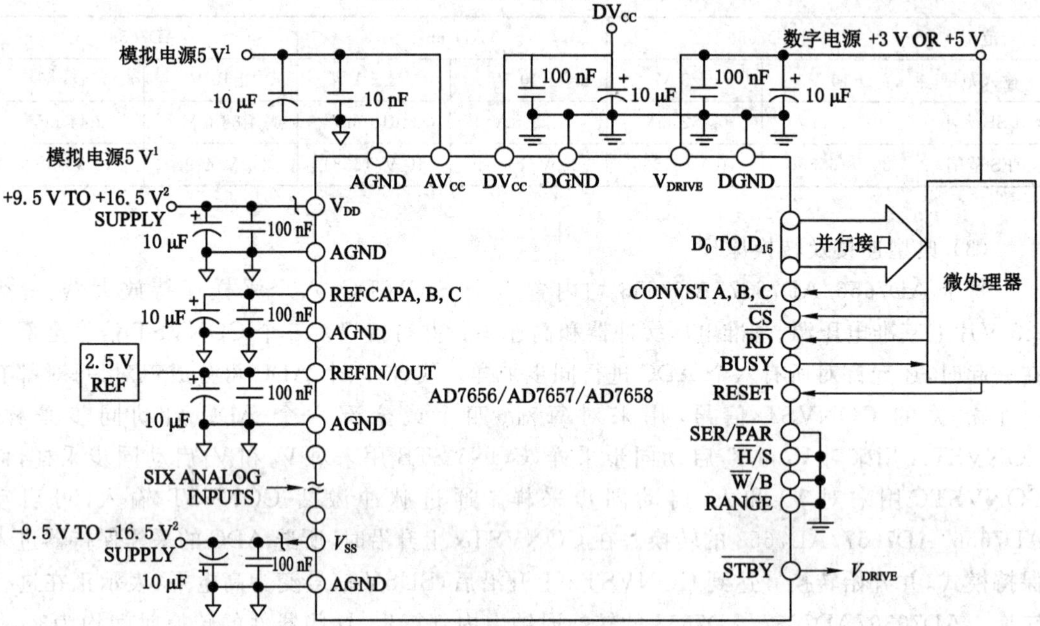

图 2-27　AD765 接口原理图

AD7656 的驱动器放大器和模拟输入电路必须在指定的 550 ns 采集时间内，将满量程步进输入建立至 16 bit 水平(0.001 5%)。驱动器放大器所产生的噪声需尽可能低，以保持 AD7656 的 SNR 和转换噪声性能。

2.2.4　模拟量输出通道

模拟量输出通道是计算机控制系统中驱动模拟信号设备的重要环节，它的任务包括了把计算机内部的数字量转化成模拟量，然后经过 V/I 转换远距离驱动模拟信号设备执行相关动作。

2.2.4.1　模拟量通道

模拟量输出接口与通道中输出保持器起到了很关键的作用。输出保持器的作用主要是在新的控制信号来到之前，使本次控制信号维持不变。根据保持变量的区别，可以把保持器分为数字保持方案和模拟保持方案两种。

(1) 单通道单转换器

图 2-28 是一种数字保持的方案。该方案中给出了通道与 D/A 转换器对应形式，这种结构中微处理器和通道之间有一个独立的接口缓冲器。由于具有独立的缓冲器转换速度快、工作可靠的优势，这种方案中即使某路 D/A 转换器有故障，也不会影响其他通道的工作；不足是占用了较多的 D/A 转换器。

(2) 多通道单转换器

图 2-29 中多输出通道共用一个 D/A 转换器，很显然这种结构在节约资源的情况下，各输出通道必须分时工作，显然运行速度会下降。控制器按照一定逻辑依次控制 D/A 转换器转换成的模拟输出(电压或电流)，通过多路模拟开关传送给输出采样保持器。它还要用多

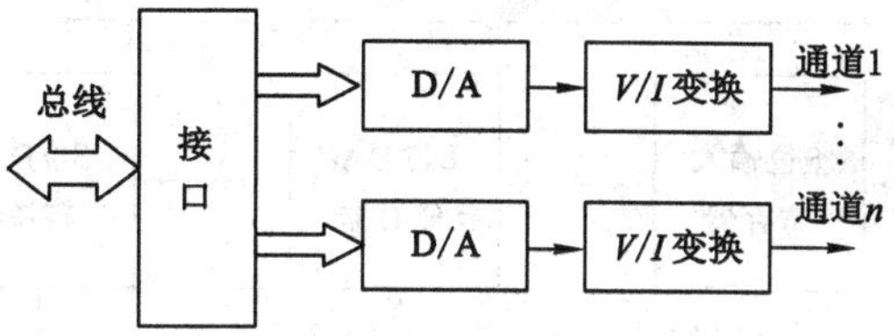

图 2-28　一个通道一个 D/A 转换器的结构

路开关，且要求输出采样保持器的保持时间与采样时间之比较大。很显然，共享的 D/A 转换器对于这种方案很重要，如果 D/A 转换器出现故障，整个系统都将受到影响，这种方案的可靠性较差。

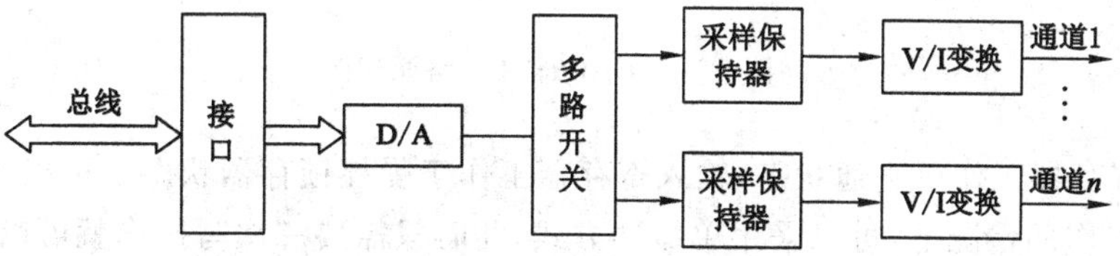

图 2-29　公用 D/A 转换器的结构

2.2.4.2　D/A 接口

D/A 转换就是把数字量转换成与它成比例的模拟量的过程。D/A 转换器与计算机接口根据是否带数据锁存器，分为如下两类：不带锁存器和带锁存器。不带锁存器的 D/A 转换器，为了保存来自计算机的转换数据，接口另加锁存器，如 AD7520，AD7521；带锁存器的 D/A 转换器，可以把它看作是一个输出口，可直接在数据总线上，不需另加锁存器，如 DAC0832、AD7524。

DAC0832 采用 CMOS 工艺，20 个双列直插式引脚，电路图如图 2-30 所示。V_{CC}电源可以在 5～15 V 内变化，常使用 15 V 电源。AGND 为模拟量地线，DGND 为数字量地线，使用时，这两个接地端应始终连在一起。参考电压 V_{REF} 接外部的标准电源，V_{REF} 一般可在 +10～−10 V范围内选用，R_{FB}反馈电阻输出端，可接运算放大器输出端。DI_0-DI_7 为数字输入信号；ILE 为输入锁存允许信号，高电平有效；$\overline{CS}$为片选信号，低电平有效；$\overline{WR_1}$为写信号 1，低电平有效。

该电路由 8 位 D/A 转换芯片 DAC0832 运算放大器组成。整个电路逻辑如图 2-30 所示，DAC0832 工作在单缓冲寄存器方式，即当$\overline{CS}$信号来时，$DI_0 \sim DI_7$数据线送来的数据直通进行 D/A 转换，当$\overline{IOW}$变高时，则此数据便被锁存在输入寄存器中，因此 D/A 转换的输出也保持不变。

I_{OUT1}模拟电流输出端 1，当输入数字全为“1”时，输出电流最大，约为$\frac{255V_{REF}}{256R_{FB}}$；当输入数字全为“0”时，输出电流为 0。

I_{OUT2}模拟电流输出端 2，$I_{OUT1}+I_{OUT2}=$常数。

① 单缓冲工作方式

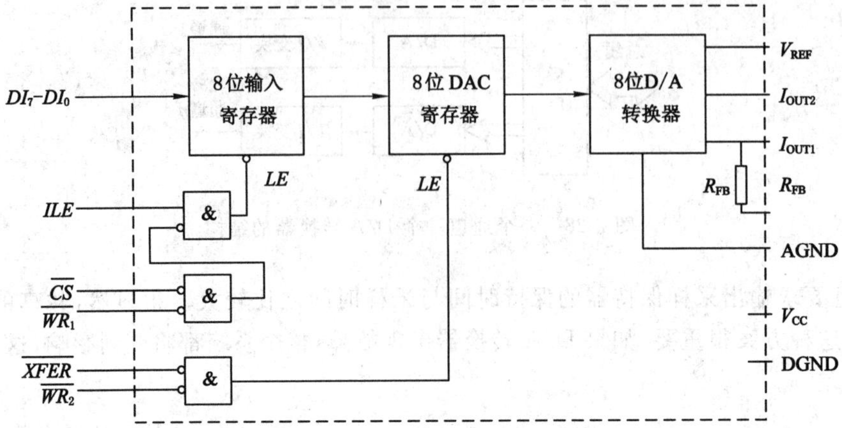

图 2-30　DAC0832 电路原理图

DAC 寄存器工作于直通状态，输入寄存器工作于受控锁存器状态。可以工作于不要求多路 D/A 工作的情况下，可以采用单缓冲方式，此时只需要一次写操作就可以开始转换，可以提高 D/A 数据吞吐量，如图 2-31 所示。输入寄存器工作于直通状态，DAC 寄存器工作于受控锁存器状态。

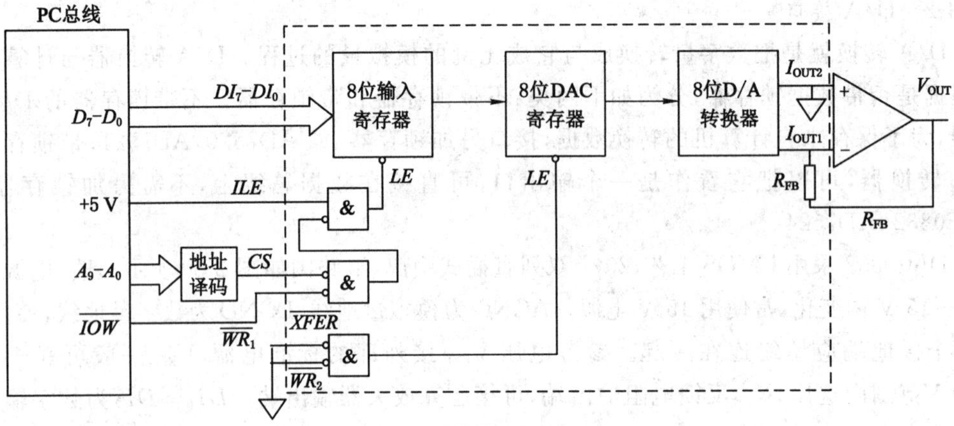

图 2-31　DAC 寄存器直通状态接口原理图

转换一个数据的程序段如下：

```
MOV     AL,data
MOV     DX,port
OUT     DX,AL
```

② 双缓冲工作模式

两个寄存器工作均受控于锁存器状态，如图 2-32 所示。

转换一个数据的程序段如下：

```
MOV     AL,data
MOV     DX,port1
```

```
OUT     DX,AL
MOV     AL,data
MOV     DX,port2
OUT     DX,AL
```

当数字量 0CDH 时的输出V_{OUT}：

$$I_{OUT1}=\frac{255V_{REF}}{256R_{FB}} \tag{2-9}$$

$$V_{OUT}=I_{OUT1}\times R_{FB}=-\frac{255V_{REF}}{256} \tag{2-10}$$

调幅分析，当数字量为：$CDH=237, V_{OUT}=-\frac{205V_{REF}}{256}=4$ V。

如果，V_{REF}接的－10 V，则 $V_{OUT}=8$ V；V_{REF}接＋10 V，$V_{OUT}=-8$ V。

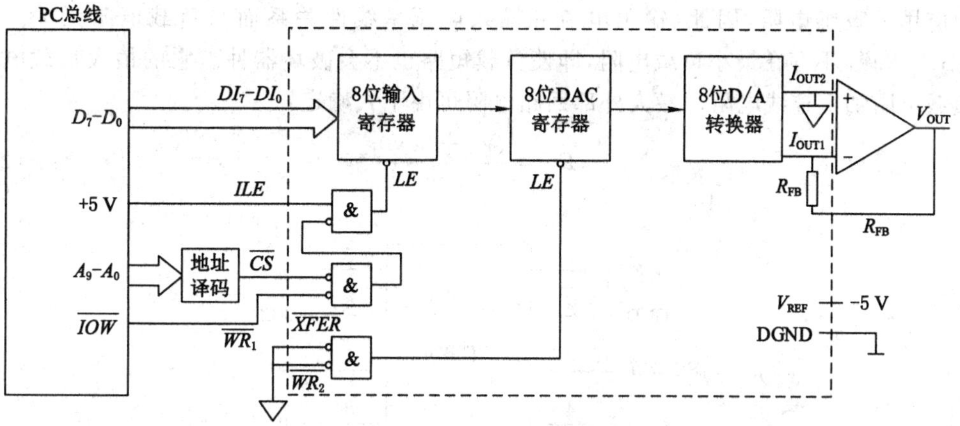

图 2-32　DAC 寄存器受控锁存器状态原理图

DAC0832 将输入的数字量转换成差动的电流输出（I_{outi}和 I_{out2}），为了使其能变成电压输出，所以又经过运算放大器 A，将形成单极性电压输出 0～＋5 V（V_{ref}为－5 V）或 0～＋10 V（V_{ref}为－10 V）。若要形成负电压输出，则 V_{ref}需接正的基准电压。为了保证输出电流的线性度，两个电流输出端 I_{out1}和 I_{out2}的电位应尽可能接近 0 电位，只有这样，将数字量转换后得到的输出电流将通过内部的反馈电阻 R_{FB}（＝15 kΩ）流到放大器的输出端，否则运放两输入端微小的电位差，将导致很大的线性误差。

2.2.4.3　*V*/*I* 变换

工业现场进行长线传输时，往往会产生：① 传输的信号是电压信号，传输线会受到噪声的干扰；② 传输线的分布电阻会产生电压降。为了解决上述问题尤其是噪声的影响，通常传输对噪声并不敏感的电流信号。

根据转换原理的不同，转换器可划分成以下两种类型：一种是电压/电流转换器，亦称电流环发生器，它能将输入电压转换成 4～20 mA（0～10 mA）的电流信号（典型产品有 ZF2B20，AD693，AD694，XTR115 和 XTR116）；另一种属于电流/电压转换器，也叫电流环接收器。电流环电路，根据器件位置的不同又可划分成以下两种类型：两线制和三线制。当监控系统需要通过长线驱动现场的驱动器件(如阀门等)时,一般采用三线制变送器,这里,电流环器件位于监控的系统端,由系统直接向电流环器件供电,供电电源是两根电流传输线以外的第三根线。两线系统中,电流环器件和传感器位于现场端,接收端利用 4~20 mA 的电流环向远端的电流环器件供电,还可以采用 ZF2B20 或 AD694 实现电压/电流转换。

(1) 集成 V/I 转换器 ZF2B20

ZF2B20 包括一个高精度运算放大器、精密电阻和一个高稳定度的基准电源,它通过 V/I 变换产生一个与输入电压成比例的输出电流。它的输入电压是 0~10 V,输出电流是 4~20 mA(加接地负载),采用单正电源供电,电源电压范围为 10~32 V,它的特点是在无外部电位器校准时,最大非线性误差是 0.005%,偏置误差是±0.1%,满度误差±0.2%。图 2-33 是 ZF2B20 的引脚图,ZF2B20 的输入电阻为 10 kΩ,动态响应时间小于 25 μs,非线性小于±0.025%。

其内部基准可输出一个 2.5 V 的基准电源,目的是扩大偏置和输出能力,在其输出反馈环中应用一敏感电阻,因此,输出电流和输入电压呈线性关系而与负载电阻无关。对于 ZF2B20 来说,不存在最小负载电阻,即使负载短路也不会破坏器件。它的最大负载电阻就是负载电阻加上连线电阻。最大外部回路电阻可由下式确定:

$$R_L = \frac{(V_s - 5\ \mathrm{V})}{20\ \mathrm{mA}} \tag{2-11}$$

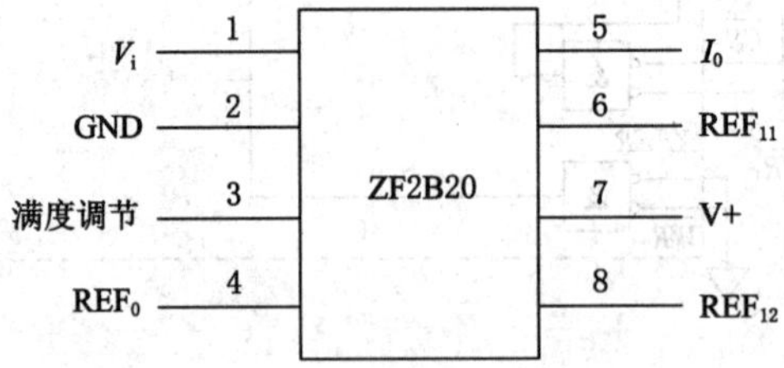

图 2-33　ZF2B20 引脚图

实现 V/I 转换极为方便,图 2-34(a)所示电路是利用 ZF2B20 的一种带初值校准的 0~10 V 到 4~20 mA 转换电路;图 2-34(b)则是一种带满度校准的 0~10 V 到 0~10 mA 转换电路。每减小 1 V 电源电压,必须降低负载电阻 50 Ω,每增加 1 V,必须增加负载电阻50 Ω。I_o与 GND 间电压不超过$V_{max}=V_s-5$ V,否则输出电流与输入电压将失去线性度。

(2) 集成 V/I 转换器 AD694

AD694 是模拟器件公司推出的一款单片电压-电流转换器(以下简称 V/I)。它能够将输入的电压信号精准地转换成标准的 4~20 mA 或者 0~20 mA 电流信号,广泛适用于压力、流量、温度等信号的参数传输,以及阀门、调节器和过程控制中常见设备的控制场景。AD694 配备了输入缓冲放大器,可用于量化输入信号或从电流型 DAC 的缓冲输出,还集成了 V/I 转换电路、4 mA 电流偏置及其选通和微调电路、参考电压电路,设有输入量程选择端、开路和越限报警输出端,功能十分强大。在实际使用时,无须外接或仅需连接很少的外部元件。其非线性度低至 0.002%,精度极高,并且具备很强的抗干扰能力,是过程控制、工业自动化和系统监测等领域中,替代分立元件设计的理想集成电路产品。

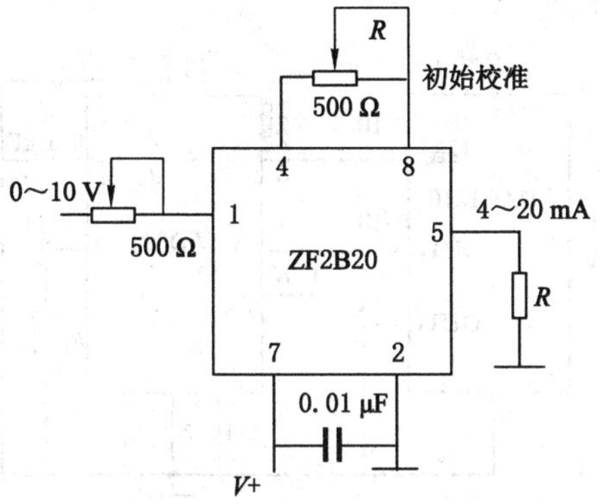

(a) 0～10 V至4～20 mA转换电路

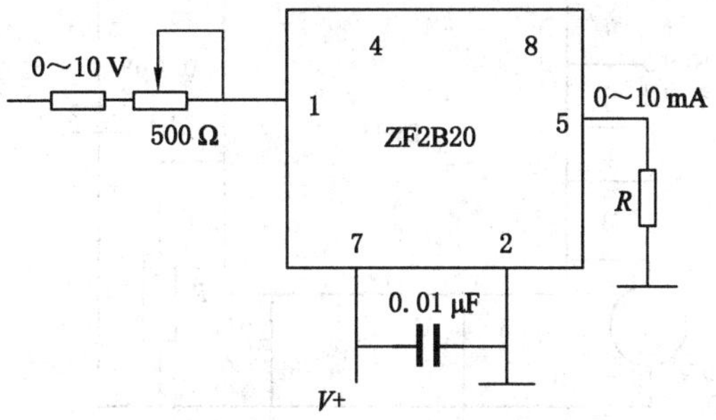

(b) 0～10 V至4～10 mA转换电路

图 2-34　*V*/*I* 转换电路

对于不同的电源电压、输入和输出范围，其引脚接线也各不相同。AD694 能够便捷地连接成单电源或者双电源，方便工作在 4.5～36 V 的范围，表 2-6 为接线表。

表 2-6　AD694 引脚接线表

输入电压/V	输出电流/mA	参考电压/V	最小 V_s/V	Pin9	Pin4	Pin8
0～2	4～20	2	4.5	Pin5	Pin5	Pin7
0～10	4～20	2	12.5	Pin5	open	Pin7
0～2.5	0～20	2	5.0	≥3 V	Pin5	Pin7
0～12	0～20	2	15.0	≥3 V	open	Pin7
0～2	4～20	10	12.5	Pin5	Pin5	open
0～10	4～20	10	12.5	Pin5	open	open
0～2.5	0～20	10	12.5	≥3 V	Pin5	open
0～12.5	0～20	10	15.0	≥3 V	open	open

AD694 的使用也较为简单，对于 0～10 V 输入，4～20 mA 输出，电源电压大于 12.5 V 的情况，可参考图 2-35 和图 2-36 的基本接法，在这种情况下，输出能驱动的最大负载为 $R_L=\dfrac{(V_s-2)}{20\ \text{mA}}$，当电源电压为 12.5 V 时，其最大为负载电阻为 525 Ω。

(3) GP8302 I^2C 转 4～20 mA DAC 芯片

将 I^2C 信号输入，线性转换成 4～20 mA/0～20 mA 的模拟电流输出具有输出开路报警功能，输入信号范围 12 Bit，0x000-0xFFF 。芯片参数如下：

① 输入 I^2C 信号高电平 2.7～5 V；

② 输出电压线性度误差 0.1%；

③ 电源电压 18～40 V；

④ 功耗＜5 mA；

⑤ 启动时间＜2 ms；

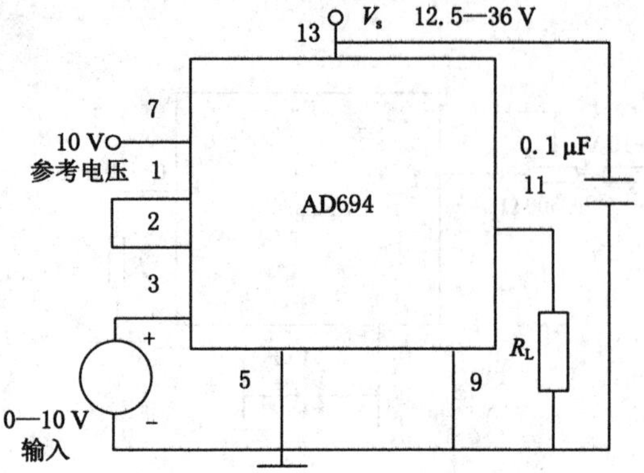

图 2-35　AD694 的基本应用接口

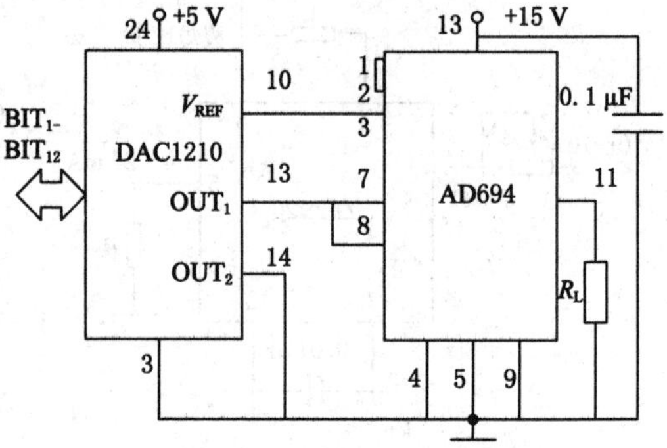

图 2-36　AD7541A 与 AD694 的接口

⑥ 工作温度－40—85 ℃。

GP8302 是一个 I^2C 信号转模拟信号转换器，即 DAC，此芯片可以将 12 bit 数字量 0x000—0xFFF 线性转换成 4—20 mA 模拟电流，并且输出电流线性度为 0.1%。可以方便地把数字接口信息转换给 PLC 等工业控制。其管脚分布如表 2-7 所示。

表 2-7　管脚分布

管脚名称	管脚功能
SCLK	I^2C 接口时钟信号
SDA	I^2C 接口数据信号
V_{CC}	电源
GND	地
V5V	内部 LDO，5 V 输出，需要外接 1 μF 电容
I_{OUT}	模拟电流输出 4～20 mA/0～20 mA
SET	满幅电流调节
$\overline{\text{Alarm}}$	输出开路报警，低电平表示输出开路，开漏输出

输出电流 I_{OUT}＝DATA/0xFFF×50V×/Rset，DATA 为 I^2C 输入到芯片的数据。如果 R_{set} 选择为 2 kΩ，全程范围内可以输出电流为 0～25 mA，则可以通过两点校准获得精准的 4～20 mA 信号。如果 R_{set} 选择为 2.5 kΩ，则全程范围内可以输出电流为 0～20 mA。

输出信号 I_{OUT} 的电压与 V_{CC} 的压差被 PMOS 限制在 10 V 左右，当输出 20 mA 电流时所消耗的功耗接近 0.2 W，可以有效地限制 GP8302 的耗散功率，尤其是在负载电阻较小的时候。

GP8302 是一款高性能 DAC 芯片，数字量以 I^2C 协议信号的方式输入到芯片中。通过在 SET 与 GND 间接入 2.5 kΩ 电阻，并根据需求接入负载电阻，便可以通过 IOUT 口输出 0～20 mA 电流。电流大小为：I_{OUT}＝20 mA×DATA/0xFFF。同时，芯片的 $\overline{\text{Alarm}}$ 脚可以对输出开路进行报警，如果 $\overline{\text{Alarm}}$ 为拉低输出，则说明输出开路。

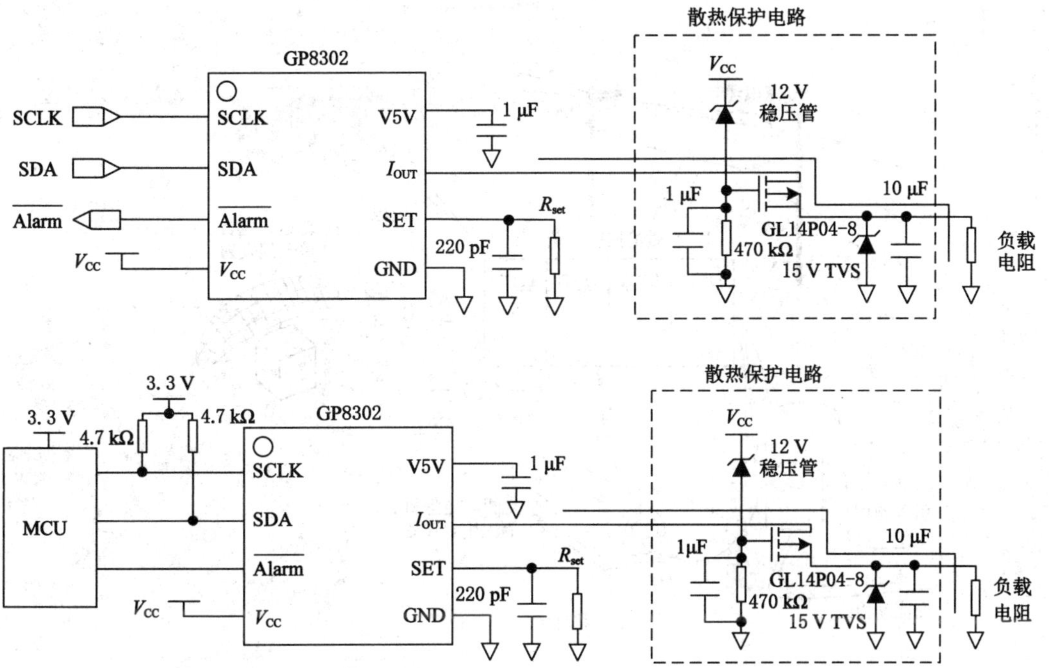

图 2-37　GP8302 应用例图

2.3　硬件抗干扰技术

工业计算机控制系统工作环境复杂，外部或者内部因素通常会给计算机控制系统带来干扰。所谓干扰，就是有用信号以外的噪声或造成计算机设备不能正常工作的破坏因素。在与干扰作斗争的过程中，结合干扰产生的途径，产生原因等因素，可以从硬件和软件两个方向去抑制干扰信号。硬件抗干扰效率高，但会增加系统的投资和设备的体积；软件抗干扰投资低，但会降低系统的工作效率。

2.3.1　干扰的分类和传播途径、耦合方式

2.3.1.1　按干扰来源分类

按干扰来源分类，干扰可分为外部干扰和内部干扰。

外部干扰：是指由外界环境因素导致的干扰。外部干扰主要是空间电或磁的影响，环境温度、湿度等气象条件。外部干扰环境如图 2-38 所示，主要有气象干扰包括雷电、温度、湿度甚至地磁场影响，通信设备的干扰，如广播电台或通讯发射台发出的电磁波，动力机械、高频炉、电焊机等都会产生电磁干扰；此外，荧光灯、开关、电流断路器、过载继电器、指示灯等具有瞬变过程的设备也会产生较大的干扰；来自电源的工频干扰；机械的冲击和振动等也可视为外部干扰。

内部干扰：是指由系统结构和制造工艺等因素导致的干扰。主要包括：交流分布电容、

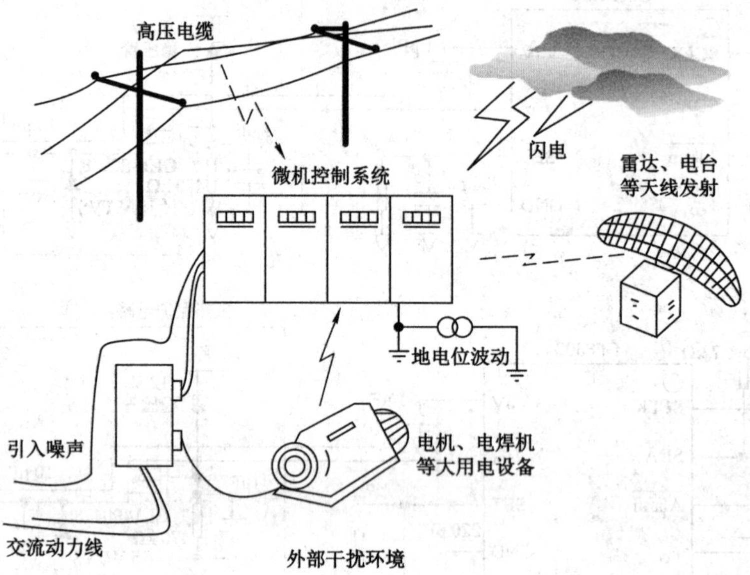

图 2-38　干扰来源

分布电感引起的耦合感应;电磁场辐射感应;多点接地造成的电位差引起的干扰;长线传输的反射波干扰;元器件失效、焊接点的虚焊脱焊、接插件的导电接触面氧化或腐蚀、线路连接线的开路或短路等干扰。

2.3.1.2　按干扰传播途径分类

按干扰传播途径分类,干扰的耦合方式有三种:静电耦合、磁场耦合、公共阻抗耦合。

(1) 静电耦合:静电耦合是电场通过电容耦合途径窜入其他线路的。两根并排的导线之间会构成分布电容,如印制线路板上印制线路之间、变压器绕线之间都会构成分布电容。如图 2-39 所示。

(2) 磁场耦合

空间的磁场耦合是通过导体间的互感耦合进来的,在任何载流导体周围空间中都会产生磁场,而交变磁场则对其周围闭合电路产生感应电势。因此,设备内部的线圈或变压器的漏磁会引起干扰,还有普通的两根导线平行架设时,也会产生磁场干扰。

(3) 公共阻抗耦合

公共阻抗耦合发生在两个电路的电流流经一个公共阻抗时,一个电路在该阻抗上的电压降会影响到另一个电路,从而产生干扰噪声的影响。图 2-40 给出一个公共电源线的阻抗耦合示意图。

2.3.2　数据通道抗干扰技术

2.3.2.1　串模干扰

(1) 串模干扰

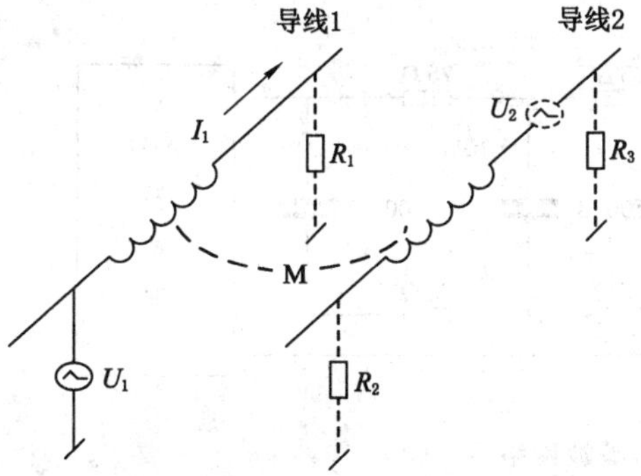

图 2-39　导线之间静电耦合

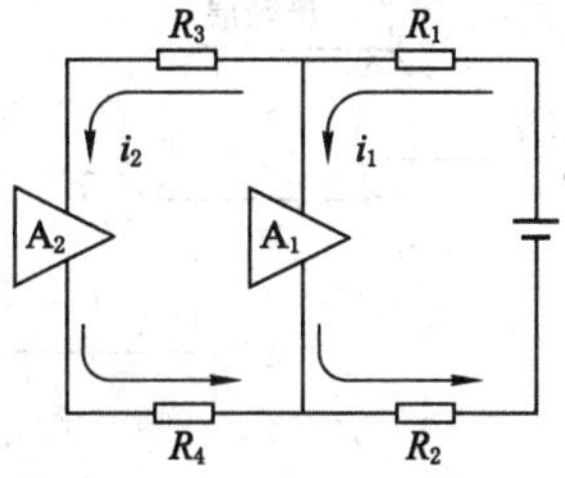

图 2-40　公共阻抗耦合

串模干扰是指干扰电压与有效信号串联叠加后作用到仪表上的干扰模式。串模干扰通常来自高压输电线、与信号线平行铺设的电源线及大电流控制线所产生的空间电磁场。除了信号线引入的串模干扰外，信号源本身固有的漂移、纹波、噪声以及电源变压器不良屏蔽或稳压滤波效果不良等也会引入串模干扰。这里有用信号通常是直流信号或缓慢变化的交变信号，而干扰噪声是指无用的变化较快的杂乱交变信号。串模干扰和被测信号在回路中所处的地位是相同的，形成了串接关系，两者之和作为输入信号。串模干扰也称为常态干扰，如图 2-41所示，U_s 为信号源，U_n 为干扰源。

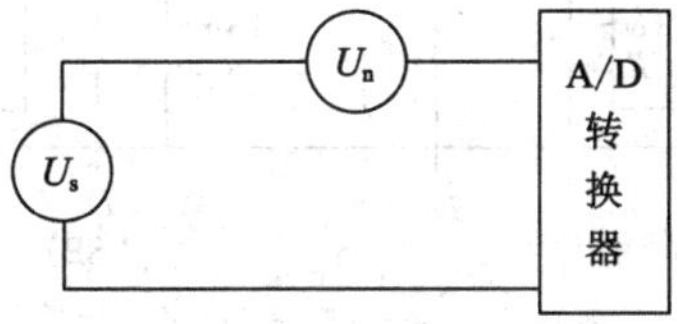

图 2-41　串模干扰示意图

(2) 抑制方法

① 采用滤波器有针对性地滤除干扰信号。如果串模干扰频率(f_s)比被测信号频率(f_n)高 $f_s > f_n$，则采用简单的输入低通滤波器来抑制高频率串模干扰；如果 $f_s < f_n$，则采用高通滤波器来抑制低频串模干扰；如果串模干扰频率落在被测信号频谱的两侧，则应用带通滤波器抑制干扰信号。

一般情况下，串模干扰均比被测信号变化快，故常用二级阻容低通滤波网络作为模/数转换器的输入滤波器，如图 2-42 所示，它可使 50 Hz 的串模干扰信号衰减 600 倍左右。该滤波器的时间常数小于 200 ms，因此，当被测信号变化较快时，应相应改变网络参数，以适当减小时间常数。

② 当尖峰型串模干扰成为主要干扰源时，用双积分式 A/D 转换器可以削弱串模干扰的影响。该 A/D 转换器利用积分器对输入信号平均值而不是瞬时值进行转换，使得其对尖峰干扰具有抑制能力，这有效解决了尖峰干扰现象。如果取积分周期等于主要串模干扰的

周期或为其整数倍，则通过积分比较变换后，对串模干扰有更好的抑制效果，如图 2-43 所示。

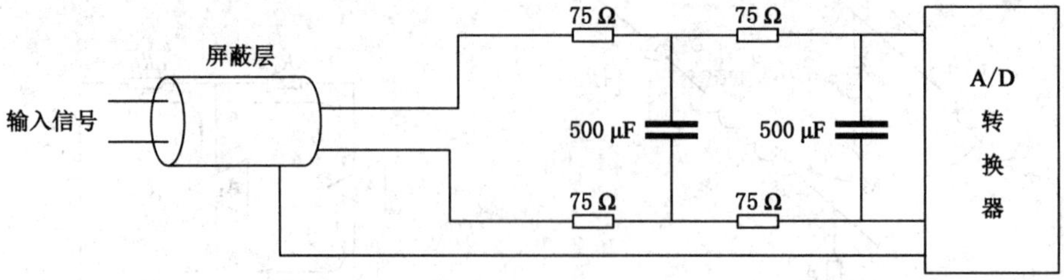

图 2-42　二级阻容滤波网络

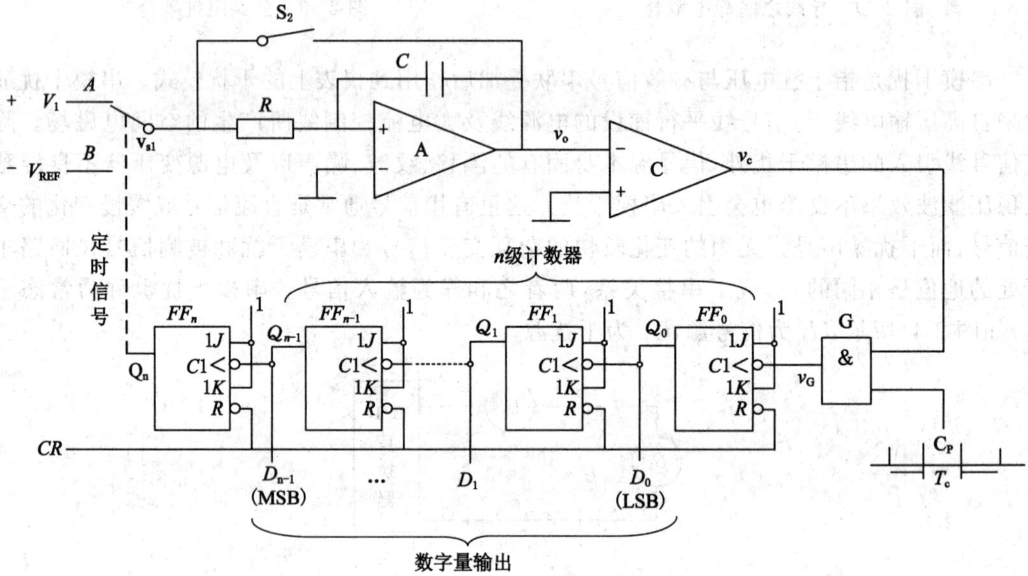

图 2-43　双积分式 A/D 转换器

③ 对于串模干扰主要来自电磁感应的情况，对被测信号应尽可能早地进行前置放大。

④ 数字信号的传送过程中夹带的低噪声或窄脉冲干扰时，利用逻辑器件的特性来抑制串模干扰。通过高阈值电平来抑制低噪声的干扰；也可采用低速逻辑器件来抑制高频干扰。

2.3.2.2　共模干扰及其抑制方法

(1) 共模干扰

共模干扰是两个或多个输入电路之间共同存在的信号干扰，信号对地的电位差，主要由电网串入、地电位差及空间电磁辐射在信号线上感应的共态（同方向）电压叠加所形成。共模电压通过不对称电路可转换成差模电压，直接影响测控信号，造成元器件损坏（这就是一些系统 I/O 模件损坏率较高的主要原因），这种共模干扰可为直流或交流。

在计算机控制生产过程时，通常都用长的导线把计算机控制信号传送到现场的执行器，或者把现场检测的传感器信号传送到计算机的模/数转换器。由于电源系统的差异性，被测信号 U_s 的参考接地点和计算机 A/D 转换器接地点之间存在着共模干扰电压差 U_{cm}，如图 2-44所示。图中 A/D 转换器有两个输入端，输入信号为 U_s+U_{cm} 和 U_{cm}。

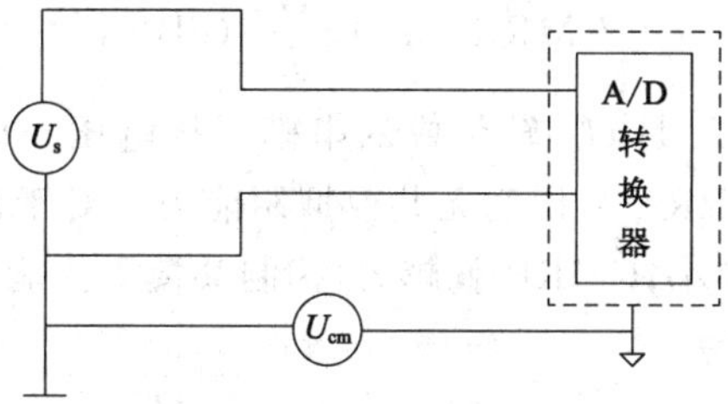

图 2-44　共模干扰示意图

在计算机采样系统中，被测信号有单端对地输入和双端不对地输入两种方式。如果采用单端对地输入，共模干扰电压将全部成为串模干扰，电压存在于首末两端之间，如图 2-45(a)所示。必须采用双端不对地输入方式，如图 2-45(b)所示。

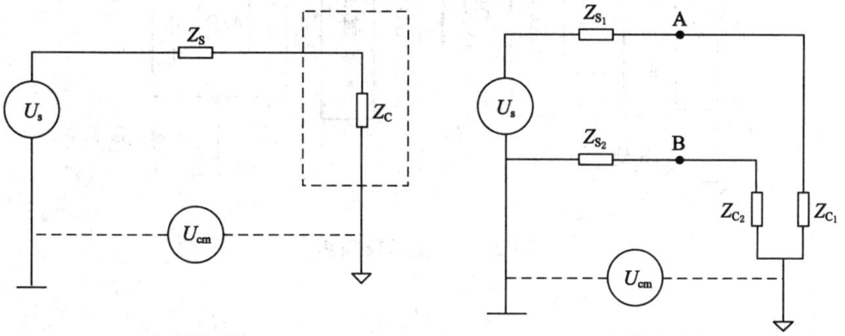

(a) 单端对地　　(b) 双端不对地

图 2-45　被测信号的输入方式

在图 2-45(b)中，Z_S、Z_{S_1}、Z_{S_2} 为信号源 U_S 的内阻抗，Z_C、Z_{C_1}、Z_{C_2} 为输入电路的输入阻抗。共模干扰 U_{cm} 对两个输入端形成 A、B 两个回路：

$$U_A=\frac{U_{cm}}{Z_{S_1}+Z_{C_1}}Z_{C_1} \tag{2-12}$$

$$U_B=\frac{U_{cm}}{Z_{S_2}+Z_{C_2}}Z_{C_2} \tag{2-13}$$

由上可知，共模电压为：

$$U_{AB}=U_A-U_B=\left[\frac{Z_{C_1}}{Z_{S_1}+Z_{C_1}}-\frac{Z_{C_2}}{Z_{S_2}+Z_{C_2}}\right]U_{cm} \tag{2-14}$$

由上式可见，如果 $Z_{S_1}=Z_{S_2}$，$Z_{C_1}=Z_{C_2}$，则 $U_{AB}=0$，解决了共模干扰问题。现实中，Z_{S_1} 与 Z_{S_2}、Z_{C_1} 与 Z_{C_2} 接近，则 $U_{AB}\neq 0$，可见现实中共模干扰电压很难完全消除。当 Z_{S_1} 和 Z_{S_2} 越小，Z_{C_1} 和 Z_{C_2} 越大，并且 Z_{C_1} 与 Z_{C_2} 越接近时，式(2-14)两项就越接近，共模干扰等影响越有限、越小。一般情况下，共模干扰电压 U_{cm} 总是转化成一定的串模干扰 U_n 出现在两个输入端之间。

为了衡量一个输入电路抑制共模干扰的能力，常用共模抑制比(common mode rejection ratio，CMRR)来表示，即

$$CMRR = 20\lg\frac{U_{cm}}{U_n}(dB) \tag{2-15}$$

式中，U_{cm}是共模干扰电压；U_n 是 U_{cm} 转化成的串模干扰电压。显然，对于单端对地输入方式，由于 $U_n=U_{cm}$，所以 CMRR=0，说明无共模抑制能力。对于双端不对地输入方式来说，由 U_{cm}引入的串模干扰 U_n越小，CMRR 就越大，抑制共模干扰能力越强。

(2) 共模干扰的抑制方法

① 变压器隔离

利用变压器的磁场耦合将原边和副边关联起来，也就是把模拟地与数字地断开，断开了共模干扰电压 U_{cm} 回路，解决了共模干扰的影响。变压器的原、副边电源相互独立，做到底线关联，如图 2-46 所示。

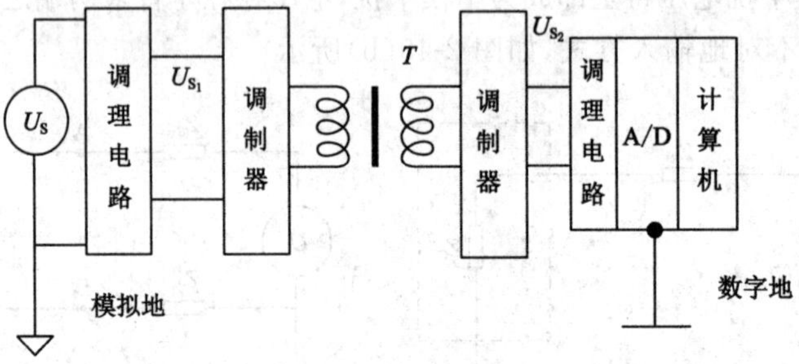

图 2-46　变压器隔离

② 光电隔离

光电耦合器是由发光二极管和光敏三极管封装在一个管壳内组成的，发光二极管两端为信号输入端，发射光信号，光敏三极管的集电极和发射极分别作为光电耦合器的输出端接收光信号，它们之间通过光信号耦合，本质上隔离了输入和输出回路，光电隔离前后两部分电路应分别采用两组独立的电源。

光电隔离与变压器隔离相比，由于其成本低、体积小，在计算机控制系统中得到了更广泛的应用。还可以用光耦隔离器的线性放大区传送模拟信号抑制或者隔离电磁干扰，即在模拟信号通道中进行隔离。例如在现场传感器与 A/D 转换器或 D/A 转换器与现场执行器之间的模拟信号的线性传送模拟量应选用线性光耦。

在图 2-47 中，模拟信号 U_S 经放大后，再利用光电耦合器的线性区，对模拟信号进行耦合传送。因此，应保证被传信号的变化范围始终在线性区内，否则将产生误差。

(3) 浮地屏蔽

浮地，即该电路的地与大地无导体连接，其优点是该电路不受大地电性能的影响。浮地可使功率地(强电地)和信号地(弱电地)之间的隔离电阻很大，所以能阻止共地阻抗电路性耦合产生的电磁干扰。其缺点是该电路易受寄生电容的影响，而使该电路的地电位变动，同时增加了对模拟电路的感应干扰，如图 2-48 所示。

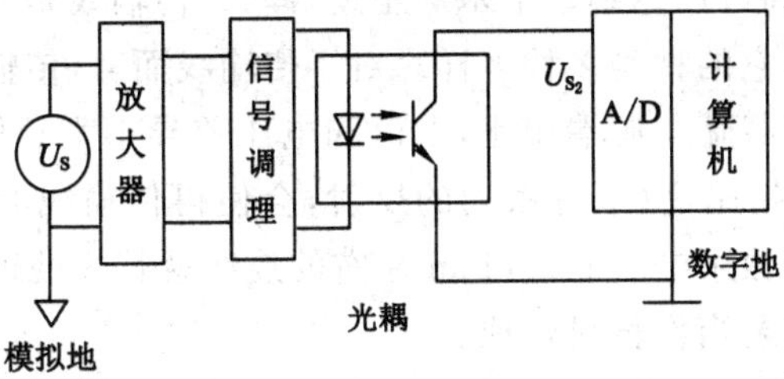

图 2-47　光电隔离

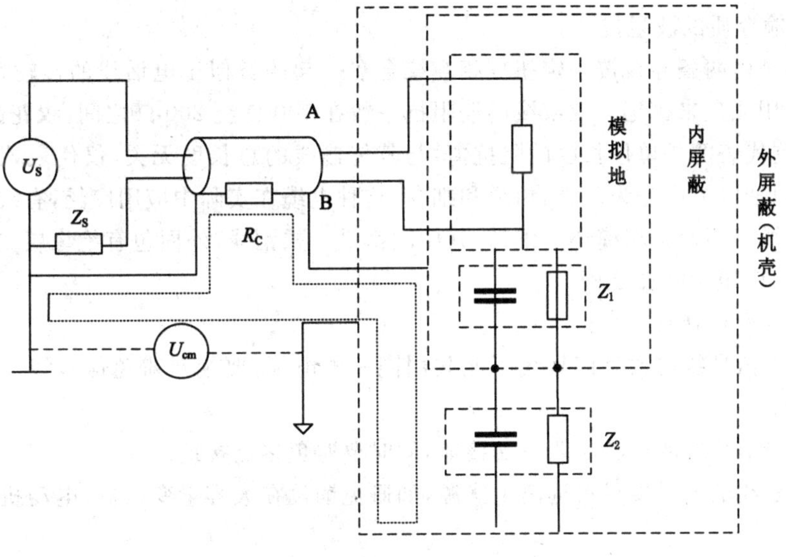

图 2-48　浮地输入双层屏蔽放大器

图中 Z_1 和 Z_2 分别为模拟地与内屏蔽盒以及内屏蔽盒与外屏蔽层(机壳)之间由漏电阻和分布电容组成很大的绝缘阻抗。用于传送信号的屏蔽线的屏蔽层和 Z_2 为共模电压 U_{cm} 提供了共模电流 I_{cm1} 的通路。因为模拟地与内屏蔽盒是隔离的，I_{cm1} 不会产生串模干扰。由于屏蔽线的屏蔽层存在电阻 R_c，因此 U_{cm} 在 R_c 上会产生较小共模信号，将在模拟量输入回路中产生共模电流 I_{cm2}，I_{cm2} 在模拟量输入回路产生串模干扰电压。因为 $R_C \ll Z_2$，$Z_S \ll Z_1$，故由 U_{cm} 引入的串模干扰电压是非常弱的，这是有效的共模抑制方法。

(4) 采用仪表放大器

仪表放大器具有共模抑制能力强、输入阻抗高、漂移低、增益可调等优点，是一种专门用于分离共模干扰与有用信号的器件。常用的仪表放大器有 AD620(低功耗、低成本、集成仪表放大器)，还有 AD623 等。

2.3.2.3　长距离传输线干扰抑制

(1) 长距离传输线干扰

计算机控制系统包括的很多生产现场，每个生产现场都有不同数量的控制器与执行器，这些生产现场彼此间距离可以达到数十米甚至近百米。传输线是一种由彼此平行的双导体构成的导行电磁波结构，它的种类多种多样。对于传输线而言，传输线的物理长度与信号波长相差很大时，传输线负载端与源端相比，电流和电压差异不大。但是随着频率的提高，传输线长度可与信号波长相比，由于一系列的反射，会使得传输线的终端电压与电流发生变化。所以，对毫微秒级的数字电路而言，1 m 左右的连线就长线处理；而对于 10 毫微秒级的电路，几米长的连线才需要当作长线处理。

信号在长线中传输会出现波反射现象。如果传输线的终端阻抗与传输线的波阻抗不匹配，信号在传输线末端会引起反射。如果始端阻抗与传输线的波阻抗不匹配，信号在传输线始端反射，会形成多次反射。消除这种反射的方法，是电缆的始端或者末端跨接一个与电缆波阻抗匹配的终端电阻，可以有效消除波反射。

(2) 传输介质的波阻抗

双绞线是由两条导线按一定扭矩相互绞合在一起的类似于电话线的传输媒体，每根线加绝缘层并用颜色来标记。双绞线的波阻抗一般在 100 Ω 至 200 Ω 之间，绞花越密，波阻抗越低(波阻抗代表的是单位长度的阻抗值，与其传输线的总长度无关，仅代表该传输线本身的特性)。同轴电缆可分为两类：粗缆和细缆，这种电缆在实际中应用广泛，有线电视网使用的是同轴电缆。不论是粗缆还是细缆，其中间都是一根铜线，外面包有绝缘层。同轴电缆的波阻抗在 50 Ω 至 100 Ω 之间。

2.3.2.4 信号线的铺设

(1) 模拟信号线与数字信号线不能共用同一根电缆，要绝对避免信号线与电源线共用同一根电缆。

(2) 屏蔽信号线的屏蔽层要一端接地，同时要避免多点接地。

(3) 信号线的铺设要尽量远离干扰源，如避免铺设在大容量变压器、电动机等电气设备的附近。

(4) 信号电缆与电源电缆必须分开，并尽量避免平行铺设。

① 电缆沟内要设置隔板，且使隔板与大地连接。

② 电缆沟内用电缆架或在沟底自由铺设时，信号电缆与电源电缆间距一般应在 15 cm 以上；如果电源电缆无屏蔽，且为交流电压 220 V、电流 10 A 时，两者间距应在 60 cm 以上。

③ 电源电缆使用屏蔽罩。

信号电缆和电源电缆的铺设如图 2-49 所示。

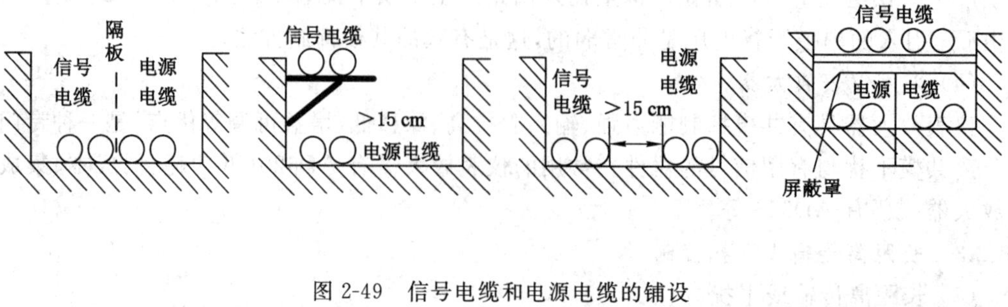

图 2-49 信号电缆和电源电缆的铺设

2.3.3　计算机主机抗干扰技术

2.3.3.1　MAX16058

MAX16058 是 125nA(典型值)超低电流 uP(微处理)监控电路，监测一路系统的电源电压。当 V_{CC} 电源电压跌落至工厂设定的复位门限，手动复位拉至低电平或发生看门狗定时器超时时，将触发低电平有效的复位输出。V_{CC} 上升至复位门限以上后，复位输出将在可调节复位超时周期内继续保持低电平。通过外部电容调节复位和看门狗超时周期。

典型电路以复位、看门狗时间可调的看门狗监控芯片 MAX16058 为核心器件，其管脚说明如表 2-8 所示。其主要特点如下：

① 超低电源电流：125 nA(典型值)；

② 宽工作电压：1.1～5.5 V；

③ 复位门限：1.575～4.625 V，步长 100 mV；

④ 电容可调复位超时；

⑤ 电容可调看门狗超时；

⑥ 可选的看门狗禁止功能；

⑦ 手动复位输入；

⑧ 推挽或开漏输出；

⑨ 电源瞬态抑制；

⑩ 温度范围：－40～＋125 ℃(工作)，－65～＋150 ℃(存储)。

表 2-8　MAX16058 管脚说明表

引脚	名 称	功能说明
1	$\overline{RESET}$	推挽或漏极开路复位输出
2	GND	地
3	SWT	看门狗超时输入
4	$\overline{MR}$	手动复位输入
5	SRT	复位超时输入
6	WDI	看门狗输入
7	WDS	看门狗选择输入
8	V_{CC}	电源电压

看门狗操作有两种模式：正常工作模式和扩展模式。正常工作模式下，看门狗时间周期由连接 SWT 和 GND 引脚的电容值确定；在扩展模式时，时间常数等于该值乘以 128。看门狗操作模式由引脚 WDS 设定，当 WDS 连接 GND，为正常工作模式；当 WDS 连接 V_{CC}，看门狗工作在扩展模式。

当电源恢复正常时，CPU 重新上电复位，复位后应首先检查是否有掉电标记，如果没有，按一般开机程序执行(系统初始化等)。如果有掉电标记，不应将系统初始化，而应按掉电中断服务子程序相反的方式恢复现场，以一种合理的安全方式使系统继续未完成的工作。

2.3.3.2 看门狗电路容差分析(表 2-9)与看门狗电路介绍

MAX16058 是超低电流 125 nA 的微处理器监控电路,可监视单个系统电源电压。当电源电压 V_{CC} 低于工厂预设的复位门限、手动复位拉低或者看门狗定时器超时,该监控电路触发低电平有效的复位输出。复位输出在 V_{CC} 超过复位门限后的可调节复位超时周期内保持有效。该监控电路通过外部电容调节复位超时周期和看门狗周期。

表 2-9 MAX16058 容差分析表

位　号	规　格	允许偏差	温度特征
R_1	RMK1608KB204BM	±0.1%	±100ppm/K
R_2	RMK1608KB103FM	±1%	±100ppm/K
R_3	RMK1608KB104FM	±1%	±100ppm/K
R_6	RMK1608KB104FM	±1%	±100ppm/K
C_2	(G)CT41-0603-2R1-25V-104K	±10%	±15%
C_3	(G)CT41-0603-X7R-25V-103-J-N	±5%	±15%
C_5	(G)CT41-0603-2R1-25V-102K	±10%	±15%

基于 MAX16058 的看门狗电路如图 2-50 所示。其中,电阻 R_1、R_2、R_3、R_6 对看门狗时间常数的影响可忽略不计;电容 C_2 为电源 V_{CC} 的去耦电容,对看门狗时间常数影响可忽略不计。该看门狗电路中,可通过外部电容 C_5 调节复位超时周期,通过 C_3 调节看门狗超时周期。外部电容 C_5 影响复位超时周期 t_{RP},该时间决定了复位脉冲的宽度,其低电平时间常数的计算方式与看门狗时间计算完全一样,可以参考下文看门狗时间常数分析。

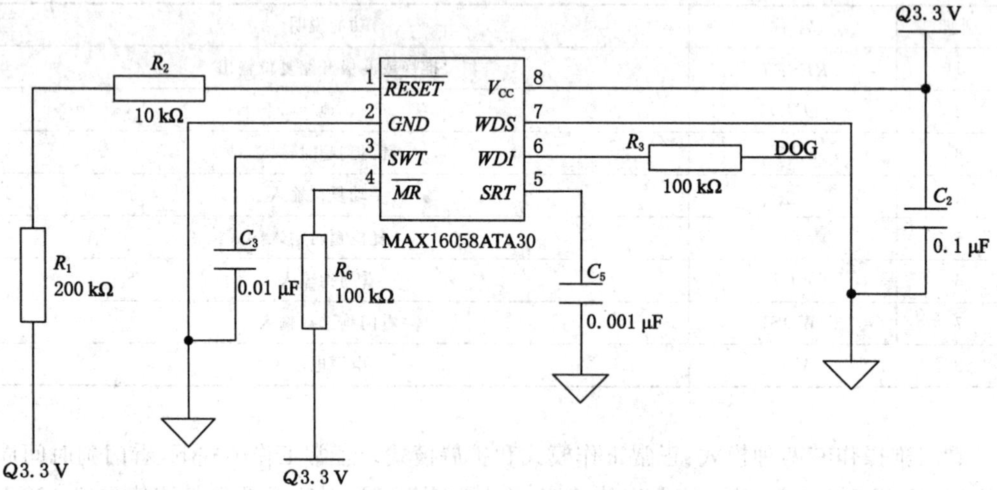

图 2-50 看门狗电路

图中 $t_{RP}=5.15\times10^6\times C_{SWT}$,$C_5$ 规格为(G)CT41-0603-2R1-102K,对应电容为 1 000 pF。通过查询《MAX16058 器件手册》,复位超时周期计算公式为:$t_{RP}=5.15\times10^6\times C_{SWT}$(1),代入公式得 $t_{RP}=5.15\times10^6\times10^{-9}=5.15$ ms。

漏极开路$\overline{RESET}$输出可以与其他逻辑电平的微处理器接口连接。如图 2-51 所示，漏极开路输出连接到 0 V 至 5.5 V 电压。通常，$\overline{RESET}$通过上拉电阻连接到所监测的器件V_{CC}输入。但有些系统中，需要通过漏极开路输出将逻辑电平从监控电路的监测电压转换到其他电源电压。监控电路的V_{CC}降低时，器件能够从$\overline{RESET}$吸收电流。

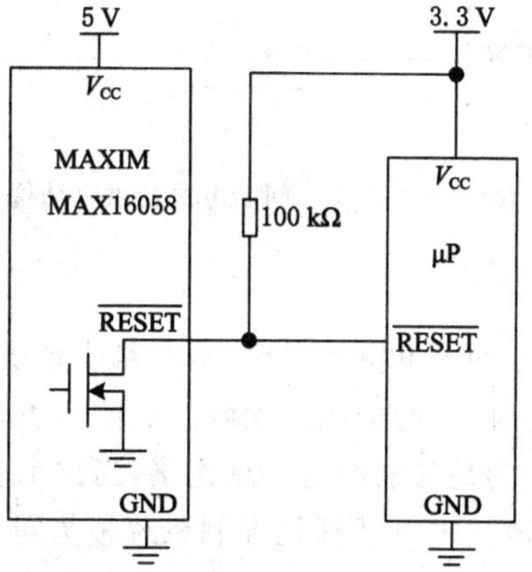

图 2-51　看门狗复位电路

2.3.4　供电与接地技术

2.3.4.1　供电技术

(1) 供电系统的一般保护措施

理想的交流电应该是 50 Hz 的正弦波。但事实上，由于负载的变动如电动机、电焊机、鼓风机等电气设备的启停，可能造成电源电压的波动，甚至出现尖峰脉冲。这种尖峰脉冲，幅值可达几十甚至几千伏，持续时间也可达几毫秒之久，容易造成计算机的"死机。在硬件上可以用低通滤波降低尖峰脉冲干扰等方法解决。计算机控制系统的供电一般采用图 2-52 所示的结构。

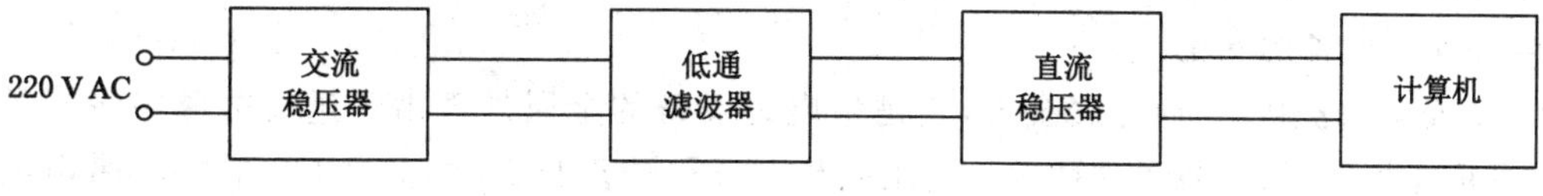

图 2-52　一般供电结构

(2) 电源异常的保护措施

计算机控制系统的供电不允许中断，UPS 即不间断电源（uninterruptible power supply）是不断电的重要设备，其原理如图 2-53 所示，是一种含有储能装置的不间断电源。主要用于给部分对电源稳定性要求较高的设备提供不间断的电源。输入正常时，UPS 将市电稳压后供应给负载使用，此时的 UPS 就是交流式电稳压器，同时内部电池充电；当市电中断时，UPS 立即将电池的直流电能，通过逆变器切换向负载继续供应 220 V 交流电，维持计算机的正常工作。

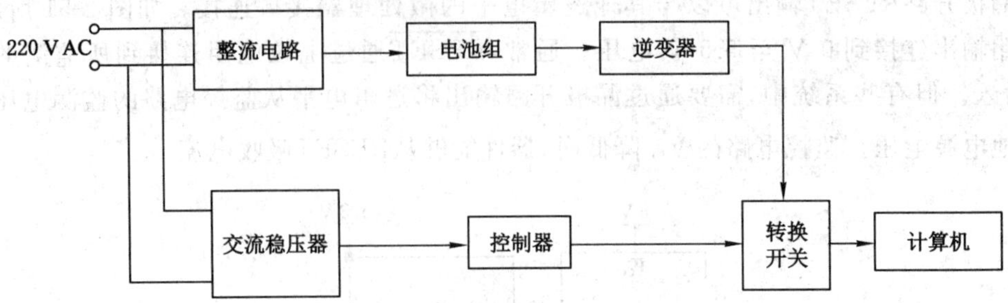

图 2-53　具有不间断电源的供电结构

2.3.4.2　接地技术

“地线”是电路电位基准点的等电位体，“地”是电路或系统中为各个信号提供参考电位的一个等电位点或等电位面。广义的接地包含两方面的意思，即接实地和接虚地。接实地指的是与大地连接；接虚地指的是与电位基准点连接，当这个基准点与大地电气绝缘，则称为浮地连接。正确合理的接地技术对计算机控制系统极为重要，接地的目的有两个：一是为了保证控制系统稳定可靠地运行，防止地环路引起的干扰，常称为工作接地；二是为了避免操作人员因设备的绝缘损坏或下降遭受触电危险和保证设备的安全，这称为保护接地。

(1) 地线系统分析

在计算机控制系统中，一般有以下几种地线：模拟地、数字地、安全地、系统地、交流地。

① 模拟地是模拟信号设备传感器、变送器、放大器、A/D 和 D/A 转换器中模拟电路的零电位参考点。模拟信号具有精度要求高、信号比较小、与生产现场(可能远距离)连接的特点。因此，模拟地很重要，所有模拟地最终都在供给模拟电路电流的直流电源的参考点上。

② 数字地作为计算机中各种数字电路的零电位，应该与模拟地分开，避免模拟信号受数字脉冲的干扰。所有组件的数字地最终都与供给数字电路电流的直流电源的参考点相连。

③ 安全地的目的是使设备机壳与大地等电位，避免机壳带电，是保护人身及设备安全的重要保障。保护接地的作用是避免操作人员因电子设备的绝缘损坏或下降而遭受触电的危险并保证设备的安全。

a. 安全保护接地：简称安全地，它是指电力设备的金属外壳由于进线电源绝缘层被损坏，有可能带电，为了防止这种危险电压危及人身和设备安全，将正常工作时的不带电的金属外壳(如机柜外壳、元件外壳等)接地。优点是机壳接地可使高频干扰电压形成低阻抗通路，防止其对电子电路的干扰。根据我国供电接线方式特点的不同，安全性接地有五种形式：TN-C 系统、TN-S 系统、TN-C-S 系统、IT 系统、TT 系统。目前，国内外的计算机安全接地多采用第 2、第 5 种方式，安全保护接地电阻应小于 4 Ω。

b. 静电接地：是为了消除计算系统运行过程中产生的静电电荷而采用的一种接地方式。由于机房内的湿度一般不低于 50%，且机房内大都采用抗静电活动地板，产生静电的可能性较小，因而，一般可不再设静电接地。

c. 屏蔽接地：一般用于通信系统较多。是指将设备屏蔽体和大地之间用低阻导线连接起来，形成电气通路，为高频干扰信号提供通路的一种接地方式。

④ 系统地就是上述几种地的最终回流点，直接与大地相连，如图 2-54 所示。众所周知，地球是导体，而且体积非常大，电位比较恒定，所以人们把它的电位作为基准电位，也就是零电位。

⑤ 交流地是计算机交流供电电源地，即动力线地，它的地电位很不稳定。交流供电电源的地线，往往很容易就有几伏至几十伏的电位差存在，这种地通常是产生噪声的地。因此，交流地绝对不允许分别与上述几种地相连，而且交流电源变压器的绝缘性能要好，绝对避免漏电现象。

显然，正确接地对系统安全可靠运行意义重大。低频电路应单点接地，高频电路应就近多点接地。单点接地指所有电路的地线接到公共地线的同一点，进一步可分为串联单点接地和并联单点接地。最大的好处就是没有地环路，相对简单，但是地线往往过长，导致地线阻抗过大。多点接地式指在该电路系统中，用一块接地平板代替电路中每部分各自的地回路。

一般来说，当频率小于 1 MHz 时，可以采用单点接地方式；当频率高于 10 MHz 时，可以采用多点接地方式。在 1～10 MHz 之间，如果用单点接地时，其地线长度不得超过波长的 1/20，否则应采用多点接地。单点接地的目的是避免形成地环路，地环路产生的电流会引入信号回路内引起干扰。

在过程控制计算机中，对上述各种地的处理一般采用分别回流法单点接地。回流法单点接地的原理是共同地线，导致存在公共地线阻抗，目的是使电路或设备与公共地线引起环流的公共导线隔离起来。

模拟地、数字地、安全地(机壳地)的回流法如图 2-54 所示。回流线往往采用汇流条，汇流条由汇流片(导电层)与绝缘层构成，结构形式为两者依次组合叠装、铆接及封装而成，汇流片上设计引出脚与电缆焊接。汇流条由多层铜导体构成，截面呈矩形，各层之间有绝缘层。采用多层汇流条以减少自感，可减少干扰的窜入途径。在稍高级的系统中，分别使用横向及纵向汇流条，机柜内各层机架之间分别设置汇流条，以最大限度地减少公共阻抗的影响。在空间上，将数字地汇流条与模拟地汇流条间隔开，以避免通过汇流条间电容产生耦合。安全地(机壳地)始终与信号地(模拟地、数字地)是浮离开的。这些地之间只在最后汇聚一点，并且常常通过铜接地板交汇，然后用线径不小于 300 mm^2 的多股铜软线焊接在接地极上后深埋地下。

(2) 低频接地技术

以下讨论 1 MHz 以下低频接地问题。

① 单点接地方式

信号地线的接地方式应采用单点接地，而不采用多点接地。单点接地主要有两种接法：即串联接地(或称共同接地)和并联接地(或称分别接地)，如图 2-55 和图 2-56 所示。

串联单点接地简单易操作，应用较多，但是地电阻 r_1、r_2 和 r_3 是串联的，所以各电路间极易相互发生干扰，带来了电平差问题。

当各电路的电平相差很大时串联单点接地电平差异明显，大电平差将会产生很大的地电流并干扰到低电平电路，一般不使用串联单点接地。因此，串联单点接地应注意把低电平的电路放在距接地点最近的地方，降低上述干扰。

在低频时，并联接地方式是最适用的，各电路的地电位不存在接地回路间的耦合，只与

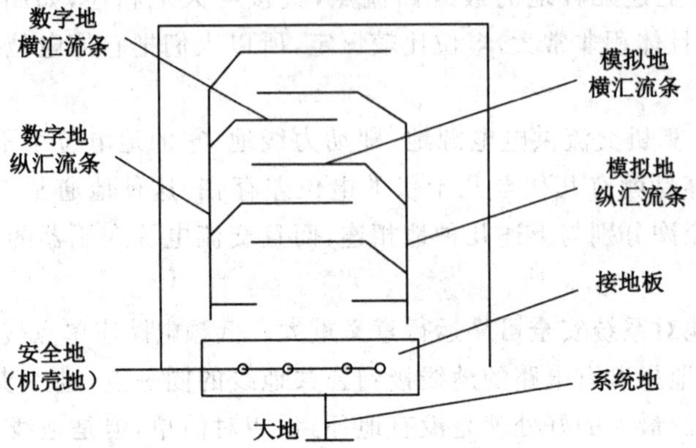

图 2-54　回流法接地示例

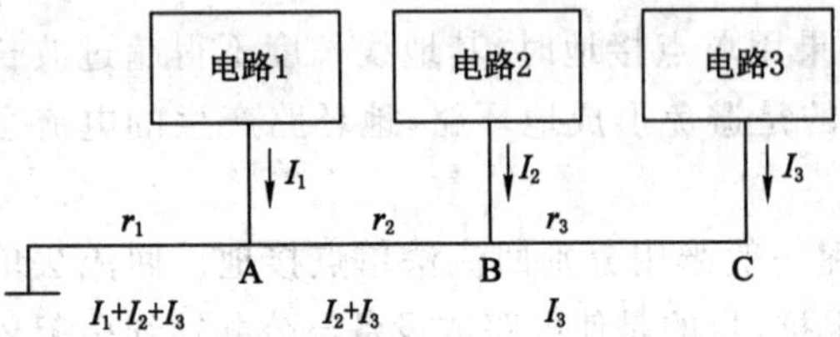

图 2-55　串联单点接地

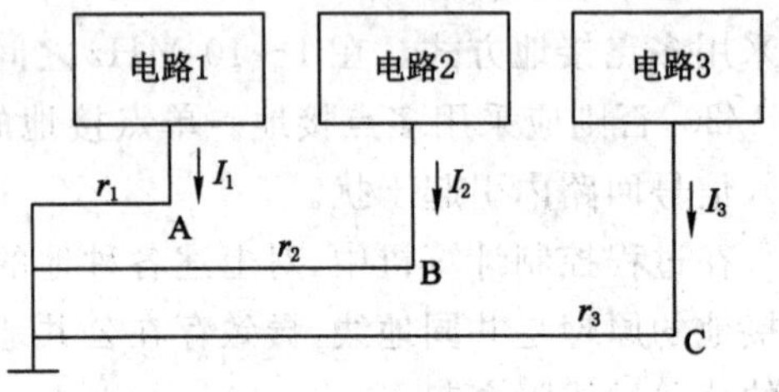

图 2-56　并联单点接地

本电路的地电流和地线阻抗有关。但是，这种方法接地复杂，成本也较高。

② 实用接地

实际工程中，综合考虑噪声标准、接地成本等，在低频时用串联单点接地的实用型接法。还可以采用低电平电路共同地线接地、高电平电路经另一组接地的串联分组接法，如图 2-57 所示。在一般的系统中，至少有一条是低电平电路地线；一条是继电器、电动机等的“噪声地线”；一条是设备机壳“金属件地线”，这三条地线应在一点连接接地。大部分计算机控制系统的接地问题都可以这样解决。

(3) 地线环路干扰解决方法

由于地线环路干扰是由地线环路电流引起的，在干扰频率较低的场合，当一个设备的安全地线断开时，干扰现象就消失了。因为断开地线时，切断了地线环路。当干扰频率较高（超过 10 MHz 时），由于线路板与机箱之间、机箱与大地之间存在着分布电容，断开地线的作用，就没有这么明显了。因为这些分布电容已经能够给高频电流提供较低阻抗的通路，维持地环路的存在。

① 一点地基准

实际的模拟量输入通道通常由信号源、输入馈线和输入放大器 3 部分组成。图 2-58 中，将信号源与输入放大器分别接地，就会有 A 和 B 两点地电位不等而引起环流噪声干扰的现象存在。

这种方法仅适用于干扰频率比较低的场合。可以通过将两个设备通过一根地线与大地

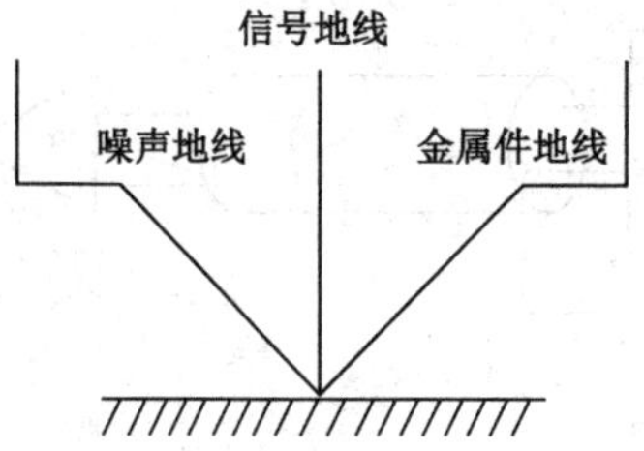

图 2-57　实用低频接地

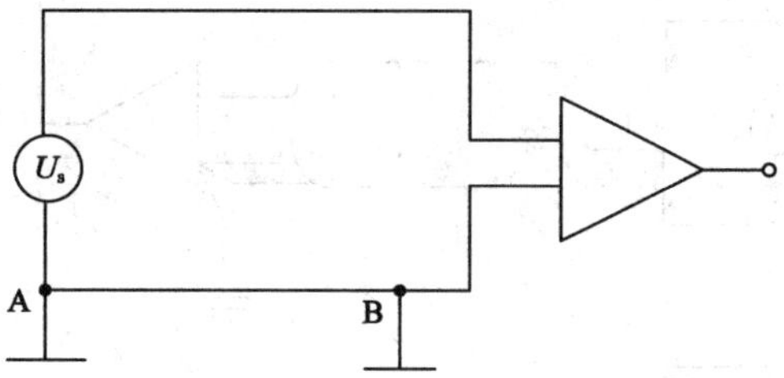

图 2-58　错误的接地方式

连接的方法，来消除地线环路干扰。地线与信号线所包围的磁通量决定了外界磁场的干扰程度，当地线与信号线靠得很近时，干扰很小。

当干扰频率较高时，单点接地的效果就不那么明显了。尽管不存在明显的地环路，但是，由于分布电容的原因，还是会有无形的地环路存在。

将两点接地改为单点接地，可以消除谐波干扰问题，有两种方案可以实现：一个是将源端的地线断开；另一个是将负载端的地断开。如果将负载端的地断开，就必须要使用浮地的电源，为了方便，通常在源端断开接地。实际上，由于各处接地体差异，土壤的电阻率相差甚大，几乎每个工业现场都要碰到，一定要引起注意。如图 2-58 中，AB 两点接地，由于地电位不同，会形成环流噪声干扰。

为了克服双端接地的缺点，应将图 2-58 输入回路改为单端接地方式。当单端接地点位于信号源端时，放大器电源不接地；当单端接地点位于放大器端时，信号源不接地。

② 电缆屏蔽层的接地

实际工程中，电缆屏蔽层接地采用如下规则：计算机控制系统的模拟信号回路控制电缆屏蔽层，不得构成两点或多点接地，应集中式一点接地。集成电路、微机保护的电流、电压和信号的控制电缆屏蔽层应在开关安置场所，与控制室同时接地。除去上述两种情况，当电磁感应的干扰较大时，宜采用两点接地；静电感应的干扰较大时，可采用一点接地。双重屏蔽或复合式总屏蔽宜对内、外屏蔽分别采用一点、两点接地。

当信号电路是一点接地时，低频电缆的屏蔽层也应一点接地。如欲将屏蔽一点接地，则应选择较好的接地点。当一个电路有一个不接地的信号源与一个接地的（即使不是接大地）放大器相连时，输入线的屏蔽应接至放大器的公共端；当接地信号源与不接地放大器相连时，即使信号源端接的不是大地，输入线的屏蔽层也应接到信号源的公共端。这种单端接地方式如图 2-59 所示。

(4) 机箱外壳接地机芯浮空

悬浮接地是使电路的某一部分与大地线完全隔离的接线方式，可抑制来自接地线的干扰。由于没有电气上的联系，因而也就不可能形成地环路电流而产生地阻抗的耦合干扰。由于设备不与公共地相连，故悬浮接地容易在两者间造成静电积累，当电荷积累到一定程度后，在设备地与公共地之间的电位差可能引起剧烈的静电放电，产生干扰放电电流。通常将该系统电阻接地以避免静电积累。悬浮接地的电路也易受寄生电容的影响，从而使该电路的地电位变动，增加对模拟电路的感应干扰。悬浮接地的效果与悬浮接地寄生电容的大小和信号的频率有关。采用悬浮接地的目的是将电路或设备与公共接地系统或可能引起环流

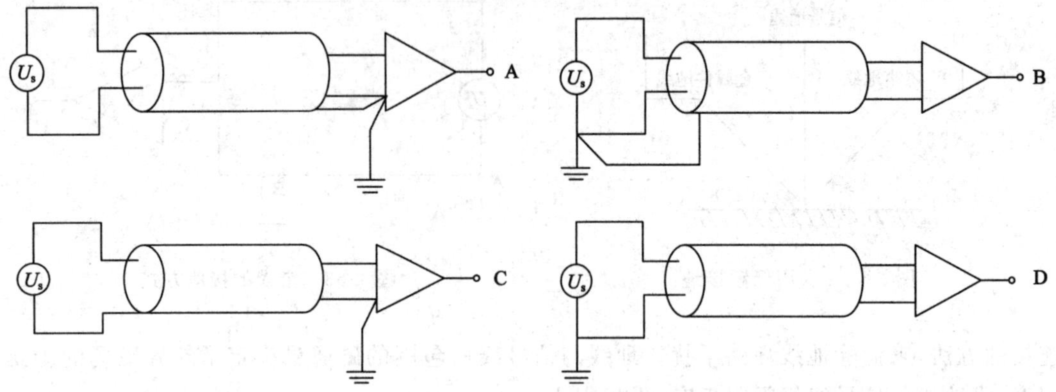

图 2-59　在低频时屏蔽电缆的单端

的公共导线隔离开,使电路不受大地电性能的影响,提高电路的抗干扰性能。为了提高计算机的抗干扰能力,将主机外壳作为屏蔽罩接地,而把机内器件架与外壳绝缘,绝缘电阻大于 50 MΩ,即机内信号地浮空,如图 2-60 所示。这种方法安全可靠,抗干扰能力强,但制造工艺复杂,一旦绝缘电阻降低就会引入干扰。

(5) 多机系统的接地

工业控制系统中,多台计算机组网十分普遍,实现相互通信、资源共享。在同一机房内的近距离范围,几台计算机安装大多采用类似图 2-61 那样的多机一点接地方法。如果远距离组成网络,多台计算机之间要实现高可靠性的数据通信,应采用隔离接地的方法,例如变压器隔离技术、光电隔离技术等。

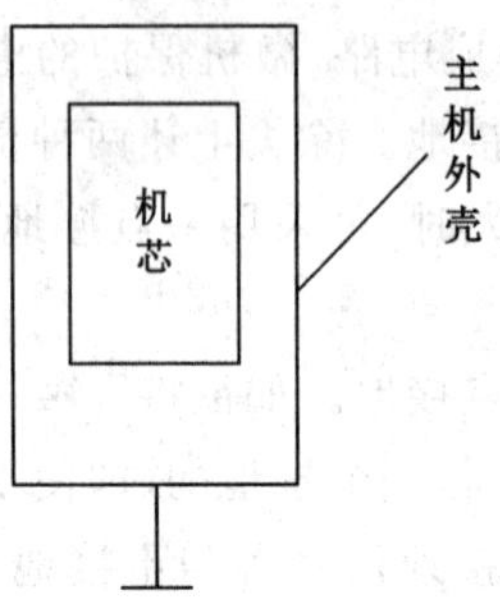

图 2-60　外壳接地、机芯浮空

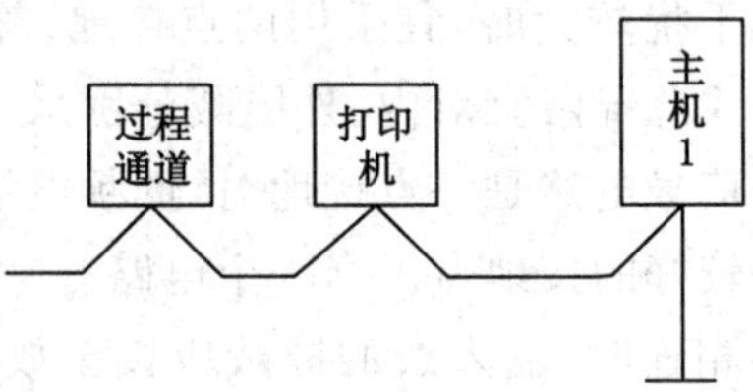

图 2-61　多机系统的接地

2.4　软件抗干扰技术

工业控制系统工作环境复杂,因此对系统的抗干扰有着极强的要求。通常,抗干扰可以通过硬件和软件两种方法实现,其中硬件法需要投入一定的硬件设备,同时当干扰条件变化时,适应性就会变差;软件法不需要投入硬件,灵活、方便、适应性较强。

2.4.1　数字滤波

常见的模拟信号采样系统中，常有各种噪声和干扰的污染信号。噪声信号有两大类：一类为周期性的规则信号；另一类为不规则随机信号。规则信号的典型代表为 50 Hz 的工频干扰，解决方法是采用积分时间等于 20 ms 的整数的双积分 A/D 转换器。不规则随机噪声信号，可以用数字滤波方法抑制。所谓数字滤波，就是通过一定的计算或判断程序抑制干扰信号。它是程序滤波，降低了模拟滤波器的成本，同时也可以通过程序修改提升滤波效果，具有一定的灵活性，主要针对串模干扰进行处理。

2.4.1.1　算术平均值法

算术平均值法是要按输入的 N 个采样为数据 $x(i)(i=l,2,\cdots,N)$，寻找这样一个 y

$$J_{\mathrm{E}}=\min\left[\sum_{i=1}^{N}e^{2}(t)\right]=\min\left[\sum_{i=1}^{N}(y-x(i))^{2}\right] \tag{2-16}$$

使 y 与各采样值间的偏差的平方和为最小，由一元函数求极值原理可得：

$$\bar{y}=\frac{1}{N}\sum_{i=1}^{N}x(i) \tag{2-17}$$

这时，可满足式(2-16)。式(2-17)即是算术平均值的算法。算术平均值法对信号的平滑滤波程度完全取决于 N。当 N 较大时，平滑度高，但灵敏度低，即外界信号的变化对测量计算信号结果 y 的影响小；当 N 较小时，平滑度较低，但灵敏度高。

由此可见，算术平均值滤波的实质是把一个采样周期内的 N 次采样值相加，然后再把所得的和除以采样次数 N 即可得到该周期的采样值。算术平均值滤波主要对具有随机干扰的压力、流量等周期性脉动的采样值进行平滑加工，但对脉冲性干扰的平滑作用不理想。

2.4.1.2　加权平均值滤波

加权平均值滤波是对算术平均滤波的改进。对算术平均滤波，对于 N 次以内所有的采样值来说，所占的比例是相同的，也即滤波结果取每次采样值的 $1/N$。为了提高滤波效果，可对各个采样值取不同的比例，然后再相加，称为加权平均滤波。

$$\bar{y}=\sum_{i=1}^{N}C_{i}x(i)$$

式中 C_i 为常数项，体现了各次采样值在平均值中占的比重，且应满足下列关系：

$$\sum_{i=1}^{N}C_{i}=1 \tag{2-18}$$

C_i 的取值视实际情况而定，一般采样次数靠后，取的比例越大，这样可以增加新的采样值在平均值中所占的比例。这种滤波方式适用于纯迟延较大的被控对象，可以根据需要突出信号的某一部分而抑制信号的另一部分。

2.4.1.3　滑动平均值滤波

滑动平均值滤波是对算术平均滤波和加权平均值滤波的改进。不管是算术平均滤波还是加权平均滤波，都需连续采样 N 个数据，然后求算术平均或加权平均。但采样 N 次所需的时间较长，故检测速度较慢。

可以改进为滑动平均值滤波：预先在计算机内存中建立一个数据缓冲区，按照顺序存放 N 个采样数据，每采集一个新数据，就将最早采集的数据丢掉，而后求包括新数据在内的 N

个数据的算术平均或加权平均。这样每进行一次采样就可以计算出一个新的平均值，加快了数据处理的速度，如图 2-62 所示。

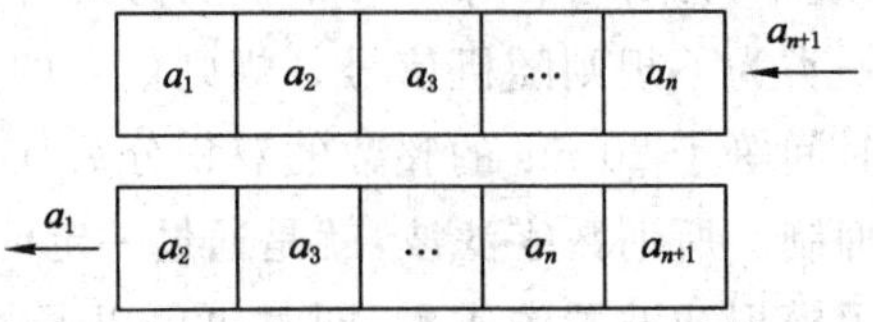

图 2-62　滑动平滑滤波示意图

滑动平均值滤波有两种方式：一种是滑动算术平均滤波，另一种是滑动加权平均值滤波。

滑动平均值滤波对周期性干扰有良好的抑制作用，其平滑度高、灵敏度低；但对偶然出现的脉冲性干扰抑制作用差，不易消除由于脉冲干扰引起的采样值偏差。所以不适合脉冲干扰比较严重的场合，而适用于高频振荡系统。不同工况下，计算机控制系统 N 的工程经验值推荐表如表 2-10 所示。

表 2-10　*N* 值设定的工程经验

参数	流量	压力	液面	温度/℃
N	12	4	4—12	1—4

2.4.1.4　中位值滤波法

中位值滤波法的原理是对待测参数进行连续采样 m 次，其中 m 为一个大于等于 3 的奇数。采样值按照大小顺序进行排列，然后选择中间值作为本次采样的有效数据。通过使用中位值滤波法和平均值滤波法的组合，可以获得更好的滤波效果。

在这种组合方式中，首先对待测参数进行 m 次连续采样，并计算这 m 个采样值的平均值。最后将平均值与这 m 个采样值进行比较，选择与平均值最接近的值作为最终的滤波结果。

这种组合滤波方法综合了中位值滤波法和平均值滤波法的优点，能够有效地去除噪声和异常值，提高滤波效果。通过采用这种策略，可以得到更准确和稳定的测量结果。

中位值滤波法对于抑制由于偶然因素引起的波动或采样器不稳定引起的脉动干扰比较有效。若参数变化较慢，则宜采用中值滤波法，但是对于快速变化的参数，不宜使用该方法。

2.4.1.5　限幅、限速滤波法

大的随机干扰或采样器不稳定性时，采样数据可能会偏离实际值过远。为此，可以采用上下限限幅的方法。

当 $y(n) \geqslant y_H$ 时，取 $y(n)=y_H$（上限值）；

当 $y(n) \leqslant y_L$ 时，取 $y(n)=y_L$（下限值）；

当 $y_L \leqslant y(n) \leqslant y_L$ 时，取 $y(n)=y(n)$。

而且采用限速（亦称限制变化率），即是把两次相邻的采样值相减，求出增量（以绝对值表示），然后与两次采样允许的最大差值 Δy_0 进行比较。若小于等于 Δy_0，则取本次采样值；若大于 Δy_0，则仍取上次采样值作为本次采样值：

$$|y(n)-y(n-1)| \leqslant \Delta y_0, y(n)=y(n)，取本次采样值$$
$$|y(n)-y(n-1)| \leqslant \Delta y_0, y(n)=y(n-1)，取上次采样值$$

式中，$y(n)$为本次采样值，$y(n-1)$为上次采样值，Δy_0 为相邻两次采样值所允许的最大偏差。

限速滤波方法主要用于变化较慢的参数，去除偶然的脉冲干扰。比如温度、液位等测量系统，关键问题是最大允许误差 Δy_0 的选取，Δy_0 通常可以根据经验获得，也可由实验得出。其中，Δy_0 为两次相邻采样值之差的可能最大变化量。Δy_0 值的设置，取决于采样周期 T 及被测参数 y 应有的正常变化率。因此，一定要按照实际情况确定 Δy_0、y_H 及 y_L，否则，非但达不到滤波效果，反而会降低控制品质。

2.4.1.6　惯性滤波法

常用的模拟 RC 滤波器的传递函数是：

$$G(s)=\frac{Y(s)}{X(s)}=\frac{1}{Ts+1} \tag{2-19}$$

其中，$T=RC$，它的滤波效果取决于滤波时间常数 T。借鉴上述滤波器的低通特性，设计低通滤波器如下：

$$T\frac{y(n)-y(n-1)}{T_s}+y(n)=x(n) \tag{2-20}$$

$$\begin{aligned} y(n) &= \frac{T_s}{T+T_s}x(k)+\frac{T_s}{T+T_s}y(k-1) \\ &= (1-\alpha)x(k)+\alpha y(k-1) \end{aligned} \tag{2-21}$$

其中，$\alpha=\frac{T_s}{T+T_s}$称为滤波系数，且 $0<\alpha<1$，T_s 为采样周期，T 为滤波器时间常数。

滤波器的频率特性，可以改变滤波系数 α，对带宽调整，α 越大，则带宽越窄，滤波频率也越低。因此，适当选取 α 值，使被测参数具有纹波，反应速度较好。

2.4.1.7　复合数字滤波

为了进一步提高滤波效果，有时可以把两种或两种以上具有不同功能的数字滤波器组合起来，形成复合数字滤波器或多级数字滤波器。例如把算术平均滤波和中值滤波结合起来，既可以消除周期性的脉动干扰又可以消除随机的脉冲干扰。方法：把采样值按从小到大的顺序排列起来，然后将最大值和最小值去掉，再把余下的部分求取平均值。原理简述如下：

若 $x(1)\leqslant x(2)\leqslant\cdots\leqslant x(N)$，$3\leqslant N\leqslant 14$ 则

$$\begin{aligned} y(k) &= \frac{[x(2)+x(3)+\cdots+x(N)]}{N-2} \\ &= \frac{1}{N-2}\sum_{i=2}^{N-1}x(i) \end{aligned} \tag{2-22}$$

以上讨论了几种数字滤波方法，结合实际信号特点，选择使用。

2.4.2　数字量的软件抗干扰技术

计算机控制系统工作环境恶劣、电磁干扰严重，常常伴随各种扰动，因此，计算机控制系统应该具有极强的抗扰动能力。除了采用常见的硬件抗干扰方法，还可以采用软件抗干扰

技术。系统出现软件扰动,常出现输入数据采集不可靠;计算机系统进入强干扰后,程序计数器的值可能受扰动而发生改变,程序不能正常运行;输出数据受到扰动后,会对后续设备产生干扰。

2.4.2.1 数字输入信号抗干扰措施

开关数字输入信号是计算机系统重要信号,例如限位开关、操作按钮、电气触点等。干扰信号较短时间产生系统扰动,例如数字输入上叠加“毛刺,可多次重复采集该数字输入信号,直到连续两次或多次一致方为有效,可确保输入信号的准确性。若多次采样值总在变化,说明系统有扰动输入,应停止采样,采取保护措施,然后报警。

在满足动态要求情况下,也可以在各次采集数字信号之间接入一段延时,就能抑制较宽的“毛刺”干扰。

2.4.2.2 数字输出信号抗干扰措施

输出设备采用电位控制型,则有良好的抗干扰能力;如果采用锁存结构,则抗扰能力不足。尤其锁存线上出现干扰时,不管数据真实性而锁存。各类电磁执行机构类惯性大的输出设备反应时间相对长,对高频“毛刺”干扰具有天然的抗扰能力。反应时间短的通信口、总线设备、显示等设备则不具备这种能力。为此可以采用重复输出的方法人为延长数据反应时间,达到抑制高频短时干扰的目的。

2.4.2.3 指令冗余

当 CPU 受到干扰时,会出现程序跳转混乱,正常的程序无法执行。为了应对这种情况,常常采用增加软件冗余的方法。指令冗余是在关键位置插入一些额外的单字节指令(例如 NOP 指令),或者将有效的单字节指令重复书写。这样做的目的是增加指令字节的数量,使得程序在跳转错误后自动纠正并继续正确执行程序。指令冗余使跑飞程序恢复正常,需要跑飞程序必须落到程序区,然后执行到冗余指令。

通过增加软件冗余,可以提高程序在受到干扰时的容错性。插入额外的单字节指令或重复有效指令的措施,增加了程序纠错的机会,降低了进一步出错的风险。这种软件冗余的做法可以提高系统的稳定性和可靠性。

2.4.3 软件技术

2.4.3.1 软件陷阱

所谓软件陷阱,使用一条引导指令,将捕获的程序强行指向指定的地址,在该地址纠正出错程序。例如,某段程序的入口标号记为 ERR,设计一条无条件转移指令,并且附加两条 NOP 指令,对应软件陷阱如下:

```
NOP
NOP
JMP ERR
```

2.4.3.2 软件看门狗

软件看门狗,指当系统掉进死循环后,只有比这个死循环更高级的中断子程序才能对 CPU 具有控制权。为此可用一个定时器来做 WATCH DOG,将它的溢出中断设定为高级中断。当程序掉入死循环后,看门狗将在设定时间之内即可产生一次高级中断,从而强制退出死循环。可以把程序转向出错处理程序,在中断向量区安放一条跳转错误处理指令即可。

由出错处理程序来完成各种善后工作，并用软件方法使系统复位。一些控制器例如 TI 公司 C2000，STM32 等系列控制器都设有专用的看门狗寄存器功能，更加方便使用此功能。

习　题

1. 接口、接口技术和过程通道的定义是什么？

2. 试设计一个使用 74LS688、74LS138 以及拨码开关译码电路，请画出接口电路原理图并且解释译码原理。

3. 先假设使用 8 位 A/D 转换器 ADC0809 与 PC/ISA 总线工业控制机接口实现 8 路模拟量采集，请编写出 8 路模拟量的数据采集程序并画出接口原理图。

4. 比较 RS-232C、RS-485、RS-422A 接口的特点。

5. 请分别画出一路有源 I/V 变换电路和一路无源 I/V 变换电路图，并分别说明各元器件的作用。

6. 简述采样过程、量化、孔径时间的定义。

7. 试说明采样保持器的功能，模拟量输入通道中是否都需要采样保持器？为什么？

8. 一个 8 位 A/D 转换器，孔径时间为 100 μs，如果要求转换误差在 A/D 转换器的转换精度(0.4%)内，求允许转换的正弦波模拟信号的最大频率是多少？

9. 请画出 DAC0832 与 ISA 单缓冲或者双缓冲接口电路原理图，并编写 D/A 转换程序。

10. 请画出 GP8302 与单片机接口电路原理图，解释输出原理。

11. 干扰分类和传播形式有哪些？串模干扰和共模干扰是什么？如何有效抑制该类干扰？

12. 简述 MAX16058 的主要功能。

13. 计算机控制系统中一般包含有几种接地形式？请画出回流法接地和一点接地的示意图。

14. 比较软件滤波方法。

第3章　数字控制原理

数字控制(Numerical control,NC)是现代发展起来的以自动控制技术为核心并结合计算机控制的新技术,它广泛利用数字化信号控制机床设备使其按照一定的轨迹精确自动运动。许多工业领域例如车床、加工中心、激光切割等设备都有了许多应用,它们能够按照计算机存储的任意图形并且通过数字控制实现相关工艺。随着半导体技术和数控设备精度的提高,数字控制技术加工精度和加工效率持续提高,也同时带动了计算机相关加工设备的发展。

3.1　数字控制基础

所谓数字控制,以计算机控制系统为基础,根据各种输入条件控制加工机械设备,使其按照一定的工作时序、运动速度、轨迹等要求高效、准确、自动地完成工作。

3.1.1　数控技术概况

根据 Gardner Inteligence 发布的 2022 年世界机床调查(2022 World Machine Tool Survey),2022 年全球机床产值和消费额分别为 803 亿欧元和 808 亿欧元。在整个机床市场中,高端数控机床仅占一小部分。以中国为例,根据机床工具工业协会统计数据,2022 年全国金属切削机床产量 57.2 万台,金属成形机床产量 18.3 万台;我国高端机床以进口为主,但 2022 年我国数控机床进口量仅为 2.9 万台。可见,我国高端机床还有亟待完善的地方。

欧洲拥有世界上最具竞争力的机床行业,约占全球生产份额 30%,在五轴联动数控机床、复合数控机床以及专用机床方面颇具竞争力,尤其是大型、重型、精密等高端数控机床,出口遍及世界,著名企业包括德马吉森精机(DMG Mor),斯图特(Studer),万德里希科堡(Waldrich-Coburg)等。瑞士高端数控机床享誉全球,在航空发动机加工、高精度坐标镗等产品世界领先。意大利重型机床、法国航空航天制造领域的机床产品、西班牙在飞机复材加工领域优势明显。亚洲日本生产的数控机床著名企业包括安田(asda)、山崎马扎克(amazaki Mazak)、大限(0kuma)、牧野(Makino)等,享誉世界机床届。美国机床行业将更多的精力倾注在基础科学研究和高新技术研发方面,如格里森(Gleason)、英格索尔(ingersol)、莫尔(Moore)、哈挺(Hardinge)等长期以来在高端数控机床供应和技术积累方面取得进步,也成就了光刻机、航空、航天等产业,助力美国等国家在先进制造业的领先地位。

我国数控机床出口市场，2020 年出口 53 853 台，出口金额 570 668 万元，出口均价 10.60 万元/台；2021 年出口 58 231 台，出口金额 720 339 万元，出口均价仅 12.37 万元/台。近年来虽然我国龙头机床企业加大产品研发力度，产品逐渐向中高端市场靠拢，但由于产业链发展不均衡，核心零部件和高端产品未能实质上摆脱进口依赖。

据统计，2022 年中国数控机床累计进口量达到 9.18 万台，累计下降 14.4%。进口主要来源于日本和德国，占比超过 80%。进口金额和进口量(台)占比排名前 3 的均为立式、卧式加工中心和数控卧式车床。2018—2022 年我国对俄出口立式加工中心的出口量总体上呈现增长的趋势。随着国家持续地投入，以及在人才队伍、技术积累和金属材料、伺服控制等方面的发展，我国数控机床技术将不断发展，有望短期内接近世界主流高端产品的技术水平。

数控设备基本工作流程如下：

首先根据输入信息，例如加工图纸中加工元件的基本尺寸信息，以及加工条件(加工精度、加工速度、加速度等)，按照插补原理驱动加工设备工作；为了提高加工质量还需要反馈实际位置、速度等信息实现信息闭环控制。整个过程控制核心是计算机系统，但是实际执行指令包括了驱动器、执行电机、加工刀头等设备，形成了一整套数控设备系统。因此，数字控制系统最终的加工效果需要各个部分相互配合，本章从基本的插补原理开始，结合驱动理论，最终介绍了典型数控系统的基本结构。

3.1.2　数控基本原理

首先分析图 3-1 所示的平面图形，以此来简要说明数字控制的基本原理。

(1) 将图 3-1 所示的曲线分割成三段$\overline{ab}$、$\overline{bc}$和$\overset{\frown}{cd}$，然后把 a、b、c、d 四点坐标进行标记并送给计算机。图形分割的原则是应保证线段所连的曲线(或折线)与原图形的误差在允许范围之内。

(2) 由于数控加工设备只能在 xy 方向按照基本脉冲信号移动，因此获得上述曲线分段各端点坐标后，由于无法获得加工曲线上的其他精确坐标，因此还不能精确地实现曲线走位。实际上，端点间的坐标需要通过一定的数值分析方法利用某种算法获得，通常情况下，这种通过插值法获得中间值的方法只能得到接近或者一定精度内的中间值。为了满足数控设备实际工作速度，通常使用直线插补或者二次曲线插补两种形式。由于实际数控设备的直线插补算法中，数控设备的插补直线并非真正的线段，而是通过 xy 方向不断调整的折线实现近似的直线。可见，二次曲线插补是用来逼近曲线的一种方法，也是一种近似的逼近方法。对图 3-1 所示的曲线来说，显然$\overline{ab}$和 $\overline{bc}$段用直线插补，$\overset{\frown}{cd}$段用二次插补是合理的。

(3) 图 3-2 中可见，一条线段被若干条折线逼近。这种逼近的特性来源于数控设备的伺服设备，通常采用步进电机。在平面中，计算机控制数控设备只需要控制 x 和 y 方向的两台步进电机，就可以实现平面的精确控制。步进电机通过脉冲信号驱动最小的步进单位角度，通过机械设备将旋转运动转换为直线运行 Δx 或 Δy(通常 $\Delta x=\Delta y$)，这样就可以按照图 3-2 实现直线插补运行。图 3-2 是一段用折线逼近直线的直线插补线段，其中(x_0，y_0)代表该线段的起点坐标值，(x_i，y_i)代表终点坐标值，则 x 方向和 y 方向应移动的总步数 k_x 和 k_y 分别为：

$$k_x=\frac{(x_i-x_0)}{\Delta x},k_y=\frac{(y_i-y_0)}{\Delta y} \tag{3-1}$$

插补运算就是合理分配 x 和 y 方向上的脉冲数和时序,从而保证实际中间点轨迹尽可能地逼近理想轨迹。可见,Δx 和 Δy 的增量值越小,就越逼近理想的直线段。实现直线插补和二次曲线插补的方法有很多,常见的有逐点比较法(又称富士通法),数字积分法(又称数字微分分析器——DDA 法),数字脉冲乘法器(又称 MIT 法)等,其中逐点比较法使用较多。

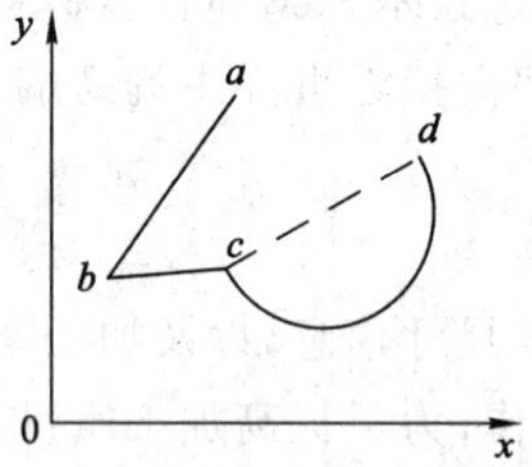

图 3-1　曲线分段

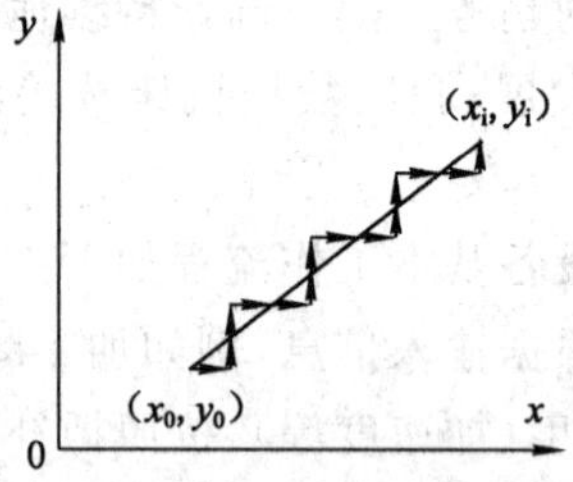

图 3-2　用折线逼近直线段

3.1.3　数控方式

数控系统按控制方式通常和运动轨迹控制相结合,数字控制方式通常分为点位控制、直线控制和轮廓切削控制三种形式。

(1) 点位控制

所谓点位控制,是指精确引导刀具抵达终点坐标位置,而不规划具体走位过程,也不对工件进行加工。点位控制后,后续的加工工艺就可以启动,此类控制常出现在孔径加工工艺,只需要记录 xy 轴对应形成判断刀具的位置,因此不需要插补计算。

(2) 直线控制

所谓直线控制,是指控制刀具相对于工件平行某一直角坐标轴做直线运动,并使其到达行程的终点坐标,同时行程中实现切削工艺。需要这类控制的有铣床、车床、磨床、加工中心等。

(3) 轮廓切削控制

所谓轮廓切削控制,是指控制刀具按照一定的轮廓曲线运行,同时由于轮廓的几何特性通常要结合插补算法逼近轮廓曲线中间对应坐标,分配相应插值区间下的速度,同时整个行程中控制刀具加工工件。这类控制用于各类加工设备中,例如铣床、车床,磨床,齿轮加工机床等。

3.1.4　数控伺服系统结构

计算机数控系统按照闭环信号特点分为开环数字控制和闭环数字控制两大类。

(1) 开环数字控制系统

开环数字控制是一种不需要复杂闭环结构的一类控制方法,它充分利用了步进电机在固定驱动脉冲下行程固定的特点,利用脉冲数计算行程的进度,从而精确控制数控系统位置，是一类结构简单但是适用性较强的一类算法，它已经应用在了各类数控机床、线切割机、低速小型数字绘图仪等。图 3-3 所示为开环数字控制工作示意图，由于采用了步进电机作为驱动元件，使得系统的可控性变得更加灵活，更易于实现各种插补运算和运动轨迹控制，也是本章主要讨论的数字控制技术。

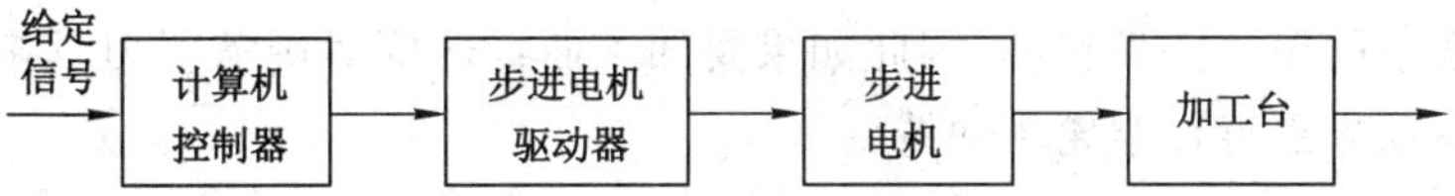

图 3-3　开环数字控制

但是开环驱动方法也存在步进电机可能因为控制不当丢失控制脉冲、失步的风险。

(2) 闭环数字控制

图 3-4(a)给出了一种闭环数字控制的结构图。这种结构的执行机构多采用交流永磁电机作为驱动元件，反馈测量元件采用光电编码器(码盘)、光栅、旋转变压器等，该控制方式主要用于大型精密加工机床，但在获得精确闭环信号同时增加了系统的复杂性，也增加了维护的难度。

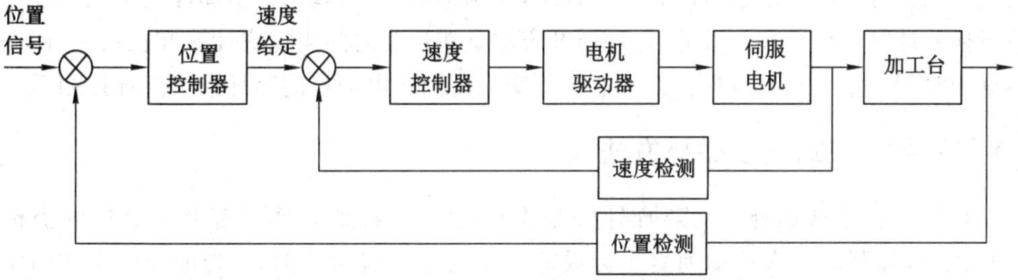

(a) 闭环数字控制

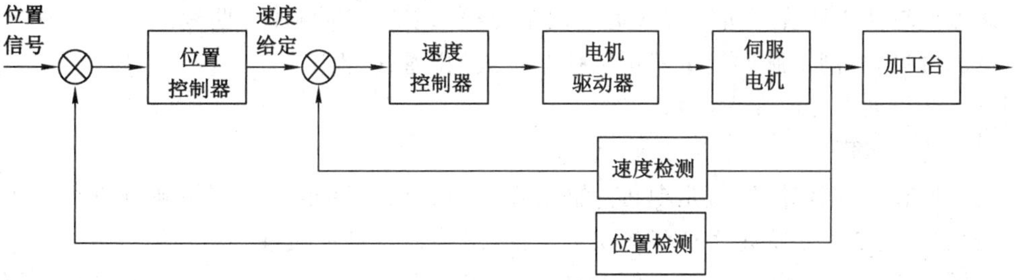

(b) 半闭环数字控制

图 3-4　闭环数字控制

测量传感器不在工作台上，为了规避工作台机械环节复杂特性引起的参数变动，测量元件移动到伺服电机或者丝杠的轴端，这就构成了半闭环控制系统，如图 3-4(b)所示。

3.2 轨迹插补原理

在数控机床加工各种曲线中，由于数控机床的结构特性，通常机床刀具只能按照 x 或 y 的方向按照很小的单位步长移动，因此如果要加工曲线轮廓时则需要刀具按照 x 或 y 轴方向折线连续运动来逼近任意轮廓曲线。

插补方法可以分为以下两大类。

(1) 脉冲增量插补

脉冲增量插补是一种通过逐次输出单个脉冲控制机床各轴运动的插补方法，每个脉冲对应一个固定位移，以微小直线轴运动逼近目标轨迹。脉冲增量插补也称为行程标量插补，如逐点比较法、数字积分法。CNC 中完成插补工作的部分装置称为插补器，这种插补方法通常用于步进电机系统。

(2) 数据采样插补

数据采样插补，也称为数字增量插补，这种插补算法要复杂一些，并且保证在两次插值时间内完成如下工作：首先，计算出单个坐标方向的增量值、刀具所在的坐标位置及其他一些需要的值；然后，将计算结果送给伺服控制系统，控制移动部件运动，移动部件也必须在规定时间内执行插补计算输出行程。可见，这种插补方法是在规定时间内完成计算和执行插补动作，因此也称为时间标量插补。该插补方法适用于交直流伺服电动机的闭环或半闭环控制系统。

3.2.1 逐点比较式直线插补方法

所谓逐点比较式插补，是移动部件(刀具等)每一个插值动作后都要将具体的坐标和轨迹坐标比较，控制下一次移动朝着坐标误差减小的方向移动。例如，当前插值点在给定轨迹的上方或下方，或是给定轨迹的里面或外面，从而决定下一步的进给向着误差减小方向。如果原来在给定轨迹的下方，下一步就向给定轨迹的上方走，反过来也是如此。

逐点比较法以阶梯形折线形式逼近加工曲线，理论上讲与加工曲线之间最大误差为脉冲当量。可见，控制了脉冲当量就可以控制折线的“逼近”程度。

3.1.2.1 第一象限内的直线插补

(1) 误差计算

逐点比较式插补原理，就是把每一插值点(动点)的实际位置与理想轨迹进行位置比较计算，根据误差的大小决定下一步的实际走向，最终逼近给定轨迹。

如图 3-5 所示，以第一象限为例，当前轨迹点定义为 $S_m(x_m, y_m)$，$S_i(x_i, y_i)$表示终点。在下图 3-6 中 $S_{n-1}(x_{n-1}, y_{n-1})$、$S_n(x_n, y_n)$、$S_{n+1}(x_{n+1}, y_{n+1})$…表示了轨迹上面的连续的三个理想轨迹点；$S_0(x_0, y_0)$、$S_1(x_1, y_1)$、$S_2(x_2, y_2)$、$S_3(x_3, y_3)$则是计算改进折线逼近轨迹，每段直线表示了脉冲当量。

理论上$\frac{x_{n-1}}{y_{n-1}}=\frac{x_n}{y_n}=\frac{x_{n+1}}{y_{n+1}}=\frac{x_i}{y_i}$满足理想直线 L_1 的基本线性关系。

如果当前轨迹点定义为 $S_m(x_m, y_m)$，那么定义轨迹误差判别公式为：

$$J_m = y_m x_i - y_i x_m \tag{3-1}$$

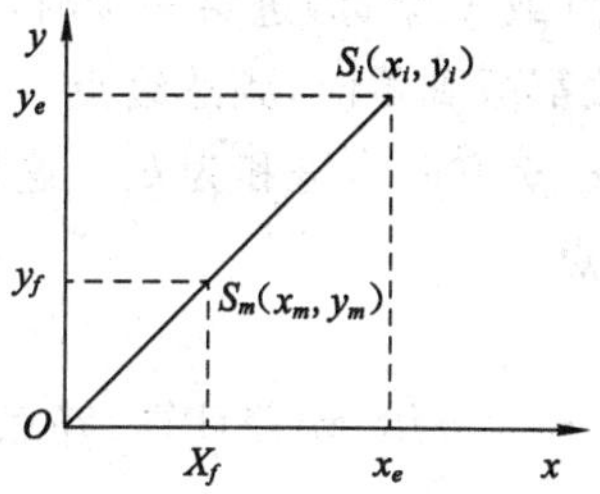

图 3-5　第一象限直线

如果轨迹在 $S_{n-1}(x_{n-1},y_{n-1})$、$S_n(x_n,y_n)$、$S_{n+1}(x_{n+1},y_{n+1})$点，那么 $J=0$。但是，如果实际轨迹在折线的端点处，$J\neq0$，同样可以根据其几何特性判断所在位置，以及下一步的折线方向判断其运行。以下是判断方法：首先将当前坐标点代入 $J_m=y_m x_i-y_i x_m$ 计算当前的坐标处于直线的上方还是下方。例如将 $S_0(x_0,y_0)$代入 $J_0=y_0x_i-y_ix_0$，可知 $J_0<0$，那么这时 $S_0(x_0,y_0)$位于直线下方，这时应该沿着 y 轴正方向向上运行一个脉冲当量。计算 $S_1(x_1,y_1)$可知 $J_1>0$，那么 x 轴正方向向右运行一个脉冲到了 $S_2(x_2,y_2)$，然后计算 $S_2(x_2,y_2)$可知 $J_2<0$，再向 y 轴向上折线运动。这样保证了折线在很小的误差范围，沿着理想线段 L_1 运动实现了逐点比较法的直线插补。

特别要注意，加工的起点是坐标原点，起点的误差是已知的 $J=0$。通过上面的分析可知，第一象限内轨迹在直线上方可以判断 $J>0$，下一步轨迹则沿着当前位置 x 轴正方向增加Δ的长度，如果在下方则 $J<0$，下一步轨迹则沿着当前位置 y 轴正方向增加Δ的长度。综上，可以把每次的坐标误差计算公式描述如下：

假设当前坐标在第一象限内，定义为 $S_m(x_m,y_m)$，如果 $S_m(x_m,y_m)$在线段 L_1 上或其上方，那么 $J_m\geqslant0$，下一个折线段轨迹点表示为 $S_{m+1}(x_{m+1},y_{m+1})k_x$，$x_{m+1}=x_m+1$，$y_{m+1}=y_m$，此时的轨迹误差是：

$$\begin{aligned}J_{m+1}&=y_{m+1}x_e-y_ex_{m+1}\\&=y_mx_e-y_e(x_m+1)\\&=y_mx_e-y_e-y_ex_m\\&=J_m-y_e\end{aligned}\tag{3-2}$$

如果 $S_m(x_m,y_m)$在线段 L_1 的下方，那么 $J_m<0$，下一个折线段轨迹点表示为 $S_{m+1}(x_{m+1},y_{m+1})$，$x_{m+1}=x_m$，$y_{m+1}=y_m+1$，此时的轨迹误差为：

$$\begin{aligned}J_{m+1}&=y_{m+1}x_i-y_ix_{m+1}\\&=(y_m+1)x_i-y_ix_m\\&=y_mx_i+x_i-y_ix_m\\&=J_m+x_i\end{aligned}\tag{3-3}$$

可见，利用轨迹变化的特点，不必每次都利用复杂的关系计算，而可以利用每次变化的方向对应的变化量来计算轨迹误差，从而简化了计算量。

(2) 终点判断

逐点比较法的终点判断有多种方法，下面介绍根据移动步数确定是否达到终点的方法：

① 第一种设置 k_x 和 k_y 两个减法计数器，在加工开始前，在 k_x 和 k_y 计数器中分别存

入终点坐标值 x_i 和 y_i，在 x 坐标(或 y 坐标)进给一步时，就在 k_x 计数器(或 k_y 计数器)中减去 1，直到这两个计数器中的数都减到零时，到达终点。

② 第二种常见方法是设定 x、y 方向步进和为 k_{xy}，这样将 x 或 y 的步进变化统一计入 k_{xy} 就减 1，直至为 0，就达到了终点。

(3) 插补过程

插补计算时，进行误差判别、坐标进给、误差计算、终点判断这四个步骤。

3.1.2.2 任意象限的直线插补

不同象限直线插补的误差符号及坐标进给方向如图 3-6 所示。

由图 3-6 可以推导得出，四个象限直线插补的误差计算公式和坐标进给方向，详见表 3-1。

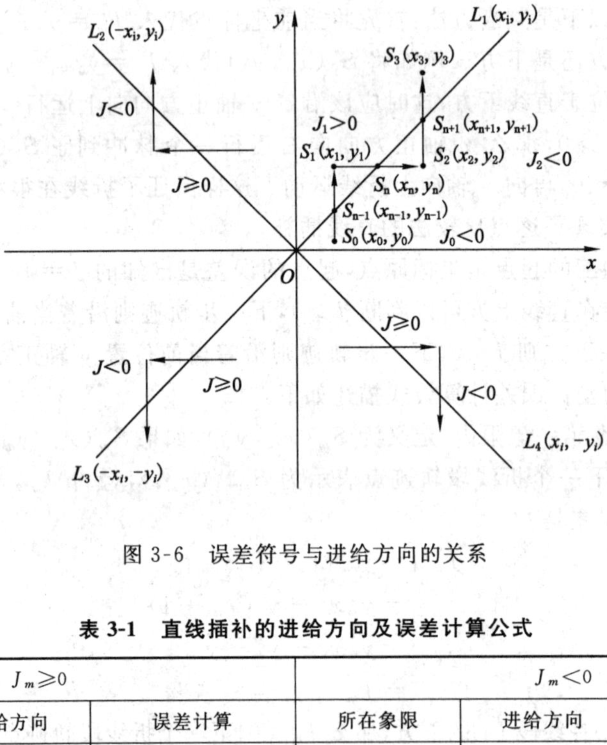

图 3-6 误差符号与进给方向的关系

表 3-1 直线插补的进给方向及误差计算公式

$J_m \geq 0$			$J_m < 0$		
所在象限	进给方向	误差计算	所在象限	进给方向	误差计算
一、四	$+x$	$J_{m+1}=J_m-\lvert y_i\rvert$	一、二	$+y$	$J_{m+1}=J_m+\lvert x_i\rvert$
二、三	$-x$		三、四	$-y$	

3.1.2.3 插补算法流程和程序流程

(1) 算法流程

步骤 1：设定基本的内存变量，包括 x_i、y_i、k_{xy}、J_m、G、D，6 个基本变量。(x_i, y_i) 为终点坐标，k_{xy} 表示 xy 轴移动总步数，J_m 为加工点位移误差，G 表示 4 个象限，D 表示移动 4 个方向($+x$，$-x$，$+y$，$-y$)。在每次加工开始，首先进行上述变量的初始化。

步骤 2：循环判断过程。包括了如下四个步骤，① 判断当前位移误差，决定加工曲线的坐标进给(位移方向)；② 根据当前象限，计算当前位移误差；③ 加工刀具移动后，更新当前坐标;④ 终点坐标判断,满足终止步骤 2。

(2) 直线插补计算的程序流程

图 3-7 为直线插补计算的程序流程图,该图按照插补计算的误差判别、坐标进给、误差计算,终点判断来实现插补计算,计算的坐标进给步进电机运动脉冲,通过步进电机带动机床工作台或刀具移动。

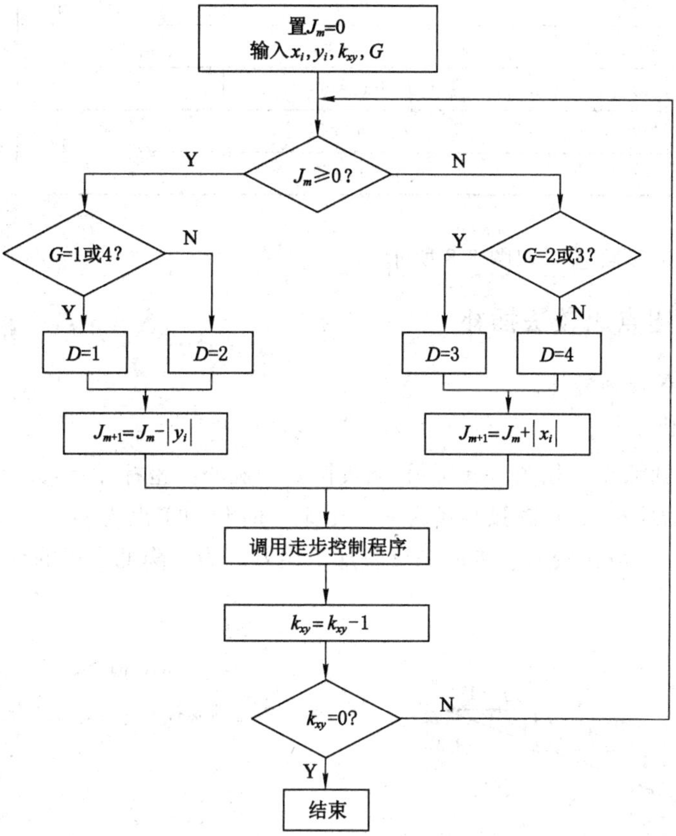

图 3-7 直线插补程序流程图

【例 3-1】 设加工第一象限直线段 OL,起点为 $O(0,0)$,终点坐标为(8,3),$\Delta=1$,试进行插补计算并做出走步轨迹图。

【解】 坐标进给的总步数 $k_{xy}=|8-0|+|3-0|=11$,$(x_i,y_i)=(8,3)$,$J_0=0$,$G=1$。插补计算过程如表 3-2 所示。

表 3-2 插补计算过程

步数	误差判别	误差计算 J	坐标进给(Z)	终点判断
初始化		$J_0=0$		$k_{xy}=11$
1	$J_0=0$	$J_1=J_0-y_i=-3$	$+x$	$k_{xy}=10$
2	$J_1<0$	$J_2=J_1+x_i=5$	$+y$	$k_{xy}=9$
3	$J_2>0$	$J_3=J_2-y_i=2$	$+x$	$k_{xy}=8$

表3-2(续)

步数	误差判别	误差计算 J	坐标进给(Z)	终点判断
4	$J_3>0$	$J_4=J_3-y_i=-1$	$+x$	$k_{xy}=7$
5	$J_4<0$	$J_5=J_4+x_i=7$	$+y$	$k_{xy}=6$
6	$J_5>0$	$J_6=J_5-y_i=4$	$+x$	$k_{xy}=5$
7	$J_6>0$	$J_7=J_6-y_i=1$	$+x$	$k_{xy}=4$
8	$J_7>0$	$J_8=J_7-y_i=-2$	$+x$	$k_{xy}=3$
9	$J_8<0$	$J_9=J_8+x_i=6$	$+y$	$k_{xy}=2$
10	$J_9>0$	$J_{10}=J_9-y_i=3$	$+x$	$k_{xy}=1$
11	$J_{10}>0$	$J_{11}=J_{10}-y_i=0$	$+x$	$k_{xy}=0$

直线插补的走步轨迹图如图 3-8 所示。

3.2.2 圆弧的逐点比较法插补

3.2.2.1 第一象限内插补

(1) 算法分析

设要加工逆圆弧$\overset{\frown}{AB}$,如图 3-9 所示,假设圆弧的圆心在坐标原点,并已知圆弧的起点为 $A(x_0,y_0)$,终点 $B(x_i,y_i)$,圆弧半径为 R。令某一时刻加工点为 $m(x_m,y_m)$,它与圆心的距离为 R_m,显然,可以比较 R_m 和 R 来反映加工误差。为了降低半径的计算量,比较 R_m 和 R 的平方值。

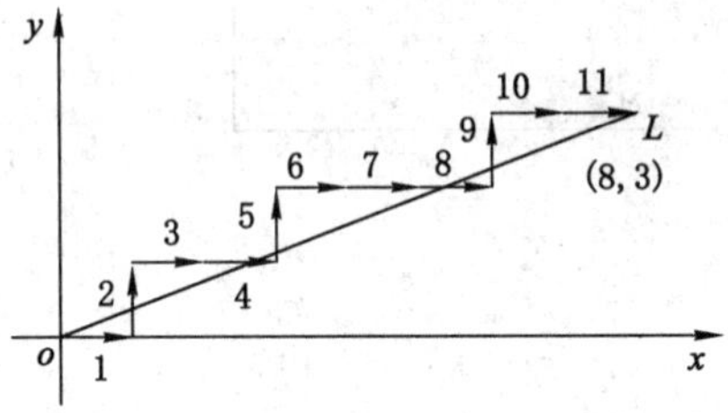

图 3-8 直线插补走步轨迹图

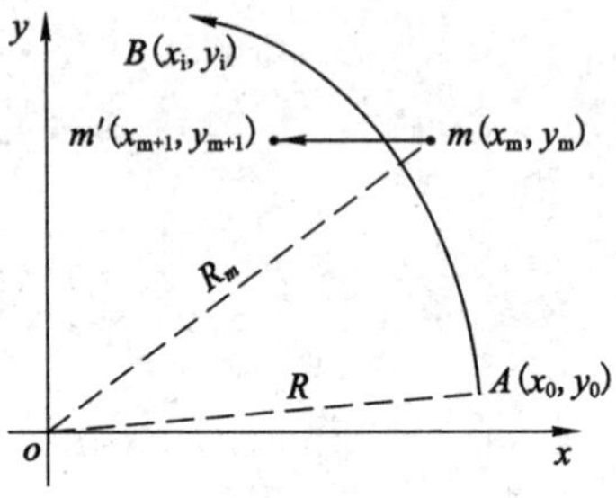

图 3-9 第一象限逆圆弧

由第一象限逆圆弧$\overset{\frown}{AB}$可知:

定义误差判别式为:

$$J_m=R_m^2-R^2=x_m^2+y_m^2-R^2 \tag{3-4}$$

若 $J_m=0$,表明加工点 m 在圆弧上;$J_m>0$,表明在圆弧外;$J_m<0$,表明在圆弧内。

第一象限逆圆弧逐点比较插补的原理的核心是加工曲线应该在有限小的误差内穿插经过给定圆弧。插补原理如下:从圆弧的起点出发,当 $J_m\geqslant 0$,为了逼近圆弧,下一步向 $-x$ 方向进给一步,并计算新的误差;若 $J_m<0$,为了逼近圆弧,下一步向 $+y$ 方向进给一步,并计算新的误差,如图 3-9 所示。

误差计算的递推公式如下:

① 设加工点正处于 $m(x_m,y_m)$点,当 $J_m\geqslant 0$ 时,应沿 $-x$ 方向进给一步至$(m+1)$点:

$$x_{m+1} = x_m - 1, y_{m+1} = y_m \tag{3-5}$$

新的加工点的误差为：

$$\begin{aligned} J_{m+1} &= x_{m+1}^2 + y_{m+1}^2 - R^2 \\ &= (x_m - 1)^2 + y_m^2 - R^2 \\ &= J_m - 2x_m + 1 \end{aligned} \tag{3-6}$$

设加工点正处于 $m(x_m, y_m)$ 点，$J_m < 0$，应沿 $+y$ 方向进给一步至 $(m+1)$ 点，其坐标值为 $y_{m+1} = y_m + 1, x_{m+1} = x_m$，新的加工点的误差为：

$$\begin{aligned} J_{m+1} &= x_{m+1}^2 + y_{m+1}^2 - R^2 \\ &= x_m^2 + (y_m + 1)^2 - R^2 \\ &= J_m + 2y_m + 1 \end{aligned} \tag{3-7}$$

由式(3-5)和式(3-7)可知，只要知道前一点的误差和坐标值，就可求出后一点的误差。因为加工点是从圆弧的起点开始，故起点的误差 $J_0 = 0$。

(2) 终点判断

圆弧插补的终点判断方法和直线插补相似，x 方向的步数 $N_x = |x_i - x_0|$ 和 y 方向的步数 $N_y = |y_i - y_0|$ 的总和 $N_{xy} = N_x + N_y$。N_{xy} 作为一个计数器，每当 x 或 y 坐标进给一步，N_{xy} 就减 1，直到到达终点($N_{xy} = 0$)。

(3) 计算过程

圆弧插补计算过程还要计算加工点瞬时坐标（动点坐标）值，其计算公式为式(3-5)和式(3-7)。因此圆弧插补计算过程分为 5 个步骤，即误差判别、坐标进给，误差计算、坐标计算、终点判断。

3.2.2.2　任意象限的圆弧插补

同第一象限，顺圆弧插补误差计算推导原理同样可以推广到其他的象限的顺、逆圆弧。下面来推导一下第一象限顺圆弧的误差计算公式。

(1) 第一象限插补分析

设第一象限顺圆弧 $\widehat{DC}$，圆弧的圆心在坐标原点，并已知起点为 $D(x_0, y_0)$，终点 $C(x_i, y_i)$，如图 3-10 所示。其加工曲线走位的原则仍然是加工曲线穿插经过给定圆弧，并且保持误差足够小。如图所示，如果当前加工点处于 $m(x_m, y_m)$ 点，显然 $J_m > 0$，在保持向 C 点运动的趋势同时，要尽量减小步进误差。因此，选择 $-y$ 作为下一个运动轨迹到 m' 点，新加工点坐标将是 (x_{m+1}, y_{m+1})，可求出新的误差为 $J_{m+1} = J_m - 2y_m + 1$。

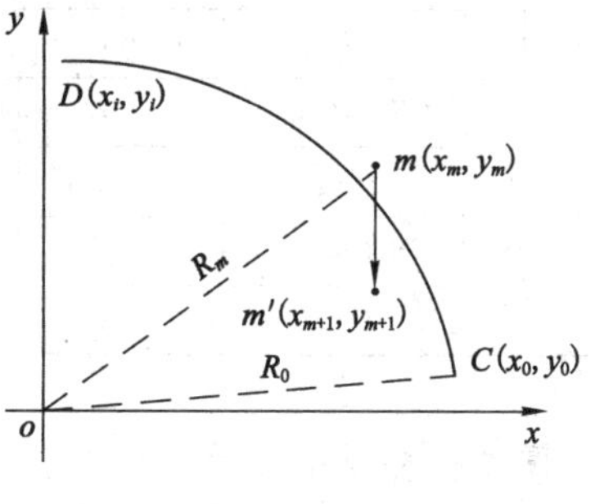

图 3-10　第一象限逆圆弧

(2) 任意象限的插补分析

结合第一象限逆、顺圆弧的插补计算过程，在插补轨迹围绕给定圆弧过程中保持足够小的误差原理，可以推导出其他各象限的圆弧插补特点。因为其他象限的所有圆弧总是与第一象限中的逆圆弧或顺圆弧互为对称，如图 3-11 所示。在图 3-11 中，用 CS 和 CN 分别表示顺圆弧和逆圆弧，所以可用 CS_1、CS_2、CS_3、CS_4 和 CR_1、CR_2、CR_3、$CR_4$8 种圆弧分别表示第一至第四象限的顺圆弧和逆圆弧。

如图 3-11 可知，在圆弧关于 x、y 轴有 8 组对称关系。CS_1 和 CR_2 对称于 $+y$ 轴，CS_3 和 CR_4 对称于 $-y$ 轴，CR_1 和 CS_4 对称于 $+x$ 轴，CS_2 和 CR_3 对称于 $-x$ 轴，CS_1 和 CR_4 对称于 $+x$ 轴，CS_3 和 CR_2 对称于 $-x$ 轴，CS_2 和 CR_1 对称于 $+y$ 轴，CS_4 和 CR_3 对称于 $-y$ 轴。所有 4 个象限，8 种圆弧插补时的误差计算公式和坐标步进方向如表 3-3 所示。

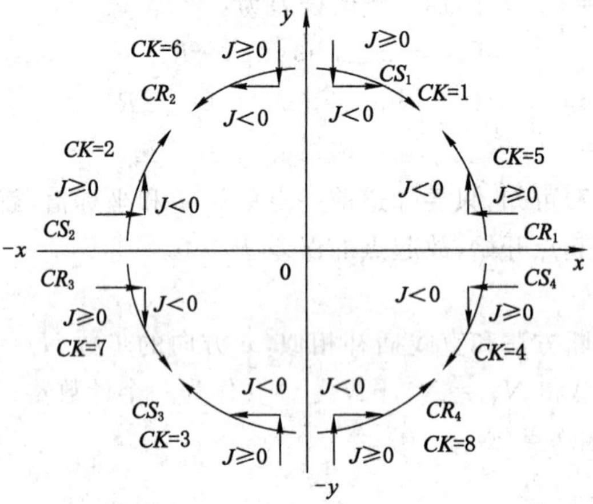

图 3-11　4 个象限圆弧插补的对称关系

表 3-3　圆弧插补计算公式和进给方向

误差	圆弧种类	进给方向	误差计算	坐标计算
$J_m \geqslant 0$	CS_1CR_2	$-y$	$J_{m+1}=J_m-2y_m+1$	$x_{m+1}=x_m \quad y_{m+1}=y_m-1$
	CS_3CR_4	$+y$		
	CS_4CR_1	$-x$	$J_{m+1}=J_m-2x_m+1$	$x_{m+1}=x_m-1 \quad y_{m+1}=y_m$
	CS_2CR_3	$+x$		
$J_m<0$	CS_1CR_4	$+x$	$J_{m+1}=J_m+2x_m+1$	$x_{m+1}=x_m+1 \quad y_{m+1}=y_m$
	CS_3CR_2	$-x$		
	CS_2CR_1	$+y$	$J_{m+1}=J_m+2y_m+1$	$x_{m+1}=x_m \quad y_{m+1}=y_m+1$
	CS_4CR_3	$-y$		

3.2.2.3　圆弧插补程序设计

步骤 1：设定基本的内存变量，包括了 x_i、y_i、k_{xy}、J_m、G、D，6 个基本变量。(x_i, y_i) 为终点坐标，k_{xy} 表示 xy 轴移动总步数，J_m 为加工点位移误差，G 表示 4 个象限，D 表示移动 4 个方向（$+x$，$-x$，$+y$，$-y$）。在每次加工开始，首先进行上述变量的初始化。

步骤 2：循环判断过程。包括了如下五个步骤，① 判断当前位移误差，决定加工曲线的坐标进给（位移方向）；② 加工刀具移动；③ 根据当前象限，按照表 3-4 所列公式计算最新位移误差；④ 更新当前坐标；⑤ 终点坐标判断，满足终止步骤 2。

（1）插补数据处理

设定基本的内存变量，包括了 x_0、y_0、k_{xy}、J_m、CK、x_m、y_m 和 DR，8 个单元，分别存放起点的横坐标 x_0、起点的纵坐标 y_0、总步数 k_{xy}、加工点误差 J_m、圆弧种类值 CK、(x_m,y_m) 表示加工点，DR 步进方向标志。这里 $k_{xy}=|x_i-x_0|+|y_i-y_0|$，$CK$ 表示圆弧的类型，CK 等于 1、2、3、4 和 5、6、7、8 分别代表 CS_1、CS_2、CS_3、CS_4 和 CR_1、CR_2、CR_3、CR_4，判断圆弧的方向可以以起点和终点的坐标符号来判断，J_m 的初值为 $J_0=0$。x_m 和 y_m 的初值为 x_0 和 y_0，$DR=1,2,3,4$ 分别表示 $+x$、$-x$、$+y$、$-y$ 走步方向。

(2) 圆弧插补流程图

4 象限圆弧插补程序流程图如图 3-12 所示。

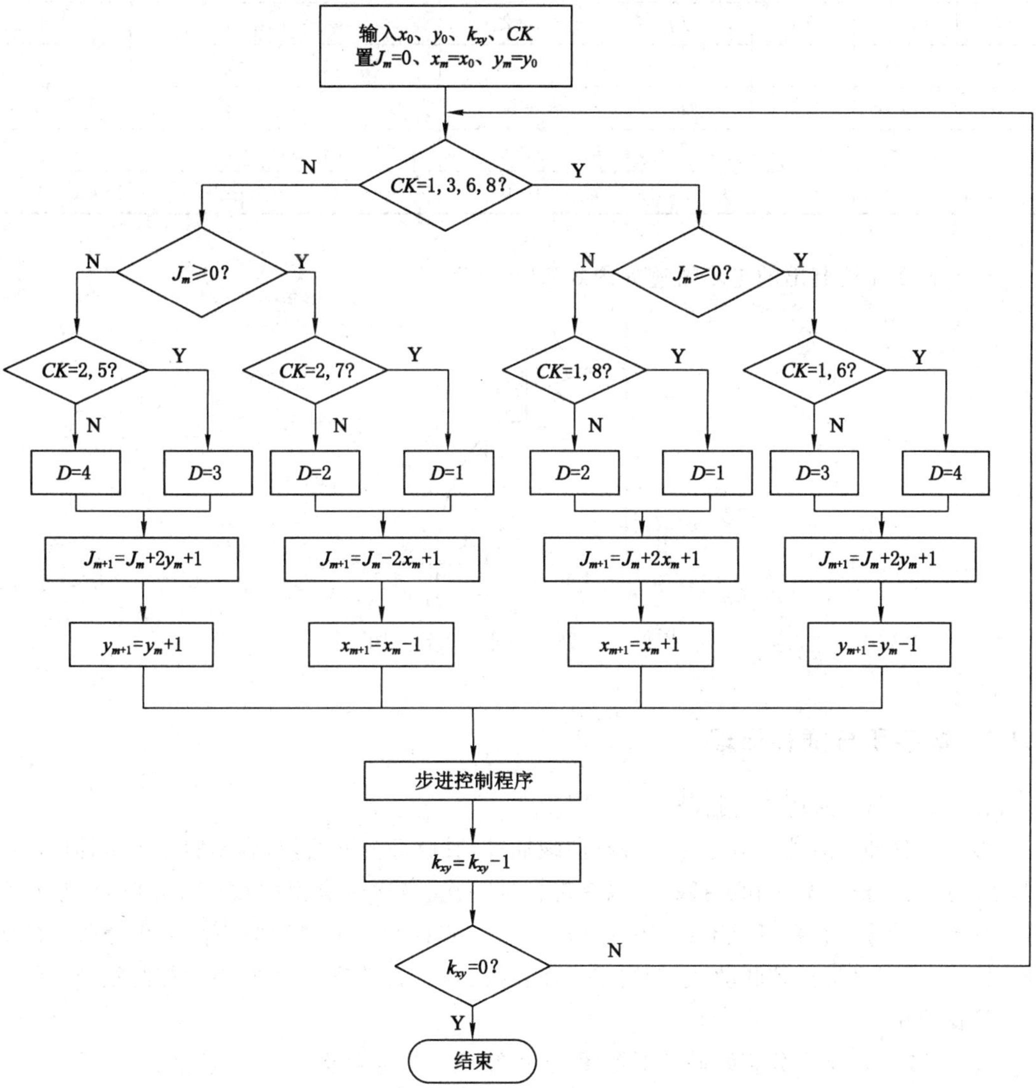

图 3-12　4 象限圆弧插补程序流程图

【例 3-2】 设加工第一象限逆圆弧 $\overset{\frown}{DC}$，已知起点的坐标为 $D(0,4)$，终点的坐标为

$C(4,0)$，试进行插补计算并做出走步轨迹图。

解 插补计算过程如表 3-4 所示。

表 3-4 圆弧插补计算过程

步数	误差判别	坐标进给	误差计算	坐标计算	终点判断
起点	—	—	$F_0=0$	$x_0=0, y_0=4$（起点）	$k_{xy}=8$
1	$J_0=0$	$-y$	$J_1=J_0-2y_0+1=-7$	$x_1=0, y_1=y_0-1=3$	$k_{xy}=7$
2	$J_1<0$	$+x$	$J_2=J_1+2x_1+1=-6$	$x_2=1, y_2=y_1=3$	$k_{xy}=6$
3	$J_2<0$	$+x$	$J_3=J_2+2x_2+1=-3$	$x_3=2, y_3=3$	$k_{xy}=5$
4	$J_3<0$	$+x$	$J_4=J_3+2x_3+1=2$	$x_4=3, y_4=3$	$k_{xy}=4$
5	$J_4>0$	$-y$	$J_5=J_4-2y_4+1=-3$	$x_5=3, y_5=2$	$k_{xy}=3$
6	$J_5<0$	$+x$	$J_6=J_5+2x_5+1=4$	$x_6=4, y_6=2$	$k_{xy}=2$
7	$J_6>0$	$-y$	$J_7=J_6-2y_6+1=1$	$x_7=4, y_7=1$	$k_{xy}=1$
8	$J_7>0$	$-y$	$J_8=J_7-2y_7+1=0$	$x_8=4, y_8=0$（终点）	$k_{xy}=0$

根据表 3-4 绘制出的走步轨迹如图 3-13 所示。

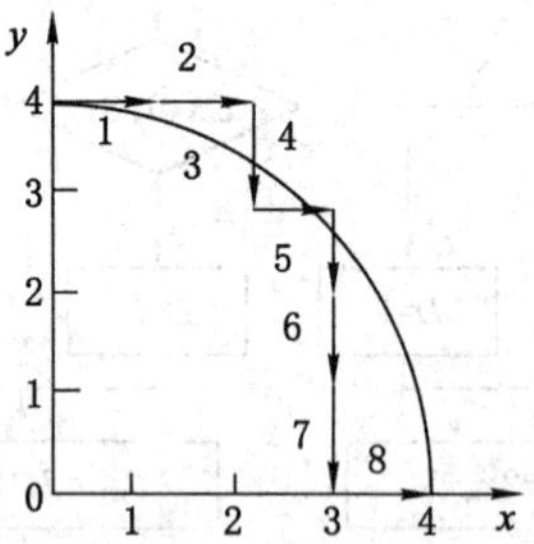

图 3-13 圆弧插补走步轨迹图

3.2.3 数字积分插补原理

3.2.3.1 数字积分法的直线插补

数字积分插补方法可以适用于各种曲线插补，其脉冲分配均匀，容易实现多坐标联动控制，因此应用广泛。数字积分插补可以实现各种一次、二次及高次曲线差补，其中数字积分器又称数字微分分析器(Digital differential analyzer，DDA)，它是建立在数字积分器上的插补算法，易于多坐标插补联动，它能实现平面直线、圆弧的联动插补，在轮廓控制数控系统中得到广泛应用。

图 3-14 是数字积分直线插补器框图，它由被积函数寄存器 I_x、I_y，累加器 I_{ax}、I_{ay} 及全加器 I_Σ 组成。它们的作用可用加工图 3-15 中的直线 AB 加以说明，以 mm 为单位。首先计算 x_i-x_0、y_i-y_0，然后把 (x_i-x_0)、(y_i-y_0) 值输入 I_x、I_y 寄存器。每出现一个时钟脉冲，I_x 中的内容进入 I_{ax} 累加器中累加，I_y 中的内容进入 I_{ay} 累加器中累加，再从 A 点到 B 点的加工过程中，要给出 n 个时钟脉冲，I_{ax}、I_{ay} 累加器要做 n 次累加，在 I_{ax} 端要溢出 $(x_i-$

x_0）个脉冲，在 I_{ay} 端要溢出（y_i-y_0）个脉冲。对每一个时钟脉冲，全加器 I_Σ 都要做加一次运算，当 $I_\Sigma=n$ 时，加工结束。直线插补示意图如图 3-15 所示。

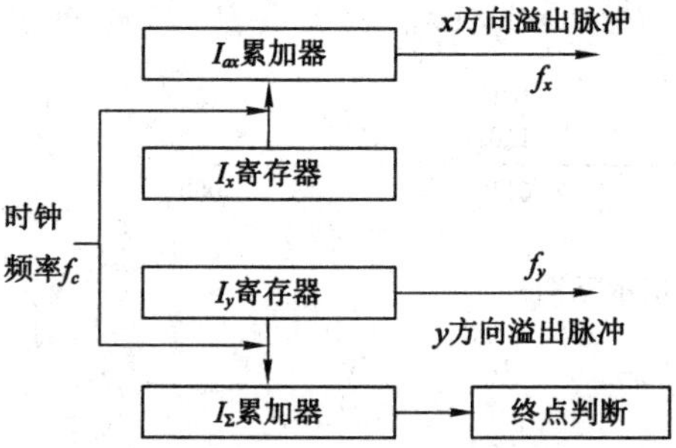

图 3-14　数字积分直线插补器框图

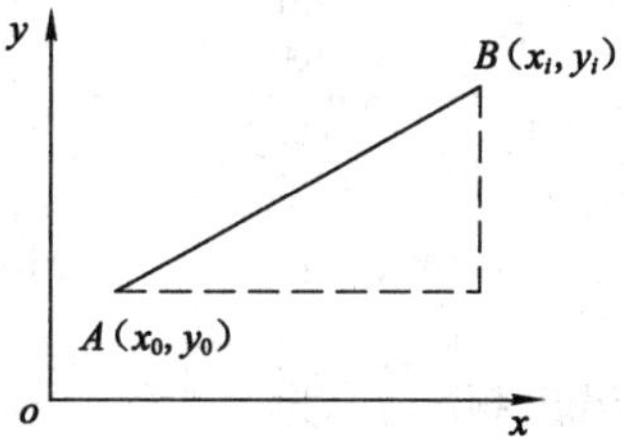

图 3-15　直线插补

由于累加器的累加过程类似积分过程，因此称为数字积分法，I_x、I_y 中的数也称为被积函数。数字积分器必须满足以下要求才能正确工作：

输入的 n 个时钟脉冲必须使 I_{ax} 端溢出（x_i-x_0）个脉冲，I_{ay} 端溢出（y_i-y_0）个脉冲。I_{ax} 端溢出脉冲的速度与 I_{ay} 溢出脉冲的速度之比必须等于 $\frac{|x_i-x_0|}{|y_i-y_0|}$ 才能保证加工轨迹与 AB 线吻合。

上述的 n 值是累加器 I_{ax}、I_{ay} 寄存器，I_x、I_y 有效位的最大容量值。若寄存器为 16 位，（x_i-x_0）的数值（二进制）的字长为 8 位，它占用 I_x 中的 8 位，（y_i-y_0）的字长为 6 位，它的有效位也是 8 位，$n=2^8$。有效位的位长是两个坐标方向的坐标值大者的二进制位数长，且各寄存器都相同。寄存器 I_x、I_y 的位长通常与累加器 I_{ax}、I_{ay} 的位长相等，它所用的有效位也与累加器的有效位相等。由于被加工线段 AB 的长短不同，所以累加器的有效位长也随之变化。加工线段的最大长度，是它在各坐标方向投影值的最大值，等于寄存器的最大容量值。例如，对 16 位的累加器和寄存器，它的最大容量是 $2^{16}-1$，最多能输出 65 535 个脉冲，若脉冲当量为 0.000 1 mm，则（x_i-x_0）或（y_i-y_0）中的大者不能大于 65 535×0.000 1=6.553 5 mm。

若 $x_i-x_0=101\text{B}$、$y_i-y_0=10\text{B}$，则占用寄存器和累加器中的 3 位，有效位为 3 位，$n=2^3=8$，当累加器作 8 次累加后，I_{ax} 溢出 5 个脉冲，I_{ay} 溢出 2 个脉冲。若 3 位初始值都是为零的二进制数，如每次都作加 1 计算，则加到第八次时，这个 1 必然进位到第四位，而前三位仍然是零。由于 101B 是 1 的 5 倍，010B 是 1 的 2 倍，它们分别与初始值为零的数累加 8 次后必然从第四位分别溢出 5 个 1 和 2 个 1，因此，对于 k_x 和 k_y 的任何数值，在经过 n 次累加后，从高位溢出 1 的数量必然等于它们本身的数值。

图 3-16 表示了 101 在经过了 8 次递增累加后，共有 5 次产生了溢出，共有 5 次产生了溢出，因此满足在经过 5 次累加后，从高位溢出 1 的数量必然等于它们本身的数值。

x 方向溢出频率 f_x、时钟脉冲频率 f_c、$\frac{n}{x_i-x_0}$ 关系为：

$$f_x=\frac{f_c n}{x_i-x_0} \tag{3-8}$$

101	101	101	101
+) 000	+) 101	+) 010	+) 111
101	1 010	111	1 100
101	101	101	101
+) 100	+) 001	+) 110	+) 011
1 001	110	1 011	1 000

图 3-16　递增溢出示意图

y 向溢出频率 f_y 为：

$$f_y = \frac{f_c n}{y_i - y_0} \tag{3-9}$$

x、y 方向的溢出速度分别为 $v_x = \frac{1}{f_x}$ 和 $v_y = \frac{1}{f_y}$，则：

$$\frac{v_x}{v_y} = \frac{x_i - x_0}{y_i - y_0} \tag{3-10}$$

由式(3-10)可以看出，累加器的溢出脉冲的速度与其中的数值成正比。

在累加器累加之前，需 I_x、I_y 中$(x_i - x_0)$、$(y_i - y_0)$作左移处理，由于被积函数位长常常小于 I_{ax}、I_{ay} 寄存器位长，只有有效位处于累加器的最左端(高位)时，才能及时地溢出脉冲，才能完成插补工作。例如，若 I_x、I_y、I_{ax}、I_{ay} 是 8 位，$(x_i - x_0) = 101\text{B}$，$(y_i - y_0) = 10\text{B}$，$I_{ax}$、$I_{ay}$ 中的有效位为 3 位，若没有作左移规格化处理，则 I_x、I_y 中的数据情况如图 3-17(a)所示，需进行 2^N(N＝寄存器位数)累加才能溢出正确的脉冲数。若 $N = 8$，需要 256 次累加，其中$(2^8 - 2^3) = 248$ 次累加溢出为零，只有最后的 2^3 次累加才能溢出需要的脉冲，这显然是不行的。左移规格化处理，就是把有效位移到被积函数寄存器的最左端，使它们占据高位。如图 3-17(b)所示，由于被积函数处在高位端，因而累加 n 次后就能完成积分插补计算。左移的位数 M 等于寄存器位数 N 减去被积函数有效位数 N_1，即 $M = N - N_1$。

I_x

0	0	0	0	0	1	0	1

I_y

0	0	0	0	0	0	1	0

(a) 未进行规格化处理

I_x

1	0	1	0	0	0	0	0

I_y

0	1	0	0	0	0	0	0

(b) 进行规格化处理

图 3-17　左移规格化处理

3.2.3.2　数字积分的圆弧插补

逆时针方向加工圆弧$\overset{\frown}{CD}$，如图 3-18 所示，圆心为 O'，C 点对圆心的坐标为 M_A、G_A。P_i 点为圆上任意一点，相对 O'点的坐标为 M_i、G_i。圆方程为：

$$M^2 + G^2 = R^2 \tag{3-11}$$

参量方程为 $M_i=R\cos t, G_i=R\sin t$。

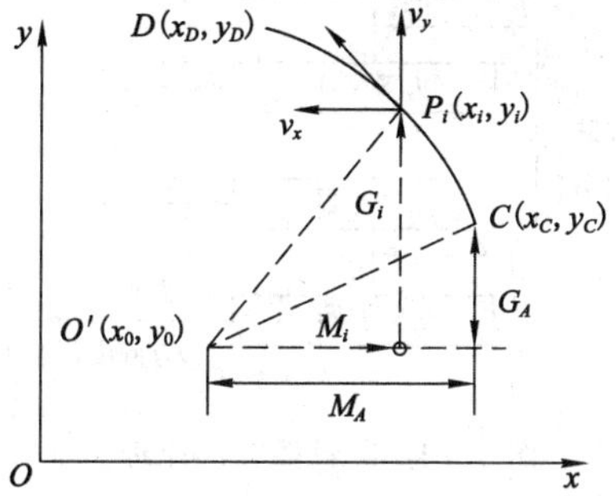

图 3-18　数字积分圆弧插补

在 P_i 点刀具沿各坐标方向的速度分量为：

$$v_x=\frac{dM_i}{dt}=-R\sin t=-G_i \tag{3-12}$$

$$v_y=\frac{dG_i}{dt}=R\cos t=M_i \tag{3-13}$$

圆弧上任意一点在 x 方向速度的绝对值 $|v_x|$，等于该点在 y 方向上的瞬时坐标值 G_i；在 y 方向速度的 v_y，等于该点在 x 方向上的瞬时坐标值 M_i；v_x、v_y 随着 P_i 位置变化而变化。

$$dM_i=-G_i dt \tag{3-14}$$

$$dG_i=M_i dt \tag{3-15}$$

用累加和代替积分：

$$M_i=\sum_{i=1}^{m}-G_i\Delta t \tag{3-16}$$

$$G_i=\sum_{i=1}^{m}M_i\Delta t \tag{3-17}$$

其中，m 为从 C 到 P_i 累加次数。

在图 3-19 中，插补前，在 I_x 寄存器中装入圆弧起点 C 对圆心 O' 的 y 向增量值 G_i，而在 I_y 寄存器中装入 I_A 值，I_{ax}、I_{ay} 中清 0。插补开始时，使时钟脉冲有效，对应每一个时钟脉冲，I_x、I_y 中的被积函数都要对应进入 I_{ax}、I_{ay} 中累加。当累加器 I_{ax} 有脉冲溢出时，要在 I_y 寄存器中减 1；而当累加器 I_{ay} 中有脉冲溢出时，需在寄存器 I_x 中加 1。这是因为 x 方向溢出脉冲使 x 方向步进电机反转一步，在 x 方向减小一个脉冲当量值，使 M_i 比 M_{i-1} 少一个 1，因而，I_x 中的值要减 1。同时，当 y 方向步进电机正向走一步时，应使 G_i 比 G_{i-1} 增加一个 1。

对于顺圆弧插补和其他象限的插补，与上述的原理基本相同，不同之处是溢出脉冲使被积函数作加 1 或减 1 运算，具体由圆弧的顺逆加工所在的象限来决定。

圆弧插补时，插补器中被积函数 G_i、M_i 是坐标的绝对值，在对 4 个象限顺逆圆弧加工时，G_i、M_i 的绝对值变小的要减 1，变大的要加 1。与直线插补类似，I_x、I_y 寄存器中的被积函数也要做左移规格化处理，直到有效位要占据寄存器的最高位。

插补时，一定有一个被积函数作减 1 运算的，当它等于 0 时，表明要进入其他象限，变为

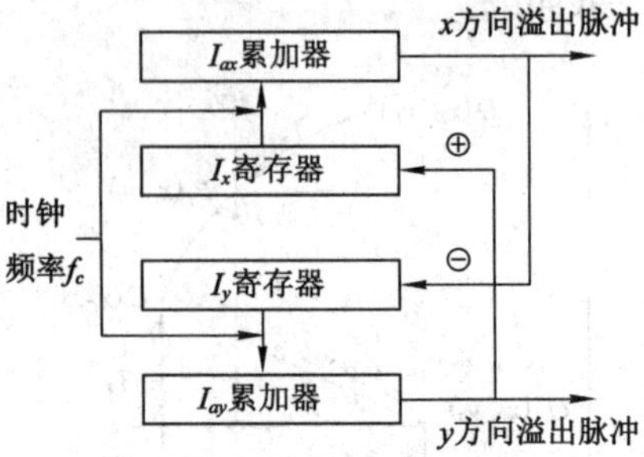

图 3-19 圆弧插补器原理图

加 1 运算，而另一个作加运算的被积函数，过象限做减 1 运算，因而减 1 的次数，最多等于有效位的容量。有效位的容量，存储圆弧半径的值，过象限时，寄存器中出现的最大值是圆弧半径值。初始值是圆弧起点到圆心在坐标轴方向的投影值，一定小于或等于半径值。

例如，在图 3-20 中，圆的半径 $R=6$ mm 系统的脉冲当量为 0.02 mm，则 R 值就为 300 个脉冲，它的二进制数为 100101100，字长 9 位，因而有效位长应为 9 位。若寄存器 I_x、I_y，累加器 I_{ax}、I_{ay} 为 16 位，则规格化时左移的位数为 7 位。由图 3-20 可以看出，圆弧终点 B 点相对圆心 G_B、M_B 坐标的绝对值与 C、D、E 点对圆心坐标的绝对值相等。因而用 B 点坐标的绝对值作终点判别时，必须判别从起点到终点经过几个象限。图中的圆弧，从 A 点经过 3 个象限到达 B 点，因而被积函数有 3 次出现 0 值，3 次改变加 1 减 1 运算。因此，利用中点坐标的绝对值和被积函数出现零的次数来做终点判别是可行的，存取各插补点有符号坐标值并将其与 B 点有符号坐标值相比较，可以判别终点。

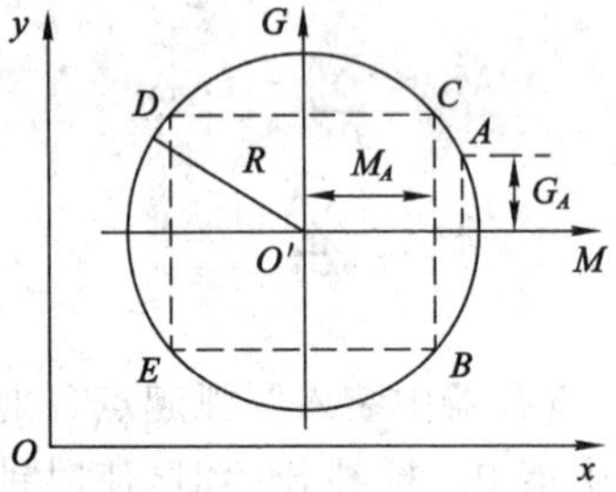

图 3-20 圆弧加工终点判断

3.3 加工速度控制

数控机床加工过程中，进给速度的控制要求不同。如果是连续工作的数控机床，加工速度关系到了工作效率和加工效果，但加工速度同时又受到了加工刀具疲劳耐受度、机床的寿命等因素的影响。一般来讲，高性能的数控机床应该具有更好的调整进给速度的能力，保证适应不同的工况。同时还要保证加工机床的速度满足平稳、高调速性能等特点，为高性能的数控加工系统提供必要的保证。在速度突然升高或者突减时，应保证加在伺服电动机上的进给脉冲频率逐渐增大或者减少。

3.3.1　进给速度控制

3.3.1.1　数据采样插补算法的进给速度控制

数据采样插补根据进给速度计算出一个插补周期内合成速度的进给量，即

$$f_s = \frac{FTK}{60 \times 1\ 000} \tag{3-18}$$

式中　f_s——稳定进给状态下的插补进给量，称为稳定速度，mm/min；

F——编程进给速度，mm/min；

T——插补周期，ms；

K——速度系数，包括快速倍率、切削进给倍率等。为方便起见，速度系数 K 反映速度倍率的调节范围，通常 K 取 0～200%；当中断服务程序扫描到倍率开关状态时，给 K 设置相应参数，能反映数控装置面板手动速度变化。

3.3.1.2　脉冲增量插补算法的进给速度控制

脉冲增量插补脉冲量，其频率与进给速度成正比，可通过控制插补运算的频率来控制进给速度。常用的方法有软件延时法和中断控制法。

(1) 软件延时法

由进给速度计算进给脉冲频率，得到两次插补运算之间的时间间隔 t，它必须大于 CPU 执行插补程序的时间 t_P。t 与 t_P 之差即为应调节的时间 t_D，可以通过延时子程序来改变进给速度。

【例 3-3】 已知某数控装置的脉冲当量 $\delta = 0.001$ mm，插补程序运行时间 $t_P = 0.01$ ms，设编程进给速度 $F = 300$ mm/min，求调节时间。

解　根据 $F = 60\ \delta f$ 得：

$$f = \frac{F}{60\ \delta} = \frac{300}{60 \times 0.001} = 5\ 000(\text{Hz})$$

则插补时间间隔：

$$t = \frac{1}{f} = 0.000\ 2(\text{s}) = 0.2(\text{ms})$$

调节时间：

$$t_D = t - t_P = 0.2 - 0.01 = 0.19(\text{ms})$$

通过控制延时，即可达到控制进给速度。

(2) 中断控制法

通过进给速度可以计算出定时器/计数器的定时时间，设置 CPU 中断。定时器定时中断，执行中断程序时加入一次插补运算且输出进给脉冲，直至插补完毕。进给脉冲频率和定时器的定时常数、时间常数决定了插补运算的频率和进给脉冲的输出频率。

该方法速度控制比较精确，当计算机主频足够高，控制速度不会改变，所以应用广泛。

3.3.2　加减速控制

数控系统中，软件加减速控制给系统带来了灵活性。软件加减速控制可以放在插补前

进行，也可放在插补后进行。放在插补前的加减速控制称为前加减速控制，放在插补后的加减速控制称为后加减速控制，如图 3-21 所示。

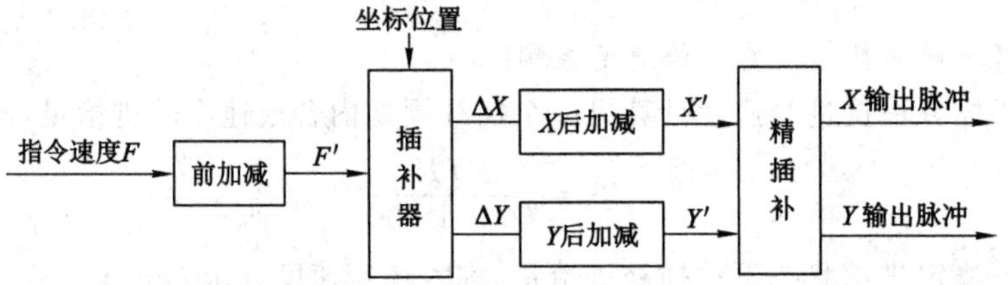

图 3-21　前后加减速度示意图

前加减速控制仅对编程指令速度 F 进行控制，不影响实际插补输出的位置精度。但是，需要结合实际刀具位置与程序段终点之间的距离预测计算减速点，因此计算量很大。

后加减速控制对各运动轴加减速进行控制，并非匀速状态下作用于系统，不需要专门预测减速点，当插补输出为 0 时开始减速，利用时间延迟逐渐靠近程序段的终点。后加减速控制分别对运动坐标轴进行控制，有可能加减速控制后与实际合成位置会有误差。

3.3.2.1　前加减速控制

(1) 稳定速度和瞬时速度

所谓稳定速度，系统处于稳定进给，一个插补周期内的进给量 v_s，可用式(3-18)表示。如果计算出的稳定速度超过系统允许的最大速度(由参数设定)，取最大速度为稳定速度。所谓瞬时速度，指系统在每个插补周期内的进给量。当系统处于稳定进给状态时，瞬时速度 v_i 等于稳定速度 v_s；当系统处于加速(或减速)状态时，$v_i < v_s$(或 $v_i > v_s$)。

(2) 线性加减速处理

当机床在加工过程中，启停或切削加工需要改变进给速度，这时数控系统需要进行加减速处理。加减速速率分为快速进给和切削进给两种，需要将其预设为机床的参数。设进给速度为 F(mm/min)，加速到 F 所需加速时间为 t(ms)，则加速度/减速度 α 按下式计算：

$$\alpha = \frac{1}{60 \times 1\,000} \cdot \frac{F}{T} = 1.67 \times 10^{-5} \frac{F}{T} (\text{mm/ms}^2) \tag{3-19}$$

① 加速处理

每次插补，都进行稳定速度、加速处理。如果当计算稳定速度 v'_s 大于原来的稳定速度 v_s 时，说明系统需要提速以满足加工工艺需求。在一个 T 内每加速一次：

$$v_{i+1} = v_i + \alpha T \tag{3-20}$$

新的瞬时速度 v_{i+1} 进行插补运算，对坐标轴进行分配，直至到达新的稳定速度。

② 减速处理

每次插补时，首先计算当前工作点与终点的瞬时距离 s_i，并判别是否到达减速区域 s，这是停车前的减速过程。若 $s_i \leqslant s$ 表示到达减速点，则开始减速。在稳定速度 v_s 和设定的加速度/减速度 α 确定后，得下式：

$$s = \frac{v_s^2}{2\alpha} + \Delta s \tag{3-21}$$

式中，Δs 为提前量，可结合实际系统条件和加工工艺要求预先设置好。每减速一次后，瞬时速度：

$$v_{i+1}=v_i-\alpha T \tag{3-22}$$

新的瞬时速度v_{i+1}作为插补进给量参与插补运算，直至减速到新的稳定速度。

(3) 终点判别

每进行一次插补计算，系统需要进行终点判别，因此都要计算s_i。为此，结合减速程序和标志，进行减速处理后，同步标注一定判据下的即将达到终点标志。

终点判别可应用在直线插补和圆弧插补两个方面。

① 直线插补如图 3-22 所示，设刀具沿直线 OA 运动，A 为直线的程序段终点，B 为某一瞬时点。插补计算出 x 轴和 y 轴插补进给量 Δx 和 Δy，所以 B 点的瞬时坐标为：

$$x_m=x_{m-1}+\Delta x \tag{3-23}$$

$$y_m=y_{m-1}+\Delta y \tag{3-24}$$

式(3-24)中，x_{m-1}与y_{m-1}为上一周期插补点的坐标。完成本次插补后计算与终点的距离 s_i 为

$$s_i=AB=\sqrt{(x_i-x_m)^2+(y_i-y_m)^2} \tag{3-25}$$

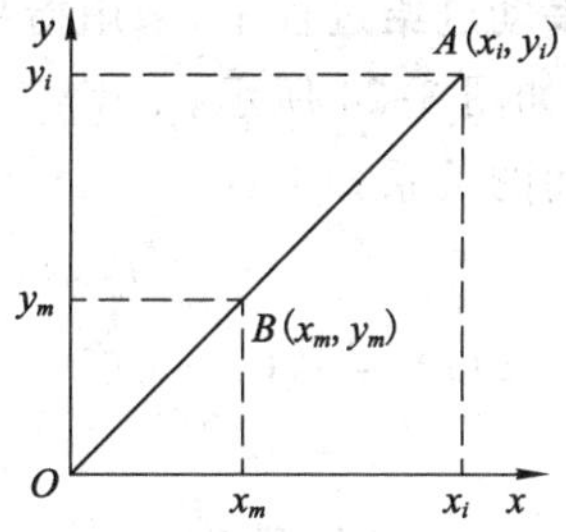

图 3-22　直线插补终点判别

② 圆弧插补如图 3-23 所示，设刀具沿圆弧$\overset{\frown}{AE}$作顺时针运动，G 为某一瞬间插补点，E 为圆弧的终点，其坐标值x_m与y_m已在插补计算中求出。

当圆弧对应的圆心角小于 π 时，瞬时点离圆弧终点的直线距离越来越小，如图 3-23(a)所示。G 点离终点的距离s_i为：

$$s_i=GE=\sqrt{(x_i-x_m)^2+(y_i-y_m)^2} \tag{3-26}$$

如图 3-23(b)，圆弧圆心角大于 π。设 A 点为圆弧的起点，B 对应终点的半圆弧长(圆心角等于 π)分界点，G 点为插补到离终点的弧长圆心角小于 π 的点。瞬时点和终点间距离s_i随着 A 插补到 B 点时越来越大，当s_i等于直径(直径是圆弧插补最大距离)，插补越过 B 后s_i越来越小。s_i变化具有先增大后减小特点，因此s_i变大过程不计算终点距离，如果s_i达到最大或者达到了分界点后，s_i开始减小，再判别终点。

可见，前加减速控制不会影响实际插补输出的位置精度，而需要进行预测减速点的计算，耗费 CPU 资源。前加减速度控制的优点是，用这种方法控制只对合成速度进行控制，对其他的数据没有影响，不会影响插补。

3.3.2.2　后加减速控制

后加减速控制主要有指数加减速控制算法和直线加减速控制算法。

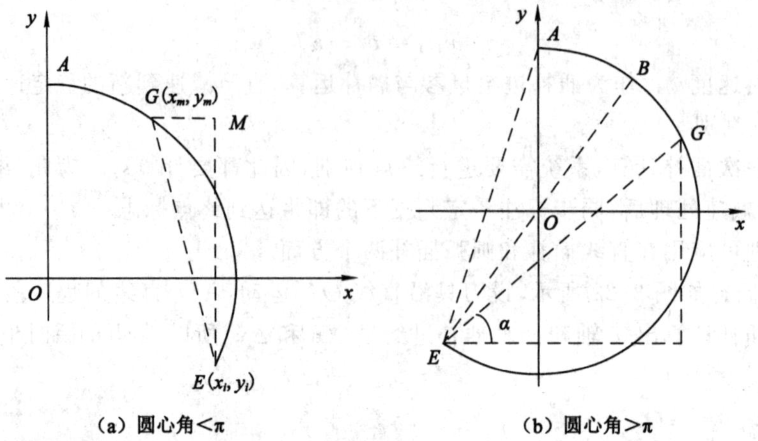

图 3-23 圆弧插补终点判别

(1) 指数加减速控制算法

在动态性能要求高的切削或手动进给过程中，采用指数加减速控制，将速度突变处理成速度随时间指数规律上升或下降，如图 3-24 所示。

指数加减速控制时速度与时间的关系如下：

加速时：

$$v(t)=v_{ct}(1-e^{\frac{-t}{T}}) \tag{3-27}$$

匀速时：

$$v(t)=v_{ct} \tag{3-28}$$

减速时：

$$v(t)=v_{ct}e^{\frac{-t}{T}} \tag{3-29}$$

式中 T——时间常数；

v_{ct}——稳定速度。

(2) 直线加减速控制算法

快速进给时，数控加工过程中需要加工的部件在上述过程中保持速度稳定，一般采用直线加减速控制，即按照一定加速度和减速度变化，如图 3-25 中的速度变化曲线 $OABC$。直线加减速控制过程如下：

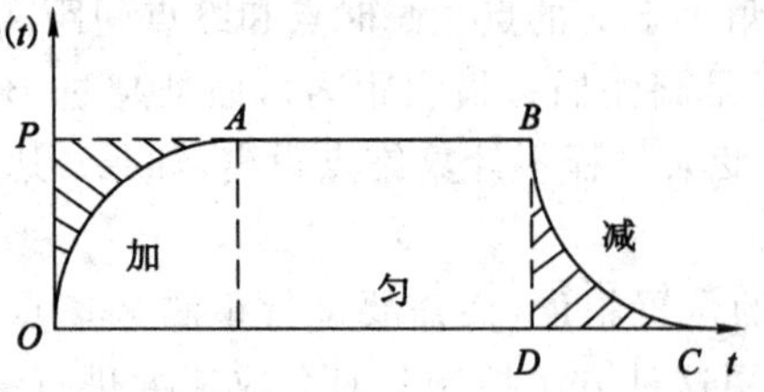

图 3-24 指数加减速

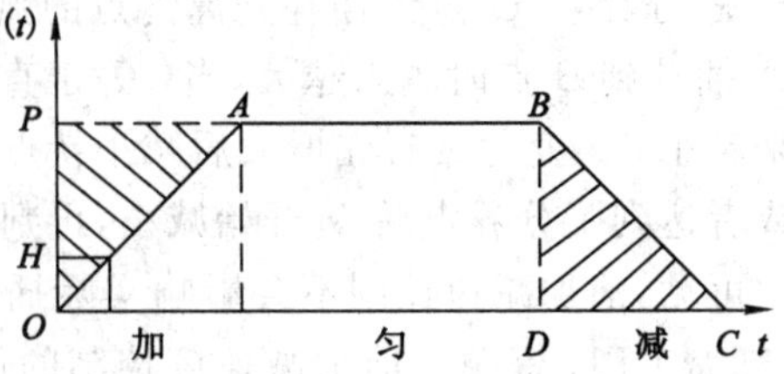

图 3-25 直线加减速

① 加速过程

若输入速度v_{ct}与上一个采样周期输出速度v_{i-1}达到之差大于常数值 H，即$v_{ct}-v_{i-1}>H$，说明给定指令速度大于当前速度，系统需要加速控制，采样周期的输出速度增加 H 值，H 为加减速的速度变化常量，有$v_i=v_{i-1}+H$。

② 加速过渡过程

如果输入速度v_{ct}与v_{i-1}满足 $0<v_{ct}-v_{i-1}<H$，说明当前输出速度接近给定目标匀速，这时通过降低加速量使得本次采样周期的输出速度v_i与输入目标速度v_{ct}相等，系统进入稳定速度状态。

③ 匀速过程

这时输出速度保持不变。

④ 减速过渡过程

当输入速度v_{ct}与v_{i-1}满足 $0<v_{i-1}-v_{ct}<H$，通过减速使输出速度v_i减小到输入速度v_{ct}。

⑤ 减速过程

若输入速度v_{ct}与v_{i-1}之差大于 H 值时，即$v_{i-1}-v_{ct}>H$，系统要进行减速控制，使本次采样周期的输出速度v_i减小一个 H 值，即$v_i=v_{i-1}-H$。

保持后加减速控制中加、减速过程对称性，就可以保证系统稳定，不产生失步和超程，即保证加速过程中输入到控制器的总进给量等于减速过程中总进给量，对应图 3-24、图 3-25 中 OPA 面积等于 BCD 面积。采用位置误差累加寄存器 S 来保存加速延迟而失去的进给量之和。在实际加减速过程中，后加减速控制通过误差寄存器的进给量引导加减速过程的对称性，不需要预测减速，在实际输出速度过程中，可能产生局部位置误差。当发现剩下的总进给量小于 S 寄存器中的值时，说明数控系统已经进入减速区。在减速过程中，为了实现位置控制，误差寄存器 S 逐渐给出控制器引导减速过程，这样维持了加速和减速的对称性。后加减速度的优点是，通过对每一个运动轴进行加减速控制，不需要测减速点。

前加减速度控制是指插补前沿轨迹对速度进行加减速控制，后加减速度控制是指插补后根据各轴到终点的坐标方向上的差值，对速度进行加减速控制。一个是插补前一个是插补后，一个是沿轨迹方向，一个是沿轴到终点的坐标差值，这是不同之处。

3.4 电机驱动控制与多轴运控

3.4.1 电机驱动控制方式

3.4.1.1 步进电机驱动控制

(1) 步进电机的工作原理

步进电机可以把电脉冲信号转换为角位移，因此又称为脉冲电机，也称脉冲与角度的数模转换器。因此，很多角度(或者将角度转换成直线运动)驱动系统采用了更加简单的开环结构，控制器发出与角度相关的脉冲后，步进电机在驱动电路驱动下转动一定角度，在脉冲驱动下步进电机驱动工作部件或刀具移动。开环系统只需要发出一定数量的指令脉冲对应数控系统的工作台或刀具的总移动步数，而脉冲发送的频率对应步进电机的转速，即脉冲频率越高转速就越快。步进电机总移动量则是脉冲当量与脉冲指令的总数，工具的移动的速度取决于指令脉冲的频率。但是，步进电机是否被指令脉冲驱动，还取决于步进电机的控制器性能等因素。

步进电机工作过程就是按照给定脉冲数量等比例转动，脉冲越快电机转动越快。要使步进电机转动，就必须对步进电机定子的各相绕组以适当的时序驱动，步进电机驱动原理如图 3-26 所示。

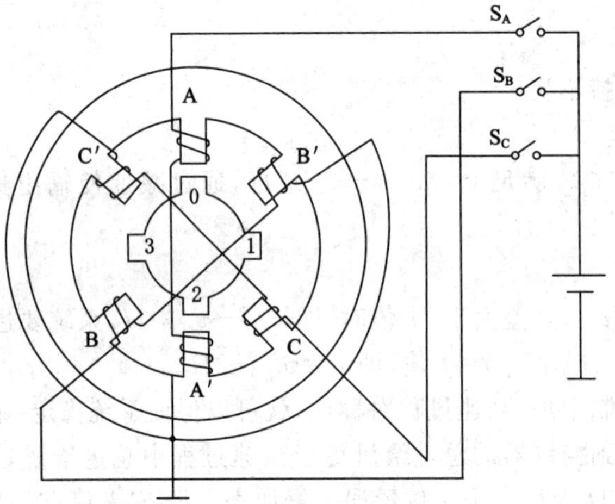

图 3-26　步进电机的工作原理分析图

图 3-26 是一个三相反应式步进电机，其定子的每相都有一对磁极，每个磁极都只有一个齿，即磁极本身，故三相步进电机有 3 对磁极共 6 个齿；其转子有 4 个齿，分别称为 0，1，2，3 齿。直流电源 U 通过开关 S_A、S_B、S_C 分别对步进电机的 A、B、C 相绕组轮流通电，根据电磁感应原理驱动转子转动。

初始状态时，开关 S_A 接通，则 A 相磁极和转子的 0，2 号齿对齐，同时转子的 1，3 号齿和 B、C 相磁极形成错齿状态。当开关 S_A 断开，S_B 接通，由于 B 相绕组和转子的 1，3 号齿之间的磁力线作用，使得转子的 1，3 号齿和 B 相磁极对齐，则转子的 0，2 号齿就和 A、C 相绕组磁极形成错齿状态，这样转子就逆时针转动一个角度。

如果对一相绕组通电的操作称为一拍，那对 A、B、C 三相绕组轮流通电需要三拍。对 A、B、C 三相绕组轮流通电一次称为一个周期。从上面分析看出，该三相步进电机转子转动一个齿距，需要三拍操作。由于按 A→B→C→A 相轮流通电，则磁场沿 ABC 方向转动了 360°空间角(也就是完成一个完整电角度周期)，而这时转子沿 ABC 方向转动了一个齿距的位置。在图 3-26中，转子的齿数为 4，故齿距角 90°，转动了一个齿距也即转动了 90°(机械角度)。

对于一个步进电机，如果它的转子的齿数为 Z，则它的齿距角 θ_z 为：

$$\theta_z = \frac{2\pi}{Z} = \frac{360^\circ}{Z} \tag{3-30}$$

而步进电机运行 N 拍可使转子转动一个齿距位置。实际上，步进电机每一拍就执行一次步进，所以步进电机的步距角 θ 可以表示如下：

$$\theta=\frac{\theta_z}{N}=\frac{360^\circ}{NZ} \tag{3-31}$$

其中　N——步进电机工作拍数；

Z——转子的齿数。

对于图 3-26 的三相步进电机，若采用六拍方式，则它的步距角是：

$$\theta=\frac{360^\circ}{6\times 4}=15^\circ \tag{3-32}$$

对于转子有 60 个齿且采用三拍方式的步进电机而言，其步距角是：

$$\theta=\frac{360^\circ}{3\times 60}=2^\circ \tag{3-33}$$

(2) 步进电动机的控制方法

步进电动机一步一步地运行，要求控制脉冲按一定的顺序分别驱动步进电机各相，例如三相单拍方式，供给脉冲的顺序为正向驱动 A→B→C→A 或反向驱动 A→C→B→A，称为环形脉冲分配。实现驱动脉冲的方法一种是依靠硬件实现硬件脉冲分配，另一种是借助计算机软件实现软件脉冲分配。

① 硬件脉冲分配

脉冲发生器是一个脉冲频率由几赫到几十千赫可连续变化的脉冲信号发生器，按其电路结构不同，可分为 TTL 集成电路和 CMOS 集成电路。脉冲分配器是按照一定逻辑由门电路和双稳态触发器组成的逻辑电路，它根据指令把脉冲信号按一定的逻辑关系加在脉冲放大器上，使步进电动机按一定的运行方式工作。下面举例介绍 CMOS 集成脉冲分配器 CH250 环形脉冲分配器。

通过 CH250 控制端的不同接法，三相步进电动机可以组成三相双三拍和三相六拍的不同工作方式，如图 3-27、图 3-28 所示。

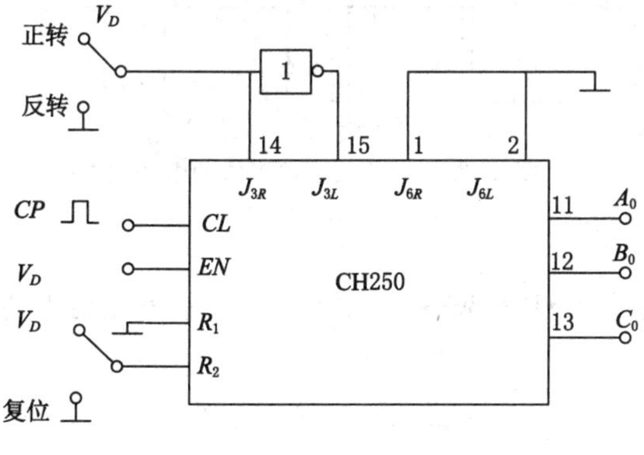

图 3-27　三相双三拍

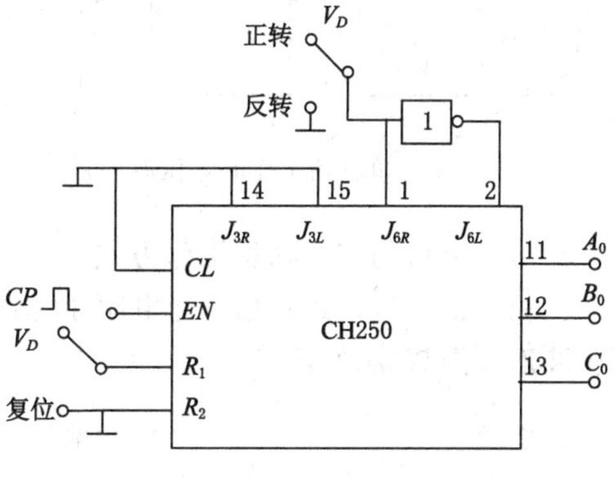

图 3-28　三相六拍

J_{3R}、J_{3L} 两端子是三相双三拍的控制端，J_{6R}、J_{6L} 是三相六拍的控制端，三相双三拍工作时，若 J_{3R}＝"1"，而 J_{3L}＝"0"，则电机正转；若 J_{3R}＝"0"，J_{3L}＝"1"，则电机反转；三相六拍供电时，若 J_{6R}＝"1"，J_{6L}＝"0"，则电机正转：若 J_{6R}＝"0"，J_{6L}＝"1"，电机反转。R_2 是双三拍的复位端，R_1 是六拍的复位端，使用时，首先将其对应复位端接入高电平，使其进入工作状态，然后换接到工作位置。CL 端是时钟脉冲输入端，EN 是时钟脉冲允许端，用以控制时钟脉冲的允许与否。当脉冲 CP 由 CL 端输入，只有 EN 端为高电平时，时钟脉冲的上升沿才起作用，也允许以 EN 端作脉冲 CP 的输入端。只有 CL 为低电平时，时钟脉冲的下降沿才起作用。A_0、B_0、C_0 为环形分配器的三个输出端，经过脉冲放大器（功率放大器）后分别接到步进电动机上。

② 软件脉冲分配

在计算机控制的步进电动机驱动系统中，可以采用软件的方法实现环形脉冲分配。软件环形分配器的设计方法很多，如查表法、比较法，移位寄存器法等，它们各有特点。其中常用的是查表法。

下面仍以三相步进电机为例进行分析和讨论。步进电机可工作于单相通电方式，也可工作于双相通电方式和单相、双相交叉通电方式。选用不同的工作方式，可使步进电机具有不同的工作性能，如减小步距，提高定位精度和工作稳定性等。对于三相步进电机则有单相三拍（简称单三拍）方式、双相三拍（简称双三拍）方式、三相六拍工作方式。

a. 步进电机单三拍工作方式

单三拍工作方式各相的通电顺序为。A→B→C→A…，各相通电的电压波形如图 3-29 所示。

b. 步进电机的双三拍工作方式

双三拍工作方式各相的通电顺序为：AB→BC→CA→AB…，各相通电的电压波形如图 3-30所示。

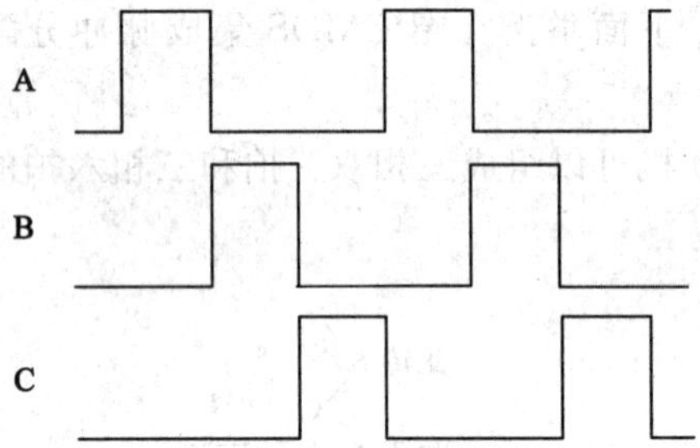

图 3-29　单三拍工作的电压波形

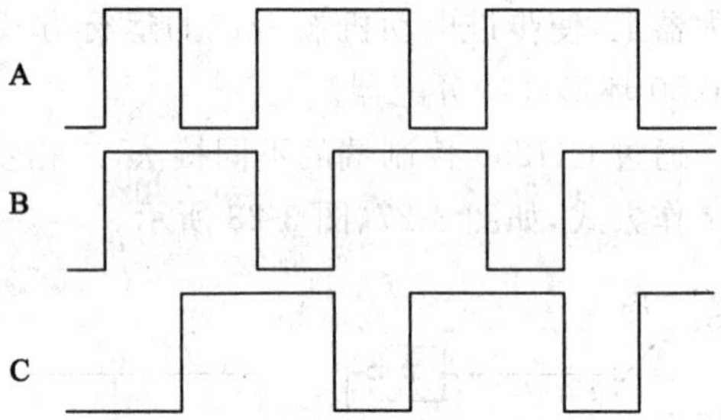

图 3-30　三相双三拍工作的电压波

c. 步进电机的三相六拍工作方式

三相六拍工作方式各相的通电顺序为：A→AB→B→BC→C→CA→A→…，各相通电的电压波形如图 3-31 所示。

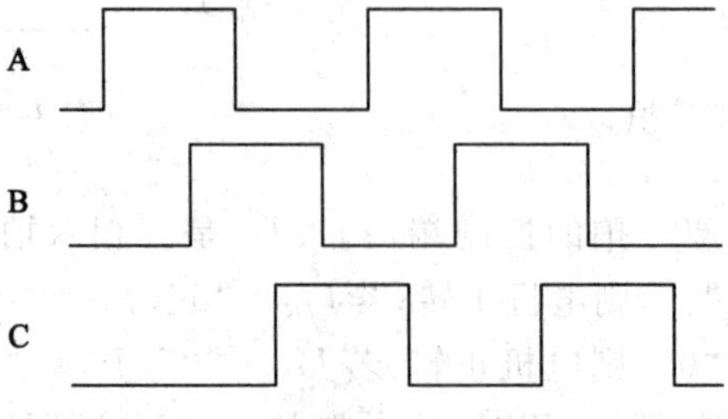

图 3-31　三相六拍工作的电压波

d. 步进电机的细分技术

细分技术是一种电子阻尼技术，其主要目的是减弱或消除步进电机的低频振动，提高电机的运转精度，它只是细分技术的一个附带功能。细分后电机运行时的实际步距角是基本步距角的几分之一。两相步进电机的基本步距角是1.8°，即一个脉冲走1.8°，如果没有细分，则是200个脉冲走一圈360°，细分是通过驱动器靠精确控制电机的相电流所产生的，与电机无关，如果是10细分，则发一个脉冲电机走0.18°，即2 000个脉冲走一圈360°，电机的精度能否达到或接近0.18°，还取决于细分驱动器的细分电流控制精度等其他因素。不同厂家的细分驱动器精度可能差别很大；细分数越大精度越难控制。以此类推。

(3) 步进电机控制接口及输出字表

过去常规的步进电机控制电路主要由脉冲分配器和驱动电路组成。采用微机控制，主要取代脉冲分配器，而给步进电机提供驱动电源的驱动电路是必不可少的，同时用微机实现对步进电机的走步数、转向以及速度控制等。

① 步进电机控制接口

微机通过PCI总线同时控制 x、y 轴两台三相步进电机，控制接口如图3-32所示。此接口电路选用凌华公司(ADLINK)推出的32通道隔离型I/O板卡PCI-7432，PCI-7432提供32路开关量输入通道和32路开关量输出通道。开关量输出低8位中的 IDO_0、IDO_1、IDO_2 控制x轴三相步进电机，开关量输出高8位中的 IDO_{16}、IDO_{17}、IDO_{18} 控制 y 轴三相步进电机。只要确定了步进电机的工作方式，就可以控制各相绕组的通电顺序，实现步进电机正转或反转。

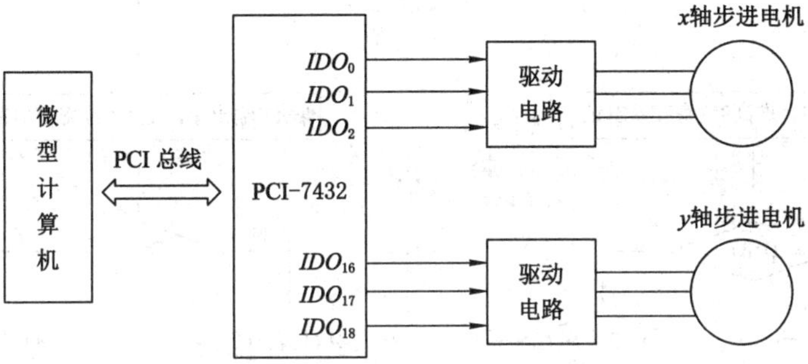

图3-32　两台三相步进电机控制接口示意图

② 步进电机控制的输出字表

在图3-32所示的步进电机控制接口电路中，选定由 IDO_0、IDO_1、IDO_2 通过驱动电路来控制 x 轴步进电机，由 IDO_{16}、IDO_{17}、IDO_{18} 通过驱动电路来控制 y 轴步进电机，并假定数据输出为1时，相应的绕组通电；为0时，断电。下面以三相六拍控制方式为例确定步进电机控制的输出字。

当步进电机的相数和控制方式确定之后，IDO_0、IDO_1、IDO_2 和 IDO_{16}、IDO_{17}、IDO_{18} 输出数据变化的规律就确定了，这种输出数据变化规律可用输出字来描述。为了便于寻找，输出字以表的形式存放在计算机指定的存储区域。表3-5给出了三相六拍控制方式的输出字表。

表 3-5 三相六拍控制方式输出字表

x 轴步进电机输出字表		y 轴步进电机输出字表	
存储地址标志	低 16 位数出字	存储地址标志	高 16 位数出字
AX_1	00000000 00000001=0001H	AY_1	00000001 00000000 =0100H
AX_2	00000000 00000011=0003H	AY_2	00000011 00000000 =0300H
AX_3	00000000 00000010=0002H	AY_3	00000010 00000000=0200H
AX_4	00000000 00000110=0006H	AY_4	00000110 00000000=0600H
AX_5	00000000 00000100=0004H	AY_5	00000100 00000000=0400H
AX_6	00000000 00000101=0005H	AY_6	00000101 00000000=0500H

显然，若要控制步进电机正转，则按$AX_1 \to AX_2 \to \cdots AX_6$和$AY_1 \to AY_2 \to \cdots AY_6$顺序向低位口和高位口送输出字即可；若要控制步进电机反转，则按相反的顺序送输出字。

(4) 步进电机走步控制程序

若用 AX 和 AY 分别表示 x 轴和 y 轴步进电机输出字表的取数地址指针，且仍用 $D=1,2,3,4$ 分别表示$+x$、$-x$、$+y$、$-y$ 走步方向，则可用图 3-33 表示步进电机走步控制程序流程。

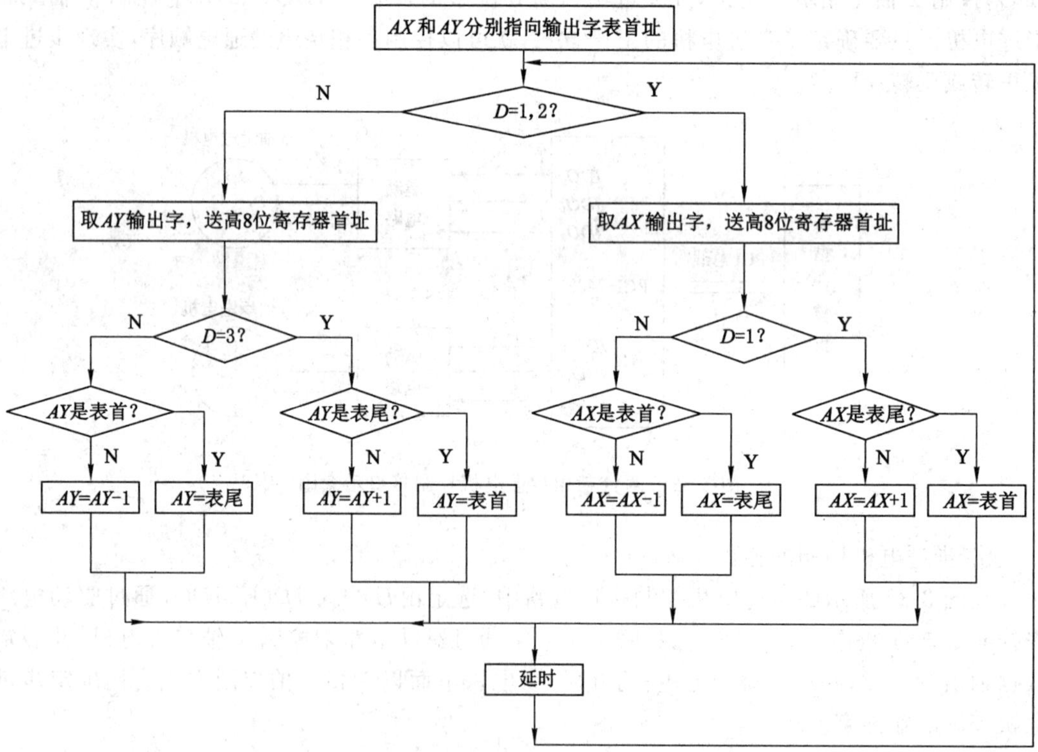

图 3-33 步进电机走步控制程序流程

若将走步控制程序和插补计算程序结合起来，并修改程序的初始化和循环控制判断等内容，便可很好地实现 xoy 坐标平面的为数字程序控制，为数控过程的自动控制提供了简单、高效的方法。

(5) 步进电动机的驱动

步进电机是伺服控制系统中常用的电机，这类电机的驱动可以采用分立元件驱动，也可以采用 ULN2003、ULN2803、L298N 等这类集成电路驱动。

① ULN2003

ULN2003 的每一对达林顿管都串联一个 2.7 kΩ 的基极电阻，在 5V 的工作电压下它能与 TTL 和 CMOSQ 电路直接相连，可以直接处理原先需要标准逻辑缓冲器来处理的数据。ULN2003 工作电压高，工作电流大，灌电流可达 500 mA，并且能够在关态时承受 50 V 的电压，输出还可以在高负载电流并行运行。

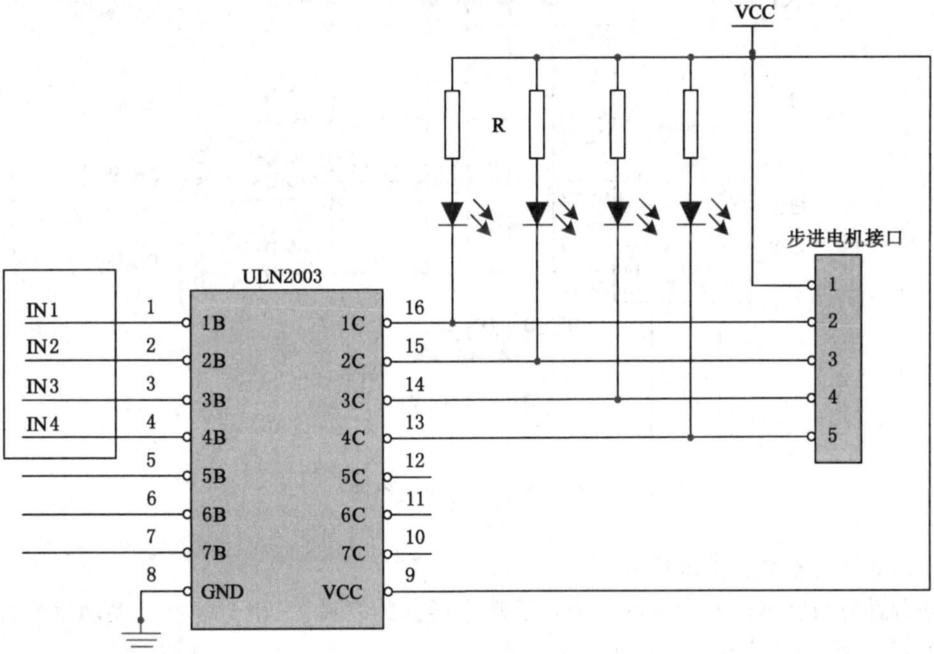

图 3-34　ULN2003 电路

② L298N

L298N 是专用驱动集成电路，属于 H 桥集成电路，其输出电流为 2 A，最高电流 4 A，最高工作电压 50 V，可以驱动感性负载，如大功率直流电机、步进电机、电磁阀等，特别是其输入端可以与单片机直接相连，从而很方便地受单片机控制。当驱动直流电机时，可以直接控制步进电机，并可以实现电机正转与反转，实现此功能只需改变输入端的逻辑电平。

L298N 芯片可以驱动两个二相电机，也可以驱动一个四相电机，输出电压最高可达 50 V，可以直接通过电源来调节输出电压；可以直接用单片机的 IO 口提供信号；而且电路简单，使用比较方便。

L298N 可接受标准 TTL 逻辑电平信号 VSS，VSS 可接 4.5～7 V 电压。4 脚 VS 接电源电压，VS 电压范围 VIH 为＋2.5～46 V，输出电流可达 2A，可驱动电感性负载。1 脚和 15 脚下管的发射极分别单独引出以便接入电流采样电阻，形成电流传感信号。L298 可驱动 2 个电动机，OUT1，OUT2 和 OUT3，OUT4 之间可分别接电动机，本实验装置我们驱动一台电动机。5，7，10，12 脚接输入控制电平，控制电机的正反转。ENA，ENB 接控制使能端，控制电机的停转。图 3-35 是 L298N 驱动步进电机原理图。可以驱动两个两相步进电机也可以驱动一个四相步进电机。

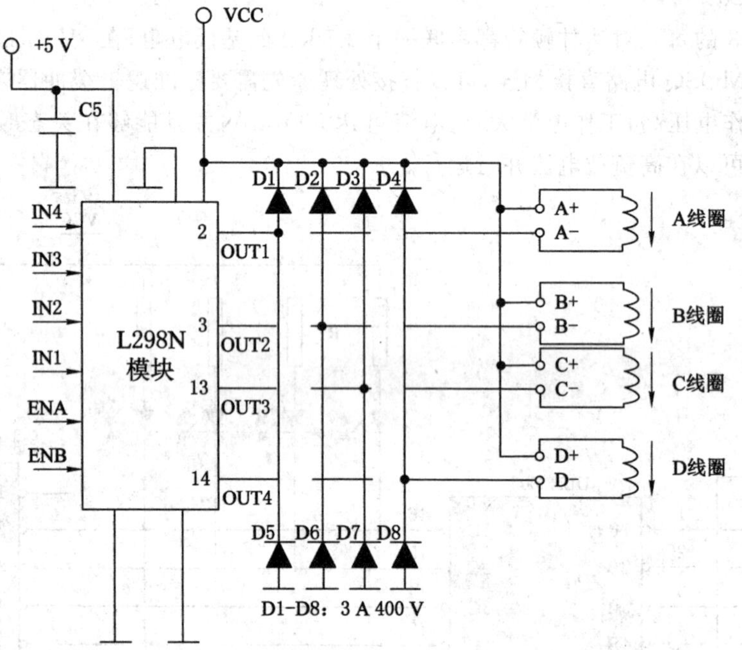

图 3-35　L298N 电路图

3.4.1.2　直流伺服电机驱动控制

随着计算机技术以及新型的电力电子功率器件的发展，采用全控型开关功率元件进行脉宽调制（PWM）的控制方式已经成为主流。

（1）PWM 控制原理

直流伺服电动机的转速控制方法可以分为两类，即对磁通 ϕ 进行控制的励磁控制和对电枢电压 U 的电枢电压控制。绝大多数直流伺服电动机采用开关驱动方式，常以电枢电压控制方式的直流伺服电动机为分析对象，并通过 PWM 来控制电枢电压实现调速。图 3-36 为半桥驱动示意图，图 3-37 为全桥驱动示意图。

（2）单极性可逆调速系统

单极性驱动是指在一个 PWM 周期里，电动机电枢的电压极性呈单一性变化。单极性驱动电路常用的驱动电路为 H 形（桥式电路）或者半桥电路。这种电路中电动机动态性能较好，因此在各种控制系统中广泛采用。例如，半桥电路中 S_1 导通，此时电机电枢电压为 $+U$，如果 S_2 导通，电机处于制动状态，此时电机电压为 0。同理，桥式电路中 S_1，S_4 导通，电机电枢电压为 $+U$；对于桥式电路中 S_3，S_4 导通，电机电枢电压为 0。由上可知，两种电路中电机的电压始终在 0 和 +U 之间变化，呈现出单极性的特征。

（3）双极性可逆调速系统

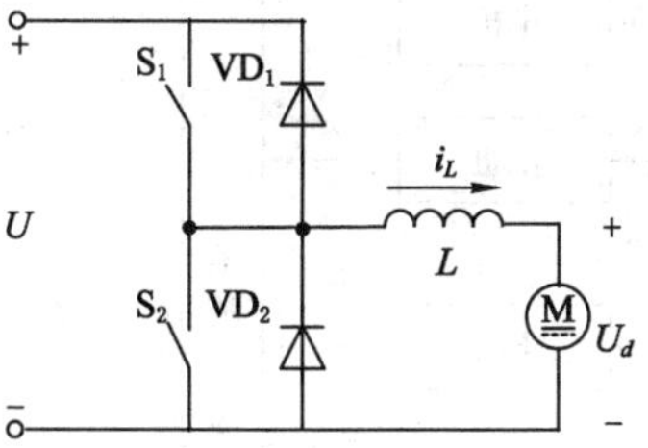

图 3-36　半桥驱动

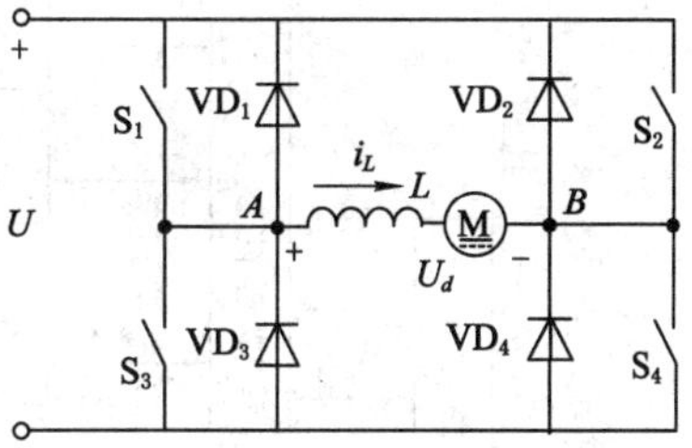

图 3-37　全桥驱动示意图

双极性驱动是指在一个 PWM 周期内，电动机电枢的电压极性呈 $+U$ 和 $-U$ 变化。驱动电路为 H 形(桥式电路)，两个对角全控管交替导通，S_1 和 S_4 导通，电机电枢电压为 +U，S_2 和 S_3 导通，电机电枢电压为 $-U$，两种极性电压按照一定规律交替导通。

3.4.1.3　交流伺服电机驱动控制

交流伺服电动机分为同步型和异步型，其旋转磁场都是由定子绕组产生，该旋转磁场可以拖动转子运转。交流永磁式伺服电动机的转速和驱动器控制外加电源频率、磁场频率和转子转速保持同步关系，所以电源频率不变时，它的转速是不变的；交流感应式伺服电动机由于需要转速差才能在转子上产生感应磁场，所以电动机的转速比其同步转速小，保持异步关系。旋转磁场由交流电的频率决定。因此，这两类交流电动机的调速方法主要是通过改变供电频率来实现的。

3.4.2　多轴运动控制技术

工业领域中，多轴运动控制系统应用广泛，它广泛存在于机械加工、塑料机械等场合，是一个国家工业水平的重要标志。在 CNC 中，多轴运动控制越来越普遍，通过数字控制系统来实现多轴之间的同步调整，替代传统的通过复杂机械系统来实现多轴同步的控制方法。现在，利用 CNC 中灵活的软件设计，轻松实现多轴联动。这样可以降低对复杂机械设计的依赖，而把复杂同步过程转移到软件算法的开发中，同样可以利用软件的改进来实现更高精度、高性能的动态加工，使用户的使用变得更简单、更方便。

从结构上看，多轴运动控制系统通常包含工控计算机，运动控制器、驱动器、电动机、反馈装置、被控对象等几部分，如图 3-38 所示。

上位计算机在操作系统基础上还要实现数控系统的管理、交互、网络通信等功能。运动控制器是中间机构，不仅接收上位机指令，而且要结合检测的反馈数据按照一定工艺驱动设备加工元件。

3.4.3　基于 PC 的运动控制器/运动控制卡系统介绍

运动控制技术的发展是 CNC 系统中的底层核心，是多轴运动系统的关键。运动控制器是为执行 CNC 加工任务时，从属于 PC 硬件平台的底层执行模块。运动控制器已经从以单片机或微处理器为核心的运动控制器和以专业芯片(ASIC)作为核心处理器的运动控制器，发展到了功能更强大的基于 ISA/PCI/PCI-E 总线的计算能力更强的 DSP 和 FPGA 作为核心处理器的开放式运动控制器。运动控制技术不断发展将全面进入更加灵活、开放、性

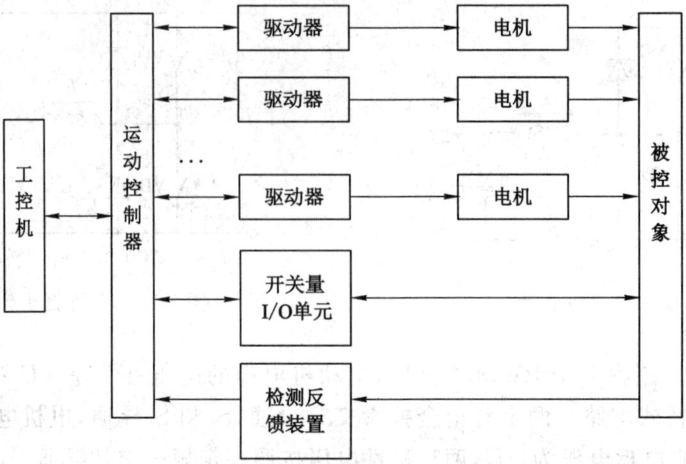

图 3-38　多轴运动控制系统构成

能强大的通用型开放式实时动态全闭环控制模式。

3.4.3.1　硬件部分

基于 ISA/PCI/PCI-E 先进总线的运动控制系统通常采用 PC 加运动控制器/卡的多层上下位机结构，PC 的 CPU 主要进行管理、交互和任务分解等工作，运动卡的 CPU 主要执行上位机 PC 定时发送的指令，执行运动指令。上下级 CPU 彼此执行各自指令，相互独立，保证了系统能更高效地利用资源。

基于 PC 的运动控制系统基本结构由硬件系统和软件系统两大部分组成，其基本结构如图 3-39 所示。

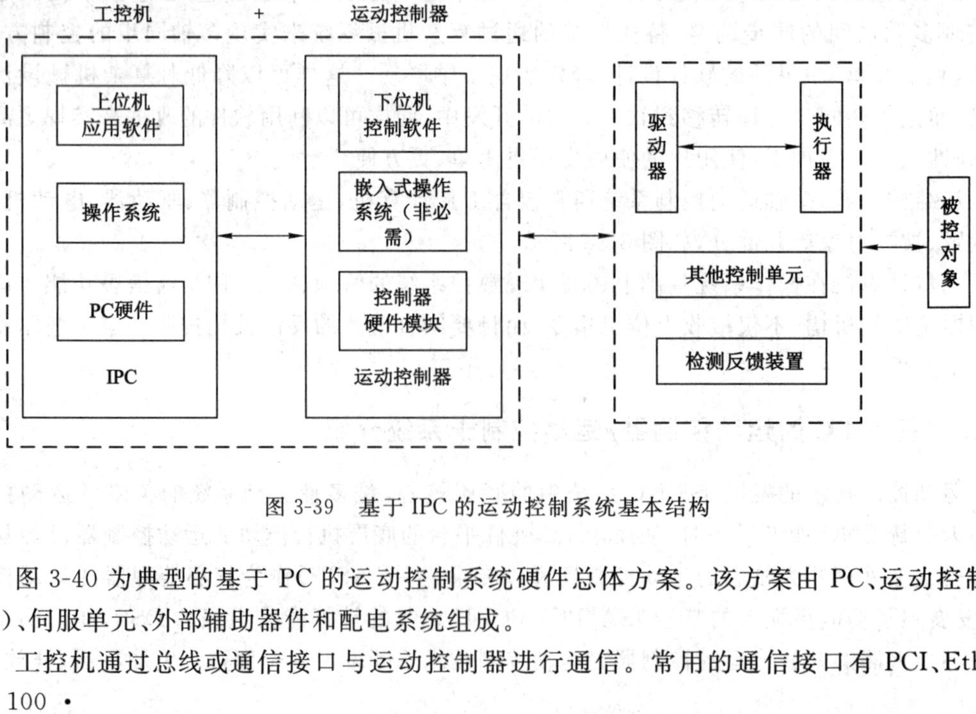

图 3-39　基于 IPC 的运动控制系统基本结构

图 3-40 为典型的基于 PC 的运动控制系统硬件总体方案。该方案由 PC、运动控制器（卡）、伺服单元、外部辅助器件和配电系统组成。

工控机通过总线或通信接口与运动控制器进行通信。常用的通信接口有 PCI、Ether-

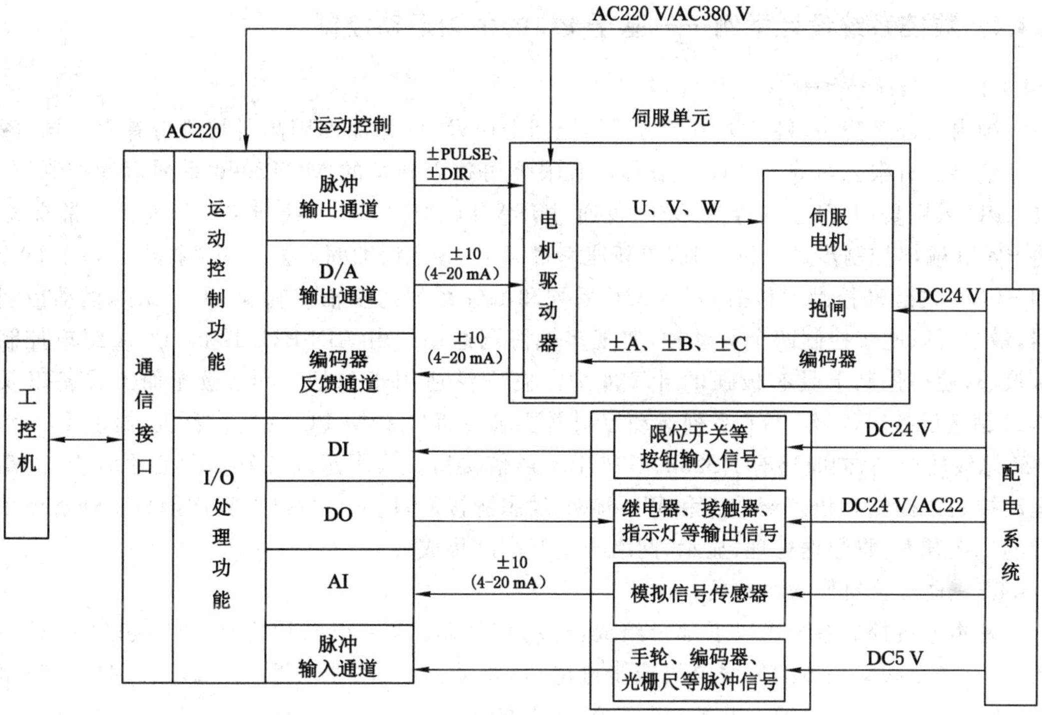

图 3-40　基于 PC 的运动控制系统硬件总体方案

CAT、PCI-E/ISA 接口、工业以太网、USB 接口等。

通常，运动控制器包括了运动控制部分、通信部分和 IO 处理部分等。运动控制功能包括了编码器反馈通道、D/A 输出通道和脉冲输出通道和驱动控制器、伺服电动机构成控制回路。运动控制功能主要执行上层控制经过通信部分解析的运动指令；通信功能则是通过多种不同形式的通信接口实现数据的通信；数据 IO 及采集则包括了控制卡 IO 的数字信号的输入与输出通道，或者模拟信号的 AD 转换通道，各种脉冲的 IO 辅助电路，例如各种开关电路，编码器、光栅尺，继电器等。

运动控制器在运动控制系统中处于核心地位，它的性能好坏对整个控制系统具有决定性作用。目前常用的运动控制器有美国 Delta Tau 公司的 PMAC，Parker hannifin 公司的 ACR9000，Galil 公司的 DMC 运动控制器及深圳固高公司的运动控制器等。除上述产品外，当前主流运动控制器还包括 Beckhoff 的 TwinCAT 系统、Yaskawa 的 MP3300 系列，以及国产雷赛智能、埃斯顿等品牌的控制器。技术上，基于 EtherCAT、OPC UA 的开放式架构和国产芯片方案已成为行业趋势。

3.4.3.2　运动控制系统软件的结构特点

运动控制系统软件的结构特点主要包括系统的多任务性和并行处理。它作为一个独立的数字控制器应用于工业自动化生产中，其多任务性表现在其管理软件必须完成管理和控制两大任务。其中系统管理包括输入 I/O 处理、通信、显示、诊断以及运动程序的编制管理等。系统的控制部分包括译码、预处理、速度处理、插补和位置控制等。

3.4.4 数控系统设计举例——基于 PC 的多轴运动控制

3.4.4.1 多轴运动控制器

国内有许多公司、科研机构参与运动控制卡研发，例如深圳固高科技股份有限公司、深圳摩信科技有限公司等。深圳摩信科技有限公司独立开发的 MCT8000 系列运动控制器，其 CPU 采用美国 TI 公司浮点 DSP，可通过 ISA、PCI 或 USB 总线与主控机连接。带有 32 路 PWM 输出控制步进电机，伺服更新速率最高 10 μs。深圳固高公司相继推出了基于 DSP 和 FPGA 的运动控制卡包括 GT& GE 系列和 HG 系列的多轴控制卡。GT 系列运动控制器，最多可以同步控制四个运动轴，实现多轴协调运动。由 ADSP2181 和 FPGA 组成控制卡核心，使得控制卡具有极强的计算能力。它广泛适用于包括 CNC、激光加工设备以及 PCB 钻铣设备等领域。GT 系列运动控制器要求主机以 IBM-PC 及其兼容机，提供 ISA 和 PCI 总线的产品，同时还有 RS232 和 PC104 通信接口。为了运动控制卡的使用方便，固高运动控制器提供 C 语言函数库和 Windows 动态链接库，用户可以结合控制函数实现管理系统的二次开发，将数据处理、显示、网络开发等高度集成。

3.4.4.2 电机控制的基本组成

基本电机控制系统由以下部分组成：运动控制器；具有 ISA/PCI/PC104 接口的 PC 主机；具有增量式编码器的伺服电机或步进电机；驱动器；驱动器电源；＋12V/＋24V 直流电源(用于接口板电源)；原点开关；正/负限位开关。

制伺服电机既可以选择交流伺服电机也可以选择直流伺服电机。控制伺服电机时，控制器输出±10V 模拟电压控制信号。选择伺服电机时，应选配其相应的伺服驱动器及配件。对于控制步进电机，运动控制器提供两种不同的控制信号：正脉冲/负脉冲、脉冲＋方向。这样，控制器可以与目前任何类型步进电机驱动器配套使用。在控制步进电机时，控制模式为开环控制，不需要编码器。

3.4.4.3 GT-400- SV 运动控制卡的功能

固高公司生产的 GT-400-SV-PCI 可以同步控制 4 轴联动，其核心由 ADSP2181 数字信号处理器和 FPGA 组成，控制卡同时提供了 C 语言函数库和 Windows 下的动态链接库，实现复杂的控制功能。它采用 PCI 总线和工控机通信，4 轴最小插补周期为 200 μs，单轴点位运动最小控制周期为 25 μs，4 路 16 位分辨率模拟电压输出信号或脉冲输出信号，模拟量输出范围－10～＋10V，每路可独立控制，四轴协调运动，2-4 轴直线插补，任意 2 轴圆弧插补，具有连续插补功能，支持单轴点位运动、直线插补、圆弧插补、速度控制模式。

(1) 基于 GT-400-SV 开放式数控系统的硬件设计

采用 GT-400-SV 所开发的开放式数控系统的硬件结构如图 3-41 所示。

GT-400-SV 数控系统采用的是“PC＋NC”结构。PC 为上位机，由最终用户通过人机交互界面进行操作控制 DSP 和 FPGA 为核心基础的 PCI 运动控制器组成下位机。该卡可以通过人机交互或者互联网将上位机用户的操作传递给控制器，然后 GT-400-SV 按照给定的运动模式，完成同步控制 4 个轴加工操作。工控机可以利用 C 语言函数库和 Windows 下的动态链接库，实现复杂的控制功能。

随着工业技术的不断发展，开放式数控系统以开发周期短、易于技术实现、成本低廉的特点应用越来越广泛。开放型数控加工系统可以接入 PLC 和不同种类的检测装置，同时底

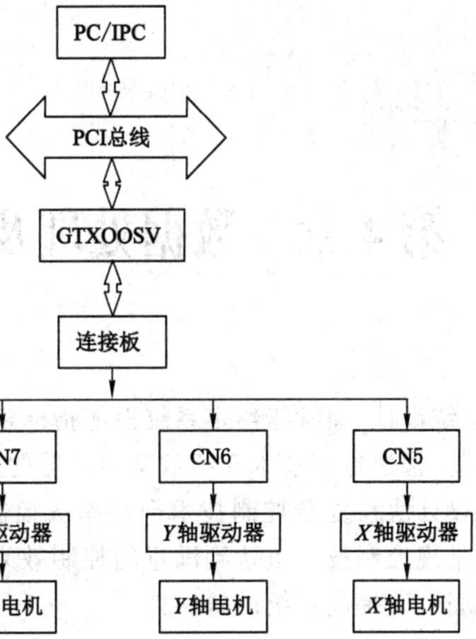

图 3-41　基于 GT-400-SV 的数控系统硬件结构

层运动卡功能不断发展，用户只需要专注于加工过程优化算法就可以实现高性能数控加工，数控系统也会变得越来越容易操作。

习　　题

1. 简述数字程序控制的定义以及几种常见的控制方式。

2. 逐点比较插补法是什么？试说明直线插补和圆弧插补过程的计算步骤。

3. 试用高级或汇编语言编写下列各插补计算程序：

(1) 第一象限直线插补程序。

(2) 第一象限逆圆弧插补程序。

4. 现有一直线 OA 位于第一象限，起点 $O(0,0)$，终点 $A(10,6)$，对该直线进行加工。要求：

(1) 按逐点比较法插补并进行列表计算。

(2) 作出走步轨迹图，并标明进给方向和步数。

5. 现加工第一象限逆圆弧 AB，起点 $A(5,0)$ ，终点 $B(0,5)$。要求：

(1) 按逐点比较法插补进行列表计算。

(2) 作出走步轨迹图，并标明进给方向和步数。

6. 简述三相步进电机的工作特点，并结合驱动电压波形介绍步进电机几种典型的工作方式。

第4章　数据处理及控制技术

计算机控制系统设计，通常指给定系统性能指标条件下，设计出符合计算机特点的数字控制算法的控制器。常规控制技术介绍数字控制器的连续化设计技术(间接设计法)和离散化设计技术(直接设计法)；复杂控制技术介绍串级控制、前馈-反馈控制、解耦控制等技术。一般情况下，采用常规控制技术可达到满意的控制效果，但复杂或者特殊控制要求的系统，需要采用复杂控制技术，提高系统的鲁棒性。

4.1　采样数据预处理

计算机控制系统中，常需对生产过程的各种信号进行测量，并形成必要的闭环控制系统。一般先用传感器把生产过程的某种模拟信号转换成规定模拟电信号，然后再用A/D变换把模拟信号变成数字信号，读入控制器形成控制关系。这些数据，由于各种因素形成了对采样数据的干扰，因此要进行预处理和校正，从而形成较准确的采样数据。这种利用软件算法来弥补测量误差的方法灵活有效，不增加系统硬件成本。

4.1.1　自动误差校准

系统误差是在保持测量条件相同情况下，误差的数值保持恒定或某种规律变化，这种误差称为系统误差。在一定的测量条件下，这种误差产生的原因一般是零点偏移和漂移、放大电路的增益误差或者器件参数不稳定等，而且这种误差变化规律是明确的。这类误差是可以通过适当的技术方法校正的，如补偿系统误差，即减小检测数据的误差分量等。数控系统的测量输入通道应该减少此类误差对测量数据的影响，但现场测量系统很难避免上述因素的影响，考虑到系统硬件投资，偏移校准在实际中应用最多。这种方法称为数字调零，可利用程序实现，实现方便而且方法更新容易。数字调零电路如图4-1所示。

测量时，把多路输入接到一组电压型输入端口上测量，测出输入值为m_1，此时采样获得数据为存在系统误差的原始数据。由于放大电路及A/D转换器本身会发生偏移和漂移，需要消除此类因素对测量数据的影响。测量之前，多路开关输入接地，测出零输入时A/D转换器的输出为m_0，称m_0零点漂移值。测量时，用测量值m_1减去m_0即为实际输入电压$m=m_1-m_0$。上述方法去除了输入电路中各种漂移的影响，降低了这些电路器件的偏移值，提高了测量数据的准确性。

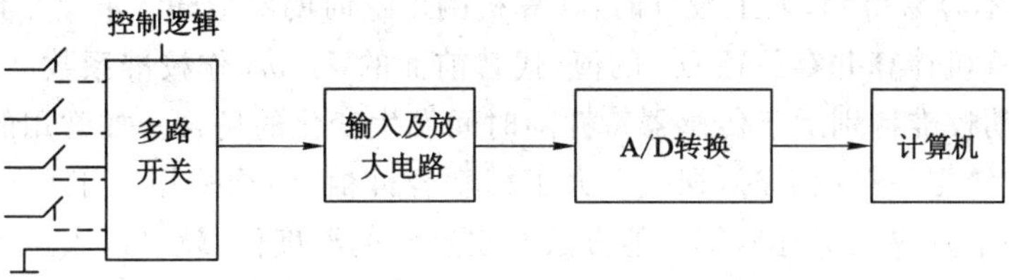

图 4-1　调零电路

4.1.1.1　自动校准

自动校准由系统自动完成，适用于由于放大电路、A/D 转化器、随时间和温度而发生的各种漂移，但自动校准不能校正由传感器引入的误差，其电路结构如图 4-2 所示。该电路的输入部分加有一个多路开关，系统在刚上电或每隔一定时间时，自动进行一次校准。自动校准过程如下：先将开关接地，测出此时的输入值m_0，然后输入基准电压V_R，测出输入值m_1，并存放m_1、m_0。在正式测量时，如测出的输入值为 m，则这时图 4-3 中几何关系可以得出下式：

$$\begin{cases} S_{\Delta ABD} \cong S_{\Delta AEC} \\ \dfrac{V}{m-m_0}=\dfrac{V_R}{m_1-m_0} \end{cases}$$

$$V=\frac{m-m_0}{m_1-m_0}\cdot V_R \tag{4-1}$$

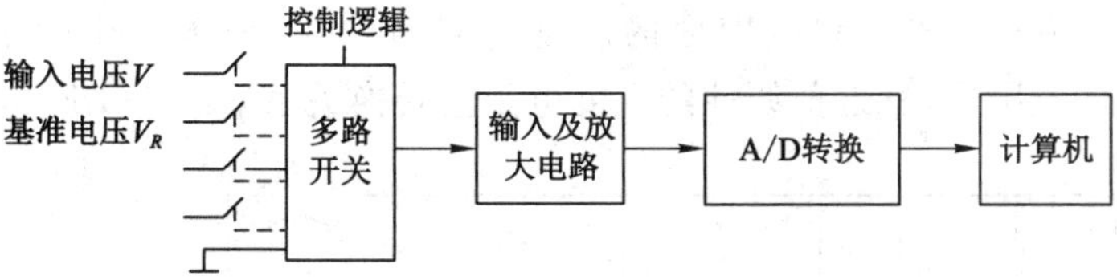

图 4-2　自动校准系统

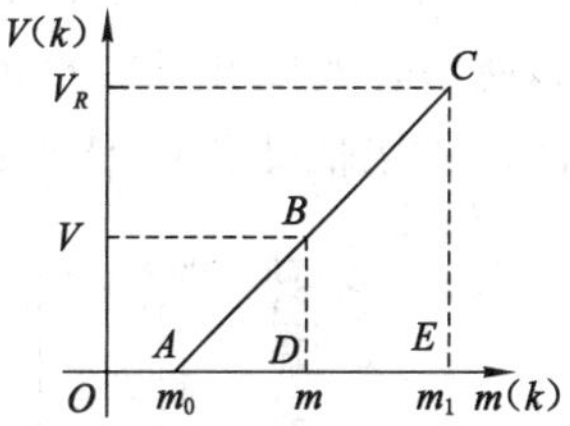

图 4-3　校准原理

考虑到温度漂移是长工作模式下产生的，此时可以采用定时检测接地电压值，从而降低温度漂移影响。采用这种方法下的测量值与采样电路放大器的漂移和增益变化无关，与V_R的精度也无关。这样可提高测量精度，降低对硬件的要求。

4.1.1.2　人工自动校准

为了校正由于传感器引入的偏差，引入人工自动校准，这种方法和全自动校准原理相似，是人为控制校准的一种校准方法。必要的情况下，用人工接入标准的参数进行校准测量，存储测得的数据。一般人工自动校准只测一个标准输入信号V_R，用数字调零实现零输入补偿。设数字调零后(消除偏移值)测出的数据分别为m_R(接校准输入V_R时)和 m(接被测输入 V 时)，则可按下式计算 y：

$$V=\frac{V_R}{x_R}m \tag{4-2}$$

如果在校准时，计算并存放V_R/m_R的值，则测量校准按照式(4-2)计算即可。有时校准输入信号V_R不容易得到，人工校准时，计算机测出这时的对应输入m_i，人工利用高精度仪器测出V_i。计算机计算并存放V_i/m_i的值，代替前面的V_R/m_R作校准系数。

人工自动校准特别适于传感器特性随时间发生变化的场合。如常用的湿敏电容等湿度传感器，一般使用一年以上时，误差会大于精度容许值，则须采用人工自动校准。每隔一段时间（例如一个月或三个月），用其他方法测出这时的湿度值，就可以人工校正得到测量值。

4.1.2　常见测量过程及线性化

4.1.2.1　铂热电阻的阻值与温度的关系

P_t100 是一种正温度系数的热敏电阻，主要特性是测温精度高、稳定性好。P_t100 热电阻因制造工艺不同，其测温范围亦有不同，陶瓷铂热电阻，可以测量的温度范围最广，$-200\sim800$ ℃，现在已经可以到$-250\sim850$ ℃。

IEC 60751 中规定了铂热电阻的精度等级、允许误差。

在$-200\sim0$ ℃范围内，有

$$R_t=R_0[1+AT+BT^2+C(T-100)T^3] \tag{4-3}$$

在 $0\sim850$ ℃范围内，有

$$R_t=R_0[1+AT+BT^2] \tag{4-4}$$

其中，$A=3.9083\times10^{-3}$ ℃$^{-1}$，$B=-5.775\times10^{-7}$ ℃$^{-2}$，$C=-4.183\times10^{-12}$ ℃$^{-4}$，$R_0=100$ Ω（0 ℃时的电阻值）。

若已知铂热电阻的阻值R_t，计算机可以按照式(4-3)或式(4-4)计算温度 T。按0 ℃时的电阻值R_t(℃)的大小分为 10 Ω（分度号为 P_t10）和 100 Ω（分度号为 P_t100）。为了简化计算，使用公式输出 P_t100 在$-200\sim+850$ ℃范围内的温度电阻值曲线，如图 4-4 所示。P_t100 的阻值变化在 $18\sim400$ Ω 范围内，有近似线性的温度电阻值转换关系如图 4-4 所示。

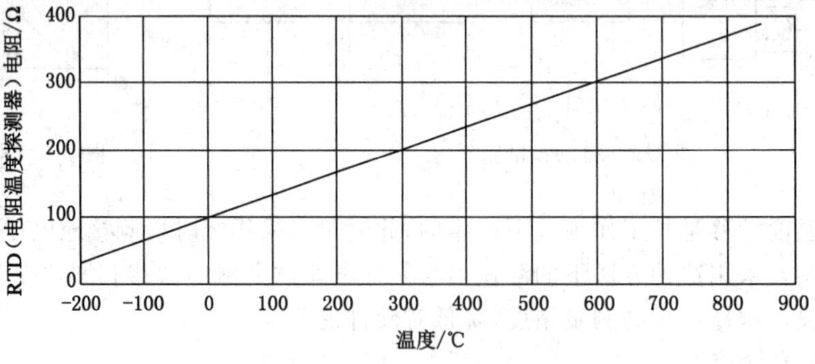

图 4-4　热电阻温度电阻转换关系

如果用-200 ℃和$+850$ ℃两个端点直接做两点线性校准，尝试简化计算。温度范围内的温度电阻值曲线如图 4-5 所示。这时最大的非线性误差超过 16 Ω，误差比较大。

一般地，先离线计算出温度与铂热电阻阻值的对应关系表即分度表，然后分段进行线性化，即用多段折线代替曲线。线性化过程是：首先判断测量数据处于哪一折线段内，然后按相应段的线性化公式计算出线性值。也可以采用查表法求出温度值。

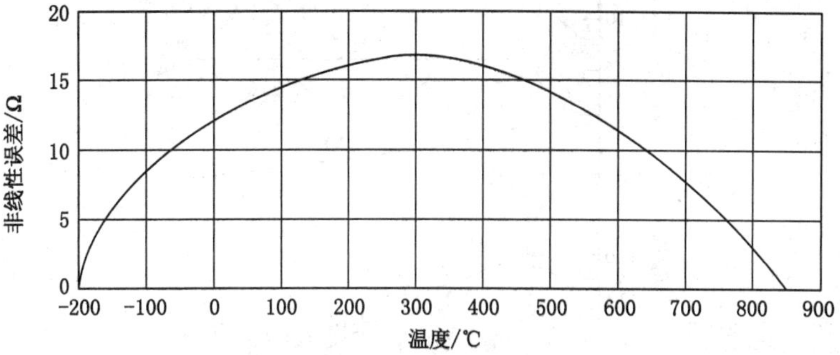

图 4-5　温度范围内的温度电阻非线性误差值曲线

4.1.2.2　MQ5 气体传感器与气体浓度的关系

烧结型、薄膜型和厚膜型 S_nO_2 气敏器件对气体的灵敏度特性如式(4-5)所示。气敏元件的阻值 R_C 与空气中被测气体的浓度 C 成对数关系：

$$\lg R_C = m\lg C + n \tag{4-5}$$

式中，n 与气体检测灵敏度有关，其除了随材料和气体种类不同而变化外，还会由于测量温度和添加剂的不同而发生大幅度变化；m 为气体的分离度，随气体浓度变化而变化，可燃性气体取值在 1/2～1/3。

MQ5 气体传感器所使用的气敏材料是在清洁空气中电导率较低的二氧化锡(SnO_2)。当传感器所处环境中存在可燃气体时，传感器的电导率随空气中可燃气体浓度的增加而增大。使用简单的电路即可将电导率的变化转换为与该气体浓度相对应的输出信号。

MQ5 传感器对丁烷、丙烷、甲烷的灵敏度高，对甲烷和丙烷可较好地兼顾。这种传感器可检测多种可燃气体，是一款适合多种应用的低成本传感器。

图 4-6 是传感器典型的灵敏度特性曲线。图中纵坐标为传感器的电阻比(R_s/R_o)，横坐标为气体浓度。R_s 表示传感器在不同浓度气体中的电阻值，R_s 表示传感器在 1 000 ppm 氢气中的电阻值。

按照上述灵敏度特性曲线特性可知，对小型工业控制机来说，其占用的计算量比较大。为了简单起见，可分段进行线性化，即用多段折线代替曲线。线性化过程是：首先判断测量数据处于哪一折线段内，然后按相应段的线性化公式计算出线性值。折线段的分法并不是唯一的，可以视具体情况和要求确定。

4.1.2.3　孔板差压与流量的关系

孔板测试气体或液体的流量，差压变送器输出的孔板压差信号 ΔP，与实际流量 F 有如下关系：

$$F = k\sqrt{\Delta P} \tag{4-6}$$

式中　k——流量系数。

平方根计算，可采用牛顿(Newton) 迭代法。牛顿迭代法(Newton's method)又称为牛顿-拉夫逊(拉弗森)方法(Newton-Raphson method)，它是牛顿在 17 世纪提出的一种在实数域和复数域上近似求解方程的方法。多数方程不存在求根公式，因此求精确根非常困难，甚至不可解，从而寻找方程的近似根就显得特别重要。这种方法使用函数的泰勒级数的前

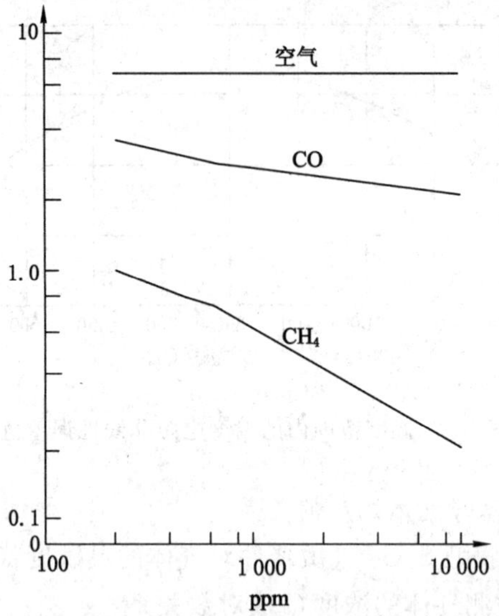

图 4-6　传感器典型的灵敏度特性曲线

几项来寻找方程的根，广泛用于计算机编程中。设：

$$y = \sqrt{x} \quad x > 0 \tag{4-7}$$

$$y(n) = y(n-1) + \frac{1}{2}\left[\frac{x}{y(n-1)} - y(n-1)\right] \tag{4-8}$$

4.1.2.4　气体体积流量的非线性补偿

一些情况下，来自被控对象的某些检测信号，可能出现真实值有偏差。例如，用孔板测量气体的体积流量，当被测气体的温度和压力与设计孔板的基准温度和基准压力不同时，用式(4-6) 计算出的流量 F 进行温度和压力补偿。一种简单的补偿公式为：

$$F_0 = F\sqrt{\frac{T_0 P_1}{T_1 P_0}} \tag{4-9}$$

式中　T_0——设计孔板的基准绝对温度，K；

P_0——设计孔板的基准绝对压力，Pa；

T_1——被测气体的实际绝对温度，K；

P_1——被测气体的实际绝对压力，Pa。

但是，有些工况下无法直接测量的参数，可以通过检测相关的参数，根据构建的数学模型，才能间接求出它的真实数值。例如，精馏塔的内回流流量是可检测的外回流流量、塔顶气相温度与回流液温度之差的函数，即

$$F_1 = F_2\left(1 + \frac{C_P}{\lambda}\Delta T\right) \tag{4-10}$$

式中　F_1——内回流流量；

F_2——外回流流量；

C_P——液体比热；

λ——液体汽化潜热；

ΔT——塔顶气相温度与回流液温度之差。

4.1.3　标度转换

计算机控制系统通常需要将采样数据的 A/D 转换值量纲转换代入模型中，计算输出控制变量或者显示原变量。这就要求采样变量应该符合模型中变量的对应量纲，而实际上测量变量与 A/D 转换输入值并不相同，所以要进行标度变换。例如，用电流传感器检测变量电流（单位 A）时，经过 A/D 变换输出转换电压（单位 V）；旋转变压器检测变量速度（单位 rad/s），用 A/D 转换成电压（单位 V）；电阻温度传感器测变量速度（单位℃），用 A/D 转换成电压（单位 V）。经过 A/D 转换的数字量，通常需要量纲转换才能够在运算模型、数据显示等过程使用。标度变换取决于被测参数的传感器的类型，应结合实际要求选用适当的标度变换方法。

4.1.3.1　线性转换法

在进行标度转换时，最常见且前提条件是参数值与 A/D 转换结果之间存在线性关系。利用这种线性关系可以对参数值进行适当的变换，以便在 A/D 转换过程中获得准确的结果。因此，线性关系是最常用的标度变换方法之一。

$$y=\frac{(Y_{\max}-Y_{\min})(x-H_{\min})}{(H_{\max}-H_{\min})}+Y_{\min} \tag{4-11}$$

式中　y——参数测量值；

$Y_{\max}$——参数量程最大值；

$Y_{\min}$——参数量程最小值；

$H_{\max}$——$Y_{\max}$对应的 A/D 转换后的输入值；

$H_{\min}$——量程起点 $Y_{\min}$对应的 A/D 转换后的输入值；

x——测量值 y 对应的 A/D 转换值。

变换式(4-11)如下形式，计算变换式前先确定$Y_{\max}$、$Y_{\min}$、$H_{\max}$、$H_{\min}$并保存，这样可以降低计算量，进行一次乘法和一次加法。

$$y=k_1X+k_0 \tag{4-12}$$

式中　k_1、k_0——一次多项式的两个系数，k_0取决于零点值，k_1为扩大因子。

4.1.3.2　公式转换法

有些传感器测出的数据与实际的参数是非线性关系，传感器测量数据可以通过数据分析获得函数关系，这时可直接按解析式计算，但是分段数量越多，计算量也会增加。

在差压变送器中，差压与流量的平方成正比，即实际流量 y 经过差压变送器并经 A/D 转换后的测量值与 x 呈平方根关系。这时可采用如下计算公式：

$$\frac{y-Y_{\min}}{Y_{\max}-Y_{\min}}=\frac{k\sqrt{x}-k\sqrt{N_{\min}}}{k\sqrt{N_{\max}}-k\sqrt{N_{\min}}}$$

$$y=(Y_{\max}-Y_{\min})\frac{\sqrt{x}-\sqrt{N_{\min}}}{\sqrt{N_{\max}}-\sqrt{N_{\min}}}+Y_{\min} \tag{4-13}$$

式中各参数的意义与式(4-12)相同。在实际编程序时，这个公式也可像前面一样，变换成如下容易计算的形式：

$$y = k_3 \frac{\sqrt{x} - k_1}{k_2} + k_0 \tag{4-14}$$

式中，k_3、k_2、k_1、k_0均由Y_{max}、Y_{min}、N_{max}、N_{min}按式(4-14)计算得出。同样在进行转换前，把相关系数计算出来并且保存在计算机中，以减少计算机运算量。

进入计算机的采样数据除了要考虑数据是否超出工艺范围或者计算机变量范围，还应该考虑是否超出了工艺的范围，处理方法除了及时报警外，还应该从工艺角度考虑处理方案。

4.1.4 量化误差分析

计算机控制系统除了考虑了信号在时间上的离散化，还需要考虑信号幅值上的量化。量化是用有限字长的一组数码(如二进制码)去整量化(或逼近)时间离散幅值连续的采样信号。图 4-7 画出了计算机控制系统的典型结构，图中输入模拟信号和控制对象的模拟信号都需要先采样、再 A/D 转换。计算机控制系统中数值的误差通常来自以下几个方面：

(1) 在 A/D 转换过程中，由于数字变量转换中只能有限度地接近原模拟量，因此产生了量化误差；

(2) 该量化变量受制于 CPU 内存长度，有可能受到内存字节长度的影响，产生参数的截尾或者舍入，产生误差；

(3) 计算机计算出了一定字长的控制量后，经过 D/A 转换后变成模拟量，在模拟装置中产生了量化误差。

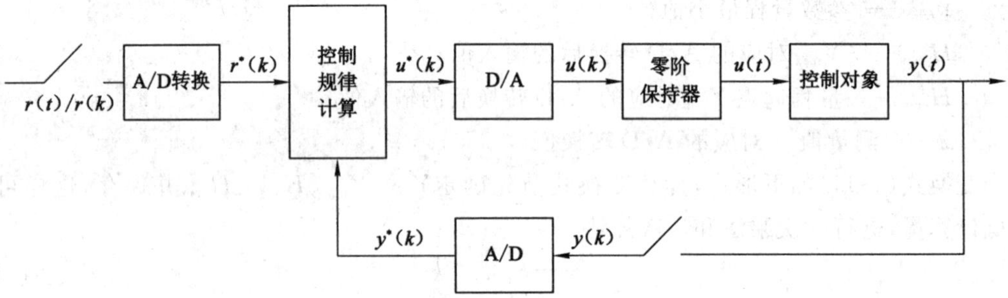

图 4-7 计算机控制系统的典型结构

字长为 n 的 A/D 转换器把$y_{min} - y_{max}$范围内变化的采样信号变换为数字 $0 \sim 2^{n-1}$，最低有效位 LSB 所对应的模拟量 q 称为量化单位。

计算机字长n_1，采用定点无符号整数，计算机内数的最小单位，即量化单位如下：

$$q = \frac{1}{2^{n_1} - 1} \approx 2^{-n_1} \tag{4-15}$$

量化单位被用作对采样信号幅值量化的标准尺度。如果字长为 n 的 A/D 转换器，满度输入的模拟值表示为 FSR，那么量化单位 q 为：

$$q = \frac{FSR}{2^n - 1} \approx \frac{FSR}{2^n} \tag{4-16}$$

例如，设满度输入电压为 10 V，那么用 12 位 A/D 转换器进行转换，有

$$q=\frac{10}{2^{12}-1}=2.442\ (\text{mV}) \tag{4-17}$$

4.1.4.1　量化误差

由于二进制数不能表示全部小数，而量化过程是一个小数归整的过程，因而存在量化误差，这些由于无法表示小数而造成的误差就是量化误差。

任何一个A/D变换过程都可以表示为整数加余数（无法量化的小数部分，$\zeta<q$）

$$x=Lq+\zeta \tag{4-18}$$

式中，L是整数，余数ζ可以用截尾或舍入处理。

所谓截尾就是舍掉数值中小于q的余数$\zeta(\zeta<q)$，其截尾误差ζ_t为：

$$\zeta_t=x_t-x \quad \zeta_t<q \tag{4-19}$$

式中　x——实际原变量；

x_t——截尾后的数值。显然$-q<\zeta_t<0$。

所谓舍入，采取了四舍五入的思想，指当被舍掉的余数ζ_t大于或等于量化单位的一半时，则最小有效值加1；而当余数ζ小于量化单位的一半时，则舍掉ζ。

这时舍入误差为：

$$\zeta_t=x_t-x \tag{4-20}$$

式(4-20)中，x为实际数值；x_t为舍入后的数值，$\frac{-q}{2}<\zeta_t<\frac{q}{2}$。

4.1.4.2　量化误差分析

产生量化误差的原因主要有以下几个方面。

(1) A/ D转换的量化效应

经过A/D转换，它将模拟信号变换为时间上离散、幅值上量化的数字信号。图4-8中，q称为量化单位，它的大小取决于A/D转换信号的最大幅度及转换的字长，设$y(k)$的最大信号为$\pm y_m$，转换字长为n_1。若转换后的二进制数用原码表示，则总共可表示$2^{n_1}-1$个数，若用补码表示，则总共可产生2^{n_1}个数。由于在计算机中的数一般采用补码表示，因此可以算得量化单位q的大小为：

$$q=\frac{2y_m}{2^{n_1}}=\frac{y_m}{2^{n_1-1}} \tag{4-21}$$

q的大小反映了A/D转换将幅值转换的最小单位的能力，也称为分辨能力，是幅值经过转换后的基本变化单位。$q/2y_m=2^{-n_1}$表示数字变量以最小变化量变化时，对应等量的模拟量，这就是A/D转换的分辨率，典型的A/D转换的位数为n(8、10、12位)，其分辨率分别为$\frac{1}{2^n}$。

图4-8所示的两种模式下输入输出关系，显示了典型的非线性特性，当n_1比较大，$n_1\geqslant 12$时，表示A/D转换的分辨率较高。在这种情况下，A/D转换的量化效应对系统性能影响较小，可以忽略不计。然而，当n_1较小时，量化效应对系统性能会产生显著的影响。

(2) 控制算法中的量化效应

控制器包括控制率中输出变量字节长度和控制率所用变量字节长度影响了变量的量化误差。比如，量化后字长输入信号经过控制器按照一定算法推算，一般$n_2\geqslant n_1$，其计算变量

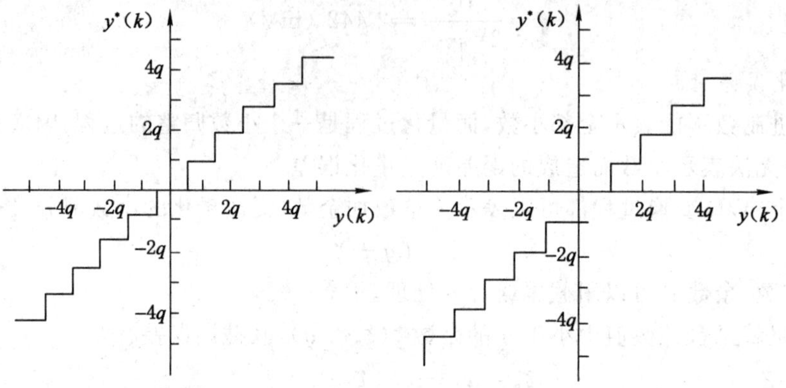

(a) 四舍五入　　(b) 截尾

图 4-8　A/D 转换器的输出关系

字长n_2不可能无限大，计算变量长度是有限长的，通常会带来量化误差。计算变量的类型如果选择浮点型，虽然字节长度较大，量化误差相对较小，但是占用资源多，计算速度慢，定点型就成了解决方案。

控制器中，控制器控制参数设置要合理，如果字节数长，相应的运算精度高，但是会带来运算溢出和占用资源、输出变量的量化效应等问题。同时，考虑到工程模型自身的不确定特点，控制参数不必过长也可以忽略其量化效应，但是对参数要求较高的灵敏系统则应该考虑参数的量化效应。

(3) D/A 转换的量化效应

由于计算所用的字长通常要比 D/A 转换的字长要长，所以，经过 D/A 转换后，也存在如图 4-8 所示的量化效应。在条件允许的情况下，为减少量化误差，可尽量加大字长。

4.1.5　模拟、数字变换字长的选择

4.1.5.1　A/D 转换字长选择

为限制量化误差，应使 A/D 转换器有足够的字长，字长应考虑输入信号 x 的动态范围和分辨率。

(1) 输入信号的变化范围

设输入信号的最大值和最小值之差对应的转换当量为 λ(mV/b)：

$$\lambda = \frac{x_{\max} - x_{\min}}{2^{n_1} - 1} \tag{4-22}$$

式中，n_1 为 A/D 转换器的字长；λ 为转换当量 。则动态范围为：

$$2^{n_1} - 1 = \frac{x_{\max} - x_{\min}}{\lambda} \tag{4-23}$$

因此，A/D 转换器字长：

$$n_1 \geqslant \text{lb}\left(1 + \frac{x_{\max} - x_{\min}}{\lambda}\right) \tag{4-24}$$

lb 表示 log based binary ，即以 2 为底的对数。

(2) 分辨率

A/D 转换器的字长以分辨率形式给出。分辨率定义为：

$$D_F = \frac{1}{2^{n_1} - 1} \tag{4-25}$$

例如，8 位的分辨率为：

$$D_F = \frac{1}{2^8 - 1} \approx 3.92 \times 10^{-3} \tag{4-26}$$

12 位的分辨率为：

$$D_F = \frac{1}{2^{12} - 1} \approx 2.442 \times 10^{-4} \tag{4-27}$$

如果所要求的分辨率为D_F，则字长：

$$n_1 \geqslant \mathrm{lb}(1 + \frac{1}{F}) \tag{4-28}$$

例如，某电压控制系统的温度范围为 0～200 V，要求分辨率为 0.005(即相当于 1 V)，可求出 A/D 转换器字长：

$$n_1 \geqslant \mathrm{lb}\left(1 + \frac{1}{D_0}\right) = \mathrm{lb}\left(1 + \frac{1}{0.005}\right) \approx 7.65 \tag{4-29}$$

因此，取 A/D 转换器字长n_1没有小数，而且取大于所求含有小数的整数，并不能是奇数，即为 8 位。

4.1.5.2　D/A 转换字长选择

D/A 转换器输出一般都通过功率放大器推动驱动器(或执行机构)，D/A 转换器的输出应保证执行机构动态范围要求。设驱动器的最大输入值为 x_{max}，最小输入值为 x_{min}，灵敏度为 λ，参照式(4-24)可得 D/A 转换器的字长：

$$n_1 \geqslant \mathrm{lb}(1 + \frac{x_{max} - x_{min}}{\lambda}) \tag{4-30}$$

结合采样过程原理，可选 D/A 字长小于或等于 A/D 字长。

4.2　控制系统的性能指标

控制系统的设计问题由三个基本要素组成，即模型、指标和容许控制。性能指标能够评价控制系统的响应过程，也会随着设计方法的不同而选择不同指标，最常见的有时域指标、频域指标、零极点分布及二次型积分指标等。计算机控制系统结构如图 4-9 所示。

4.2.1　稳态性能指标

一个稳定系统在输入量或扰动的作用下，用输出量的要求值和实际值之间的误差来衡量稳态下的控制精度。如果这个误差是常数，则称为稳态误差，稳态误差也是衡量控制精度的重要标志。控制这个稳态误差在允许范围之内使其形成稳定系统。不稳定状态下，稳态误差概念则无法讨论。

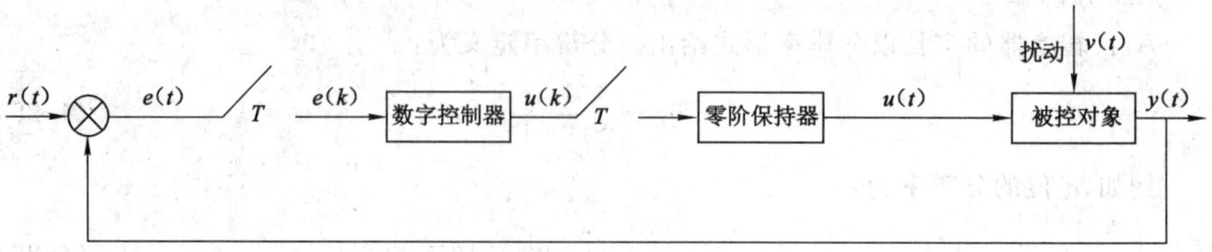

图 4-9 计算机控制系统的结构图

4.2.2 动态性能指标

当系统受到外部扰动的影响或是参考输入发生变化的时候，被控量就会随之发生变化，经过一段时间后，被控量恢复到原来的平衡状态或到达一个新的给定状态，称这一过程为过渡过程或者动态过程。连续系统常用如下指标：超调量指响应曲线第一次越过静态值达到峰值点时，越过部分的幅度与静态值之比，记为 $\sigma\%$；调节时间指响应曲线最后进入偏离静态值的误差某个范围并且不再越出这个范围的时间，记为 T_s；峰值时间指响应曲线第一次达到峰值点的时间，记为 T_p；振荡次数指响应曲线在 T_s 之前在静态值上下振荡的次数；延迟时间指响应曲线首次达到静态值的一半所需的时间，记为 T_d。闭环频域指标有谐振频率 M、谐振峰值 M_p 等。动态性能指标有时也用闭环系统零极点的分布，尤其是用主导极点来表示。

4.2.3 抗干扰性能

为了讨论控制系统的抗干扰性能，在图 4-9 中令输入 $r=0$。可以求得误差的 z 变换为：

$$E(z)=\frac{V(z)G(z)}{1+D(z)G(z)} \tag{4-31}$$

低频段内有 $D(z)G(z)\gg 1$，那么式(4-31)可化简为：

$$E(z)\approx\frac{V(z)}{D(z)} \tag{4-32}$$

如果某一频率范围内，$D(z)$有较高的增益，对这个频率范围的干扰有较好的抑制作用。如果 $D(z)$中包含有积分环节，即 $D(z)$中有 $z=1$ 的极点，对于恒定干扰(即 $\omega=0, z=1$)，有 $D(1)\to\infty$，由式(4-32)，$E(l)=0$，说明系统能抑制恒定的干扰，具有较好的抑制低频干扰作用。

如果在高频段，有 $D(z)G(z)\ll 1$，那么式(4-31)可以简化为：

$$E(z)\approx V(z)G(z) \tag{4-33}$$

此时若 $G(z)$也较小，则在该频段内干扰对系统的影响也较小。

控制系统中通常需要考虑提高系统效率和输入系统能量有限等因素，所需的控制作用越小越好。实际的系统中，控制作用总是受到多种因素限制。因此设计系统时应考虑到控制输入的限制，对控制作用的限制通常具有以下 3 种情况：

(1) 控制量的幅度受限，即 $|u|\leqslant U_m$ 这是最经常碰到的情况，如运算放大器的饱和、阀

门的全开或全关，PWM 占空比最大最小值等。

(2) 控制能量受限，即$\int_0^\infty u^2 \mathrm{d}t \leqslant J_1$。例如，当用电机驱动负载时，控制量大小将直接影响电机发热的程度，发动机供油量控制输出功率，因此需对控制能量加以限制。

(3) 消耗能量受限，即$\int_0^\infty |u| \mathrm{d}t \leqslant J_2$。在飞行器的控制、纯电动汽车的控制领域常有这样的限制。

在常规的设计方法中，开始时暂不考虑该控制限制，在设计完成后，再使用限制条件校核设计的控制器，若不能满足要求，则修改控制器参数。现代控制理论中，尤其是最优控制等其他设计，在设计初期便将控制作用的限制条件作为性能指标的一部分。

4.3　数字控制器的连续化设计技术

数字控制器的连续化设计是一种 s 域设计思路的数字化过程。首先，忽略控制回路中所有的零阶保持器和采样器，并在 s 域中按连续系统进行初步设计，求出连续控制器。然后将连续控制器离散化为数字控制器，便于计算机实现。

4.3.1　数字控制器的连续化设计步骤

在图 4-10 所示的计算机控制系统中，$G(s)$是被控对象的传递函数，$H(s)$是零阶保持器，$D(z)$是数字控制器。现在的设计问题是：根据已知的系统性能指标和 $G(s)$设计出数字控制器 $D(z)$。

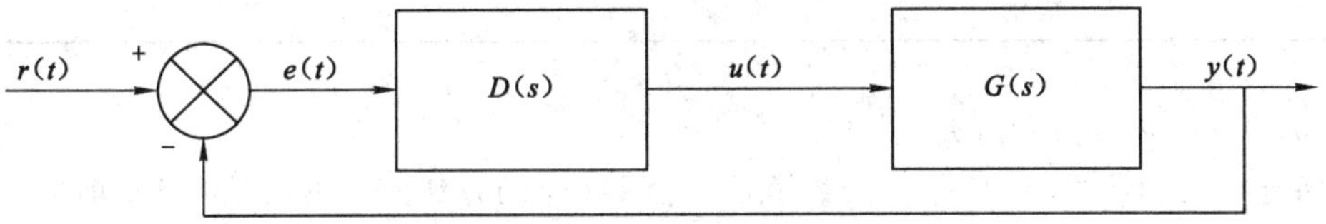

图 4-10　假想的连续控制系统结构图

4.3.1.1　设计假想的连续控制器 $D(s)$

先对图 4-10 所示的假想的连续控制系统进行设计，如利用连续系统的频率特性法、根轨迹法等设计出假想的连续控制器 $D(s)$，这里不再讨论。

4.3.1.2　采样周期 T

香农采样定理给出了采样信号恢复连续信号的最低采样频率：

$$\omega_s \geqslant 2\omega_{\max} \tag{4-34}$$

在计算机控制系统中，完成信号恢复功能一般由零阶保持器 $H(s)$来实现。零阶保持器的传递函数为：

$$H(s) = \frac{1 - \mathrm{e}^{-sT}}{s} \tag{4-35}$$

$$H(\mathrm{j}\omega)=\frac{1-\mathrm{e}^{-\mathrm{j}\omega T}}{\mathrm{j}\omega}=T\frac{\sin\frac{\omega T}{2}}{\frac{\omega T}{2}}\angle-\frac{\omega T}{2} \tag{4-36}$$

可以看出,零阶保持器对控制信号产生相位滞后。对于小的采样周期,可把零阶保持器$H(s)$近似为:

$$H(s)=\frac{1-\mathrm{e}^{-sT}}{s}\approx\frac{1-1+sT-\frac{(sT)^2}{2}+\cdots}{s}=T\left(1-s\frac{T}{2}+\cdots\right)\approx T\mathrm{e}^{-s\frac{T}{2}} \tag{4-37}$$

零阶保持器$H(s)$可用半个采样周期的时间滞后环节来近似。假定相位裕量可减少5°～15°,则采样周期应选为:

$$T\approx(0.15\sim0.5)\frac{1}{\omega_C} \tag{4-38}$$

其中,ω_c是连续控制系统的剪切频率,剪切频率就是幅频曲线与横轴的交点,即与0 dB线的交点,而该点表示的是$20\lg|A(\omega)|=0$,也就是$A(\omega)=1$。按照式(4-38)的经验法选择的采样周期相当短。要采用连续化设计方法,用数字控制器去近似连续控制器,控制系统需要有相当短的采样周期。采样周期的经验数据见表4-1所示。

表4-1　采样周期的经验数据表

被控量	采样周期/s
流量	1～5
压力	3～10
液位	6～8
成分	15～20

4.3.1.3　$D(s)$离散为$D(z)$方法

将连续控制器$D(s)$离散化为数字控制器$D(z)$的方法有双线性变换法、前向差分法、后向差分法、冲击响应不变法、零极点匹配法、零阶保持法等。

(1) 双线性变换法

① 推导1:由z变换的定义可知,$z=\mathrm{e}^{sT}$,利用级数展开可得:

$$z=\mathrm{e}^{sT}=\frac{\mathrm{e}^{\frac{sT}{2}}}{\mathrm{e}^{\frac{-sT}{2}}}=\frac{1+\frac{sT}{2}+\cdots}{1-\frac{sT}{2}+\cdots}\approx\frac{1+\frac{sT}{2}}{1-\frac{sT}{2}} \tag{4-39}$$

式(4-39)称为双线性变换或塔斯廷(Tustin)近似。

为了由$D(s)$求解$D(z)$,由式(4-39)可得

$$s=\frac{2}{T}\frac{z-1}{z+1} \tag{4-40}$$

且有

$$D(z)=D(s)\Big|_{s=\frac{2}{T}\frac{z-1}{z+1}} \tag{4-41}$$

式(4-41)就是利用双线性变换法由$D(s)$求取$D(z)$的计算公式。

② 推导 2:另一种推导方法是从数值积分的梯形法得到。设积分控制规律为：

$$u(t)=\int_0^t e(t)\,dt \tag{4-42}$$

两边求拉氏变换后可推倒得出控制器为：

$$D(s)=\frac{U(s)}{E(s)}=\frac{1}{s} \tag{4-43}$$

当用梯形法求积分运算可得算式如下：

$$u(k)=u(k-1)+\frac{T}{2}[e(k)-e(k-1)] \tag{4-44}$$

上式两边求 z 变换后可推导得出数字控制器为：

$$D(z)=\frac{U(z)}{E(z)}=\frac{1}{\frac{2}{T}\frac{z-1}{z+1}}=D(s)\Big|_{s=\frac{2}{T}\frac{z-1}{z+1}} \tag{4-45}$$

双线性变换法置换公式 $s=\frac{2}{T}\frac{z-1}{z+1}$,带入 $s=\sigma+j\omega$ 有：

$$z=\frac{1+\frac{T}{2}s}{1-\frac{T}{2}s}=\frac{1+\frac{T}{2}\sigma+j\frac{\omega T}{2}}{1-\frac{T}{2}\sigma-j\frac{\omega T}{2}} \tag{4-46}$$

取模的平方：

$$|z|^2=\frac{\left(1+\frac{T}{2}\sigma\right)^2+\left(\frac{\omega T}{2}\right)^2}{\left(1-\frac{T}{2}\sigma\right)^2+\left(\frac{\omega T}{2}\right)^2} \tag{4-47}$$

$\sigma=0$(s 平面虚轴),$|z|=1$(Z 平面单位圆上);

$\sigma<0$(s 左半平面), $|z|<1$(Z 平面单位圆内);

$\sigma>0$(s 右半平面), $|z|>1$(Z 平面单位圆外)。

图 4-11 为双线性变换的映射关系,变换前后稳态增益不变。双线性变换后 $D(z)$阶次不变,且分子、分母具有相同的阶次。并且有下式：

$$D(e^{j\omega T})\Big|_{\omega=\frac{\omega_s}{2}}=0 \tag{4-48}$$

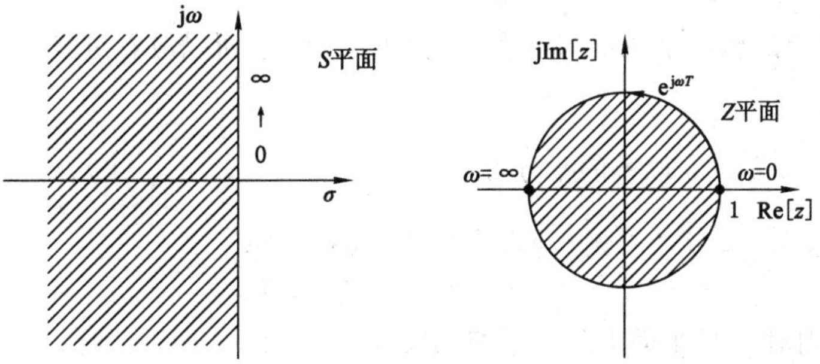

图 4-11　双线性变换的映射关系

应用这种方法方便，且有一定精度和前述一些好的特性，工程上应用较普遍。这种方法主要缺点是高频特性失真严重，主要用于低通环节离散化，不宜用于高通环节的离散化。

(2) 前向差分法

① 推导 1：利用级数展开可将 $z=e^{sT}$ 写成以下形式：

$$z=e^{sT}=1+sT+\cdots\approx 1+sT \tag{4-49}$$

式(4-49)称为前向差分法或欧拉法的计算公式。

为了由 $D(s)$ 求解 $D(z)$，由上式可得：

$$s=\frac{z-1}{T} \tag{4-50}$$

且

$$D(z)=D(s)\big|_{s=\frac{z-1}{T}} \tag{4-51}$$

式(4-51)便是前向差分法由 $D(s)$ 求取 $D(z)$ 的计算公式。

② 推导 2：前向差分法也可由数值微分中得到。设微分控制规律为：

$$u(t)=\frac{de(t)}{dt} \tag{4-52}$$

两边求拉氏变换后可推导出控制器为：

$$D(s)=\frac{U(s)}{E(s)}=s \tag{4-53}$$

对式(4-52)采用前向差分近似可得：

$$u(k)\approx\frac{e(k+1)-e(k)}{T}s \tag{4-54}$$

取 $n=k+1$：

$$u(n-1)\approx\frac{e(n)-e(n-1)}{T} \tag{4-55}$$

取 z 变换可得：

$$z^{-1}U(z)=\frac{E(z)-z^{-1}E(z)}{T} \tag{4-56}$$

上式两边求 z 变换后可推导出数字控制器为：

$$D(z)=\frac{U(z)}{E(z)}=\frac{z-1}{T}=D(s)\big|_{s=\frac{z-1}{T}} \tag{4-57}$$

因为 S 平面上的虚轴是稳定与不稳定区域的分界线，所以应着重研究虚轴在 Z 平面内的映像。

$s=\dfrac{z-1}{T}$，令 $s=\sigma+j\omega$ 取模的平方可得：

$$z=1+Ts=1+\sigma T+j\omega T \tag{4-58}$$

$$|z|^2=(1+\sigma T)^2+(\omega T)^2 \tag{4-59}$$

令 $|z|=1$，则对应 S 平面上是一个圆，有：

$$1=(1+\sigma T)^2+(\omega T)^2 \tag{4-60}$$

$$\frac{1}{T^2}=\left(\frac{1}{T}+\sigma\right)^2+\omega^2 \tag{4-61}$$

可见，前向差分变换法中 S 平面和 Z 平面之间有平移放大关系，如图 4-12 所示。

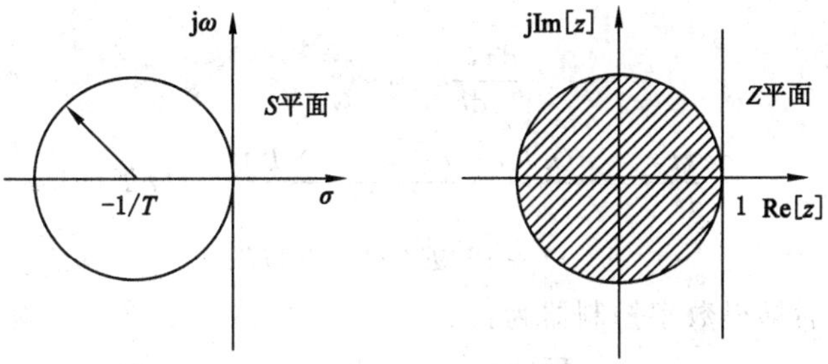

图 4-12　前向差分变换的平移放大关系

当 $D(s)$ 的极点位于左半平面以 $\left(-\frac{1}{T},0\right)$ 为圆心、$\frac{1}{T}$ 为半径，$D(z)$ 在单位圆内才稳定。稳定的系统经前向差分法转换后可能不稳定。

③ 前向差分法的特点：

a. 直接代换，具有串联性，变换方便；

b. $D(s)$ 稳定，但 $D(z)$ 不一定稳定；

c. 前向差分法映射畸变严重，不能保证 $D(z)$ 一定稳定，或者要求采样周期较小，这种应用较少。

(3) 后向差分法

① 推导 1：利用级数展开还可将 $z=e^{sT}$ 写成以下形式：

$$z=e^{sT}=\frac{1}{e^{-sT}}\approx\frac{1}{1-sT} \tag{4-62}$$

由上式可得：

$$s=\frac{z-1}{Tz} \tag{4-63}$$

且有：

$$D(z)=D(s)\Big|_{s=\frac{z-1}{Tz}} \tag{4-64}$$

式(4-64)便是利用后向差分法求取 $D(s)$ 的计算公式，图 4-13 为后向差分矩形积分法的示意图。

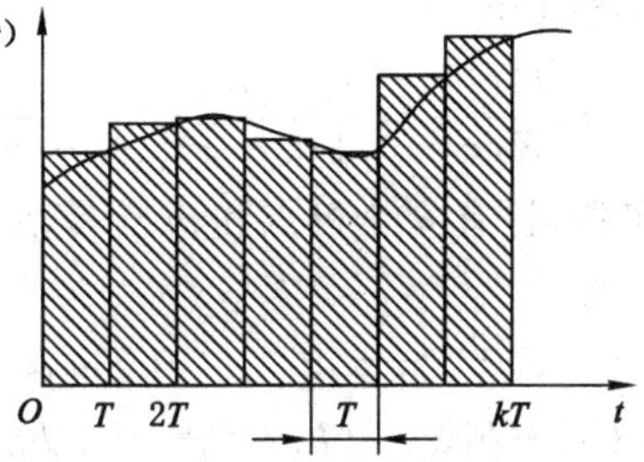

图 4-13　后向差分矩形积分法

② 推导 2：同样可由数值微分计算得到后向差分法。对式(4-65)采用后向差分近似可得：

$$\frac{\mathrm{d}e(t)}{\mathrm{d}t}=u(t)$$

$$\frac{\mathrm{d}e(t)}{\mathrm{d}t}=\frac{e(kT)-e[(k-1)T]}{T}=u(kT) \tag{4-65}$$

$$E(z)-z^{-1}E(z)=TU(z)$$

上式两边求 z 变换后推得数字控制器为：

$$D(z)=\frac{U(z)}{E(z)}=\frac{z-1}{Tz}=D(s)\Big|_{s=\frac{z-1}{Tz}} \tag{4-66}$$

把 $s=\sigma+\mathrm{j}\omega$ 代入，$z=\frac{1}{1-sT}=\frac{1}{2}+\frac{1}{2}\frac{(1+Ts)}{(1-Ts)}$，取模的平方可得：

$$\left|z-\frac{1}{2}\right|^2=\frac{1}{4}\frac{(1+\sigma T)^2+(\omega T)^2}{(1-\sigma T)^2+(\omega T)^2} \tag{4-67}$$

取 $\sigma=0$(S 平面虚轴)S 平面虚轴映射到 Z 平面为该小圆的圆周。

$\sigma<0$(s 左半平面)，S 平面虚轴映射到 Z 平面为该小圆的内部。

$\sigma>0$(s 右半平面)，S 平面虚轴映射到 Z 平面为该小圆的外部。

可见，如果 $D(s)$稳定，则 $D(z)$稳定。变换前后，稳态增益不变$D(s)\big|_{s=0}=D(z)\big|_{z=1}$。

离散后控制器的时间响应与频率响应与连续控制器相比有相当大的畸变。

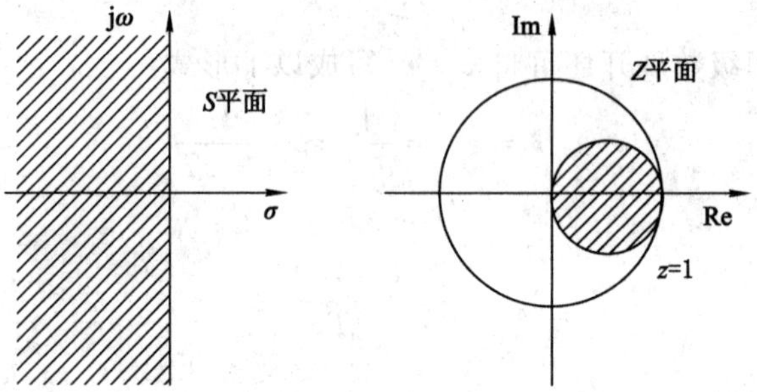

图 4-14 后向差分法映射关系

4.3.1.4 设计由计算机实现的控制算法

设数字控制器 $D(s)$的一般形式为：

$$D(z)=\frac{U(z)}{E(z)}=\frac{b_0+b_1z^{-z}+\cdots+b_mz^{-m}}{1+a_1z^{-1}+\cdots+a_nz^{-n}} \tag{4-68}$$

式中 $n\geqslant m$，各系数a_i，b_i为实数，且有 n 个极点和 m 个零点。

式(4-68)可写为：

$$U(z)=(-a_1z^{-1}-a_2z^{-2}-\cdots-a_nz^{-n})U(z)+$$
$$(b_0+b_1z^{-1}+b_2z^{-2}+\cdots+b_mz^{-m})E(z) \tag{4-69}$$

上式用时域表示为：

$$U(k)=-a_1u(k-1)-a_2u(k-2)-\cdots-a_nu(k-n)+$$
$$b_0e(k)+b_1e(k-1)+\cdots+b_me(k-m) \tag{4-70}$$

式(4-70)可以方便地把 $u(k)$、$u(k-1)\cdots u(k-n)$、$e(k)$、$e(k-1)\cdots e(k-n)$历史数据存储,实现编程,实现数字控制器 $D(z)$控制算法。

4.3.1.5　修正

控制器 $D(s)$设计完并离散化求出控制算法后,计算机控制系统通过数字仿真验证其闭环特性是否符合设计要求,若满足设计要求则设计结束,否则应修改设计。

4.3.2　数字 PID 控制器的设计

PID(Proportional Integral Differential)控制,是控制系统中应用最为广泛、最具有代表性的一种控制方法。但是由于控制系统较复杂,要获得调控性能良好的 PID 参数,在工程系统中需要具有一定的经验。

4.3.2.1　模拟 PID 调节器

在工业控制系统中,常常采用如图 4-15 所示的 PID 控制系统,其控制规律为:

$$u(t)=K_P\left[e(t)+\frac{1}{T_1}\int_0^t e(t)\,dt+T_D\frac{de(t)}{dt}\right] \tag{4-71}$$

对应的模拟 PID 调节器的传递函数为:

$$D(s)=\frac{U(s)}{E(s)}=K_P\left(1+\frac{1}{T_I s}+T_D s\right) \tag{4-72}$$

式中,K_P为比例增益,K_P与比例带 δ 为反比关系,即$K_P=1/\delta$;T_I 为积分时间系数;T_D 为微分时间系数;$u(t)$为控制量;$e(t)$为给定和测量值差值,即调节器的偏差。比例带是一个无量纲的纯数值,其物理意义为:调节阀从全开到全关(输出做全量程范围变化时),输入(被控量)的变化占其全量程变化范围的百分数。如输入为电压,输出为阀门开度,量程 1～100 V,如希望电压从 15～20 V 变化时,阀门从全开到全关,比例带为 5%。比例带反映的是对误差的敏感程度,比例带越小,对误差越敏感。对误差越敏感,越容易引起振荡。

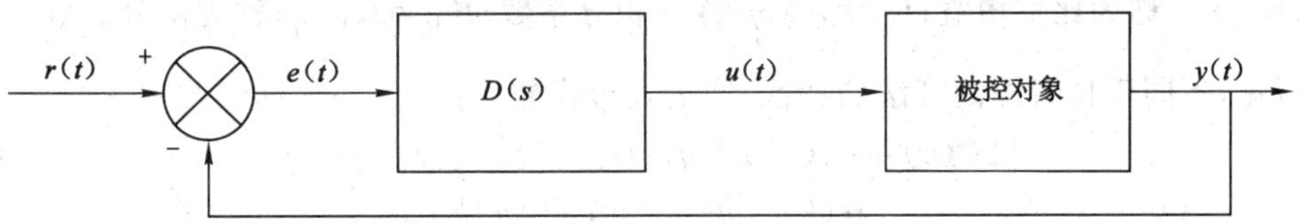

图 4-15　模拟 PID 控制系统

比例控制器对于偏差是即时反应的,简单快速。但过大会使动态品质变坏,引起振荡,甚至不稳定,过小会使静差加大。积分控制器有助于减小消除静差,积分时间常数大将减慢消除静差的过程,但可以减小超调,提高稳定性。反之太小会引起超调,使动态响应变差。对存在较大滞后的对象,如温度控制,T_I 可以选得较大一些。微分控制器有助于减小超调,克服振荡,使系统趋于稳定。它加快了系统的动作速度,减小了调整时间,从而改善了系统的动态特性。

4.3.2.2　数字 PID 控制器

在计算机控制系统中,PID 控制规律的实现必须用离散化数值逼近等效。当采样周期足够短时,用求和代替积分、用后向差分代替微分,使模拟 PID 离散化变为差分方程。

(1) 数字 PID 位置型控制算法

把式(4-72)变换成差分方程,为此可作如下近似:

$$\int_0^n e(t)\,\mathrm{d}t \approx \sum_{i=0}^{n} e(i)\,\Delta t = T\sum_{i=0}^{n} e(i) \tag{4-73}$$

$$\frac{\mathrm{d}e(t)}{\mathrm{d}t} \approx \frac{e(k)-e(k-1)}{\Delta t} = \frac{e(k)-e(k-1)}{T} \tag{4-74}$$

式中 T——采样周期;

k——采样序号。

由式(4-71)、式(4-73)、式(4-74)可得数字 PID 位置型控制算式为:

$$u(k) = K_{\mathrm{P}}\left[e(k) + \frac{T}{T_{\mathrm{I}}}\sum_{i=0}^{K} e(i) + T_{\mathrm{D}}\frac{e(k)-e(k-1)}{T}\right] \tag{4-75}$$

式(4-75)表示的控制算法提供了执行机构的输出量 $u(k)$,如阀门开度、舵机的执行角度、步进电机的步进角,所以被称为数字 PID 位置型控制算式。

(2) 数字 PID 增量型控制算法

位置型控制算式中需要不断累加误差变量,使用了大量的历史误差数据,不仅要占用较多的存储资源,而且需要对历史数据在程序中不断累加,这些限制了数字 PID 位置型控制算式的应用。

结合离散位置控制式可以写出 $u(k-1)$ 的表达式,即:

$$u(k-1) = K_{\mathrm{P}}\left[e(k-1) + \frac{T}{T_{\mathrm{I}}}\sum_{i=0}^{k-1} e(i) + T_{\mathrm{D}}\frac{e(k-1)-e(k-2)}{T}\right] \tag{4-76}$$

将式(4-76)和式(4-75)相减,即得数字 PID 增量型控制算式为:

$$\begin{aligned}\Delta u(k) = u(k) - u(k-1) = K_{\mathrm{P}}[e(k)-e(k-1)] + K_{\mathrm{I}}e(k) + \\ K_{\mathrm{D}}[e(k) - 2e(k-1) + e(k-2)]\end{aligned} \tag{4-44}$$

式中,$K_{\mathrm{P}} = \frac{1}{\sigma}$称为比例增益;$K_{\mathrm{I}} = K_{\mathrm{P}}\frac{T}{T_{\mathrm{I}}}$称为积分系数;$K_{\mathrm{D}} = K_{\mathrm{P}}\frac{T_{\mathrm{D}}}{T}$称为微分系数。

可见,不同于位置控制算法的特性,增量式形式如下:

$$\Delta u(k) = q_0 e(k) + q_1 e(k-1) + q_2 e(k-2) \tag{4-78}$$

$$u(k) = u(k-1) + \Delta u(k)$$

其中:

$$\begin{cases} q_0 = K_{\mathrm{P}}\left(1 + \frac{T}{T_{\mathrm{I}}} + \frac{T_{\mathrm{D}}}{T}\right) \\ q_1 = K_{\mathrm{P}}\left(1 + \frac{2T_{\mathrm{D}}}{T}\right) \\ q_2 = K_{\mathrm{P}}\frac{T_{\mathrm{D}}}{T} \end{cases} \tag{4-79}$$

可见,增量式表达式中只需要每次输出控制量的增量叠加在前次输出的变量上,降低了对系统资源的使用,并且减少了对历史数据的依赖。

4.3.2.3 数字 PID 控制算法比较

在控制系统中,当执行机构为调节阀时,控制量则对应为执行器位置,以此来说明执行机构的位置,此时控制器应采用数字 PID 位置式控制结构,如图 4-16 所示。若执行机构采用步进电机、舵机等，则控制每个采样周期器输出的控制量，是相对于上次控制量的叠加，此时控制器应采用数字 PID 增量式控制结构，如图 4-17 所示。

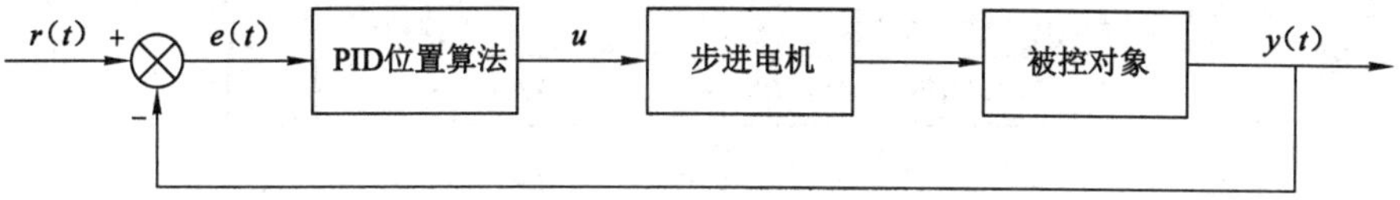

图 4-16　数字 PID 位置型控制示意图

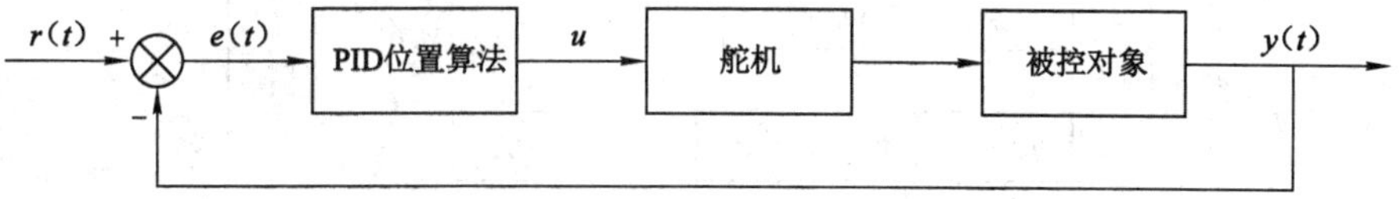

图 4-17　数字 PID 增量型控制示意图

增量型算法具有如下优点：

① 计算机输出增量，不需要做累加，控制量增量仅与最近几次误差相关，所以误动作影响小；位置算法需要用到过去误差的累加值，容易产生误差累积。

② 阀门从手动到自动切换时，必须保证阀门开度输出值等于阀门的原始开度，才能保证手动/自动无扰动（冲击）切换。位置型 PID 控制算法中，由手动到自动切换时要满足手动自动切换条件，设计困难。而增量设计只与本次的偏差值有关，与阀门原来的位置无关，降低了切换时系统可能产生严重影响，因而增量算法易于实现手动/自动无扰动切换。在位置控制算式中，不仅需要对 $e(k)$ 进行累加，而且计算机的任何故障都会引起 $u(k)$ 大幅度变化，对生产可能产生影响。

③ 位置式的积分项可能产生积分饱和与超调，增量型算法克服了上述缺点，使系统的过渡过程时间缩短，系统的动态性能提高。

增量型算法不足之处：

① 积分截断效应大，有静态误差；

② 溢出的影响大，应根据具体的工况选择不同的方法。一般认为，在以晶闸管或伺服电机作为执行器件，或对控制精度要求高的系统中，应当采用位置型算法，而在以步进电机或多圈电位器做执行器件的系统中，则应采用增量式算法。

4.3.2.4　数字 PID 控制算法流程

图 4-18 是数字 PID 增量型控制流程，使用这种方法应该注意变量的时间先后顺序。

$$u(k)=u(k-1)+\Delta u(k)=q_0e(k)+q_1e(k-1)+q_2e(k-2) \tag{4-80}$$

式(4-80)便是位置型控制算式的递推算法，增量型控制算法稍加修改即可。

4.3.3　数字 PID 控制器的改进

4.3.3.1　积分项的改进

积分器因时间长出现偏差或偏差较大时，计算出的控制量就会很大，超出 D/A 转换器所能表示的数值范围。这时的执行机构已到极限位置，仍不能消除偏差，且由于积分作用，

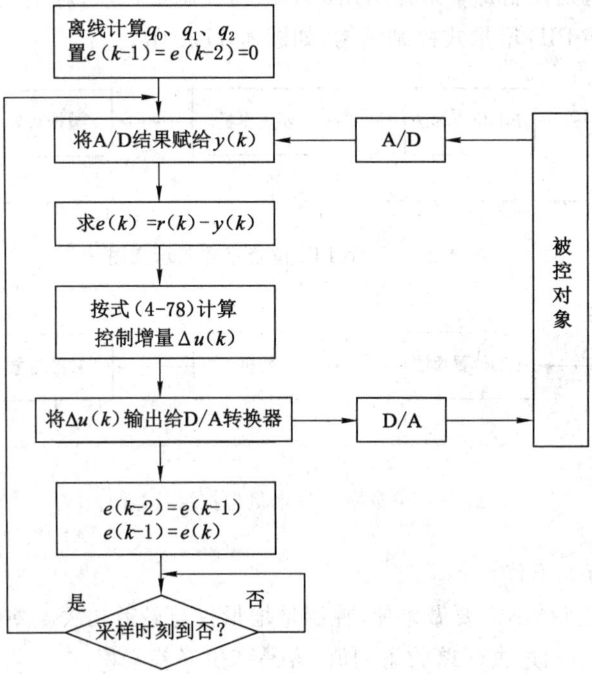

图 4-18　数字 PID 增量型控制算法流程

尽管计算 PID 差分方程式所得的运算结果继续增大或减小，但执行机构已无相应的动作，这就称为积分饱和。当控制量达到饱和后，闭环控制系统相当于被断开。数字调节器要做到高性能的模拟控制器，还需要结合计算机运算速度快、逻辑判断功能强、编程灵活等优势，做一些改进，才能在控制性能上超过模拟调节器。在 PID 控制中，积分的作用是提高稳态精度，消除残差，对积分项可采取以下 4 条改进措施。

(1) 抗积分饱和法

积分项在长时间、大偏差条件下，计算控制量有可能产生饱和效应，输出有可能溢出输出范围。例如，8 位 D/A 的数据范围为 00H～FFH(H 表示十六进制)。一般执行机构有两个极限位置，如某驱动器输出占空比，若 $u(k)=\text{FFH}$ 时，完全输出；$u(k)=\text{00H}$ 时，关断输出。为了提高运算精度，通常采用双字节或浮点数计算 PID 差分方程式。一旦系统达到饱和输出，由于积分作用，随后的误差分量将继续累计，执行机构无法动作，这就称为积分饱和。积分饱和会引起超调量增加，控制品质变差。解决的方法是可以将控制量作限幅处理，以 8 位 DA 为例：

若 $u(k)<\text{00H}$，取 $u(k)=0$；

若 $u(k)>\text{FFH}$，取 $u(k)=\text{FFH}$。

(2) 梯形积分

在 PID 控制器中，积分项的作用是消除稳态误差。为了保证积分作用，应提高积分项的运算精度。为此，可将矩形积分改为梯形积分，其计算公式为：

$$\int_0^t e\,\mathrm{d}t \approx \sum_{i=0}^{k} \frac{e(i)+e(i-1)}{2}T \tag{4-81}$$

(3) 遇限削弱积分法(见图 4-19)

一旦控制量进入饱和区,则停止执行增大积分的运算,只执行削弱积分项的累加。遇限削弱积分法用 PID 算法计算 $u(t)$ 值时,首先判断上一次采样时刻控制量 $u(k-1)$ 是否已超过限制范围,如果已超出,将根据偏差的符号(判断系统的输出是否已进入超调区域),由此决定是否将偏差计入积分项。在计算控制量 $u(k)$ 时,首先判断上一时刻的控制量 $u(k-1)$ 是否已经超出限制范围。若 $u(k-1)>U_{max}$,则只累加负偏差;若 $u(k-1)<-U_{max}$,则只累加正偏差。

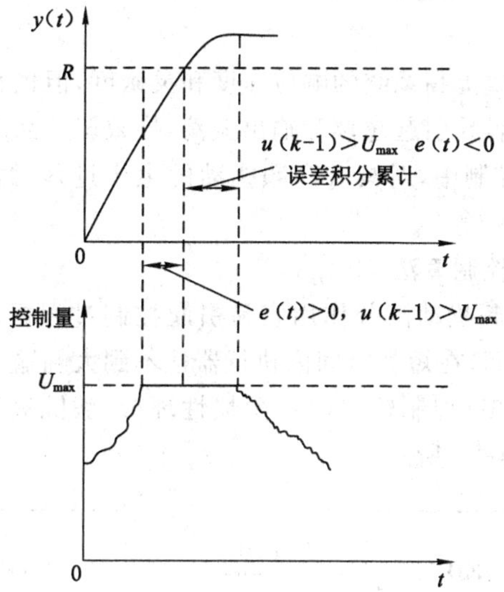

图 4-19　遇限消除积分法

(4) 消除积分不灵敏区

由式(4-81)知,数字 PID 的增量型控制算式中的积分项输出为:

$$\Delta u(k)=K_I e(k)=K_P\frac{T}{T_I}e(k) \tag{4-82}$$

当运算结果小于字长所能表示的数的精度,计算机无法表示而将此数丢掉。从式(4-82)可知,当计算机的运行字长较短,采样周期 T 也短,而积分时间 T_I 又较长时,$\Delta u_I(k)$ 容易出现小于字长的精度而丢数,此积分作用消失,这就称为积分不灵敏区。

例如,某温度控制系统,温度量程为 0～2 040 ℃,D/A 转换为 8 位,并采用 8 位字长定点运算。设 $K_P=2$,$T=0.5$ s,$T_I=10$ s,$e(k)=100$ ℃,根据式(4-82)得:

$$\Delta u_I=K_P\frac{T}{T_I}e(k)=2\cdot\frac{2}{10}\cdot\left(\frac{255}{2\ 040}\times 100\right)=5 \tag{4-83}$$

这就说明,如果偏差 $e(k)<100$ ℃,则 $\Delta u_I(k)<5$,计算机就将其作为 0 会丢掉,控制器没有积分作用。只有当 $e(k)\geqslant 100$ ℃时,才会有积分作用。这种算法会造成控制系统误差无法解决。

为了消除积分不灵敏区,通常采用增加 D/A 和 A/D 转换位数,这样可以提高运算精度。当积分项连续多次出现小于输出精度的情况,不是舍弃而是把它们一次次累加起来,足

够大时输出作用，即

$$S_{\mathrm{I}}=\sum_{i=1}^{n}\Delta u_{\mathrm{I}}(i) \tag{4-84}$$

当式(4-84)累加值S_{I}大于 ε 时，才输出S_{I}，同时把累加单元清零。

消除积分不灵敏区和积分分离策略区别：

① 积分分离：把整个积分项全部去掉；

② 遇限削弱积分法，对$(k-1)$以前的积分部分予以保留，而对 k 时的误差 $e(k)$是否积累根据 $e(k)$的极性和 $u(k-1)$的状况决定。

4.3.3.2 微分项的改进

微分项作用主要是期望提高系统的响应速度和灵敏度，但也有副作用：当阶跃信号输入时，微分项输出急剧增加，容易引起超调和输出振荡，导致调节品质下降；而且微分具有放大干扰信号的特点，在 PID 控制中，对具有高频扰动的生产过程，微分作用响应过于灵敏，容易引起控制过程振荡。

(1) 不完全微分 PID 控制算法

标准的 PID 控制对高频扰动微分作用容易引起控制过程振荡，在有限的控制周期内，执行器动作又需要一定时间，在短暂时间内执行器达不到大幅输出，造成失真。为了克服上述缺点兼顾微分作用，在 PID 控制输出串一阶惯性环节，滤除高频干扰。这就组成了不完全微分 PID 控制器，如图 4-20 所示。

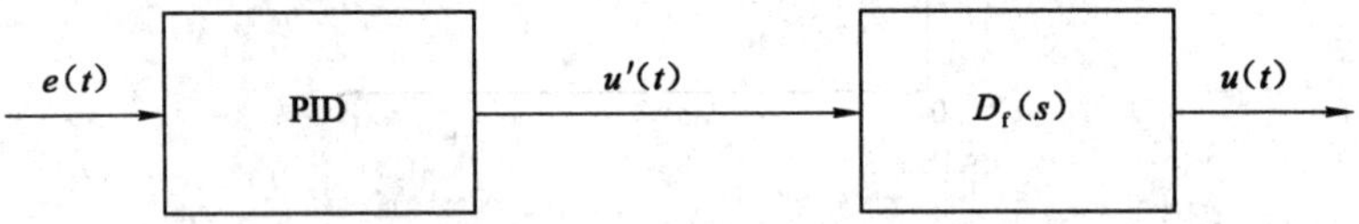

图 4-20 不完全微分 PID 控制器

一阶惯性环节$D_{\mathrm{f}}(s)$的传递函数为：

$$D_{\mathrm{f}}(s)=\frac{1}{T_{\mathrm{f}}s+1} \tag{4-85}$$

因为：

$$\begin{aligned} u'(t) &= K_{\mathrm{P}}\left[e(t)+\frac{1}{T_{\mathrm{I}}}\int_{0}^{t}\mathrm{e}(t)\,\mathrm{d}t+T_{\mathrm{D}}\frac{\mathrm{d}e(t)}{\mathrm{d}t}\right] \\ T_{\mathrm{f}}\frac{\mathrm{d}u(t)}{\mathrm{d}t}+u(t) &= u'(t) \end{aligned} \tag{4-86}$$

所以

$$T_{\mathrm{f}}\frac{\mathrm{d}u(t)}{\mathrm{d}t}+u(t)=K_{\mathrm{P}}\left[e(t)+\frac{1}{T_{\mathrm{I}}}\int_{0}^{t}\mathrm{e}(t)\,\mathrm{d}t+T_{\mathrm{D}}\frac{\mathrm{d}e(t)}{\mathrm{d}t}\right] \tag{4-87}$$

对上式进行离散化，积分用矩形面积和代替：

$$u(k)=\alpha u(k-1)+(1-\alpha)u'(k) \tag{4-88}$$

式中：

$$u'(k)=K_P\left[e(k)+\frac{T}{T_I}\sum_{i=0}^{k}e(i)+T_D\frac{e(k)-e(k-1)}{T}\right]$$
$$\alpha=\frac{T_f}{T_f+T} \tag{4-89}$$

不完全微分 PID 控制器也有增量型控制算式，即：

$$\Delta u(k)=\alpha\Delta u(k-1)+(1-\alpha)\Delta u'(k) \tag{4-90}$$

式中 $\Delta u'(k)=K_P[e(k)-e(k-1)]+K_Ie(k)+K_D[e(k)-2e(k-1)+e(k-2)]$。其中：$K_I=K_PT/T_I$ 称为积分系数；$K_D=K_PT_D/T$ 称为积分系数。

不完全微分方式在微分环节采用了低通滤波有效地提高了微分项的特性。其中 α 的取值是一个 0～1 之间的数，α 为 0 时其实就是没有滤波的普通微分环节；而 α 为 1 时，则没有微分作用。所以 α 的取值对不完全微分的效果是至关重要的，一般要根据被控对象的特性来确定。

图 4-21(a)、(b)分别表示标准 PID 控制算式(4-81)和不完全微分 PID 控制算式(4-90)在单位阶跃输入时输出的控制作用。由图 4-21(a)可见，标准 PID 控制算式中的微分作用只在第一个采样周期内起作用，而且作用很强。不完全微分 PID 控制算式的输出在第一个采样周期的作用削弱了，微分作用持续作用多个周期，不易引起振荡。

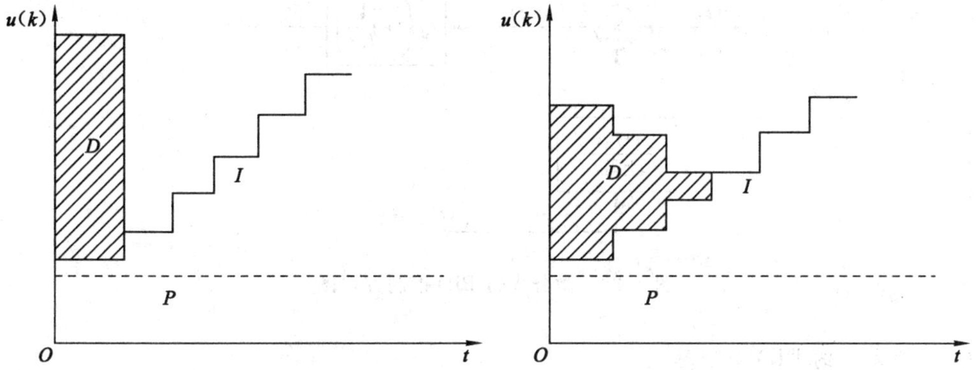

(a) 标准PID控制　　(b) 不完全微分PID控制

图 4-21　PID 控制的阶跃响应

当使用完全微分算法时：

$$U(s)=T_DsE(s) \tag{4-91}$$

$$u(t)=T_D\frac{de(t)}{dt} \tag{4-92}$$

$$u(k)=\frac{T_D}{T}[e(k)-e(k-1)] \tag{4-93}$$

$$u(0)=\frac{T_D}{T}\quad u(1)=u(2)=\cdots=0 \tag{4-94}$$

当使用不完全微分算法时：

$$u(t)+T_f\frac{du(t)}{dt}=T_D\frac{de(t)}{dt}$$
$$u(k)=\frac{T_f}{T+T_f}u(k-1)+\frac{T_d}{T+T_f}(e(k)-e(k-1)) \tag{4-95}$$

(2) 微分先行 PID 控制算式

微分先行 PID 控制是只对输出量进行微分，而对给定指令不起微分作用，有效避免了给定值变动造成的系统超调，因此它适合于给定指令频繁升降的场合，可以避免指令的改变导致超调过大。微分先行的基本结构如图 4-22 所示，图 4-23 中，γ 为微分增益系数。

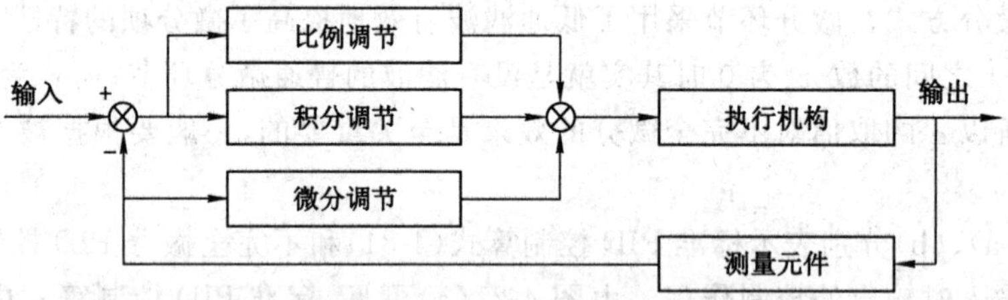

图 4-22 微分先行基本结构图

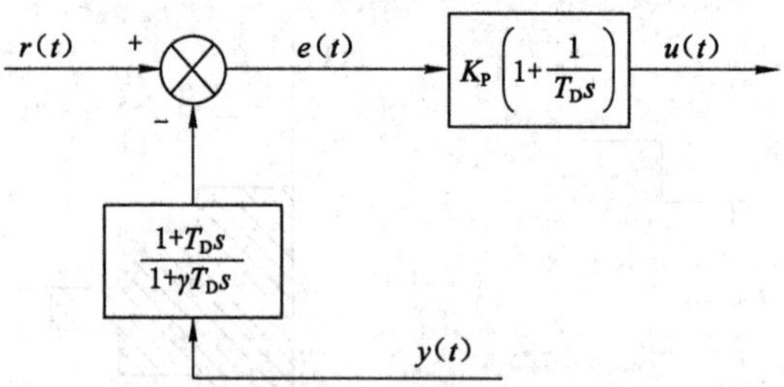

图 4-23 微分先行 PID 控制方块图

4.3.3.3 带死区的 PID 控制算法

计算机控制系统有时误差较小时会引起系统频繁的振荡，忽略这些小误差带来的动作，以消除频繁动作所引起的振荡，可以采用带死区的 PID 控制系统，如图 4-24 所示，如下式：

$$P(k)=\begin{cases}e(k), & 当\ |r(k)-y(k)|=|e(k)|>\varepsilon\\ 0, & 当\ |r(k)-y(k)|=|e(k)|\leqslant\varepsilon\end{cases} \tag{4-96}$$

在图 4-24 中，死区 ε 是重要的条件参数，使系统具有非线性，其具体数值可根据实际控制对象由实验确定。ε 值太小增加了系统的敏感度，有可能带来频繁的调节，影响系统稳定；如果 ε 取得太大，死区太大，则系统响应滞后，影响控制效果；当 $\varepsilon=0$，即为常规 PID 控制。

4.3.4 数字 PID 控制器的参数整定

4.3.4.1 采样周期要求

根据采样定理，采样周期应满足

$$T\leqslant\pi/\omega_{max} \tag{4-97}$$

其中，ω_{max}为被采样信号的上限角频率。采样周期的下限由执行程序和输入输出所耗费时

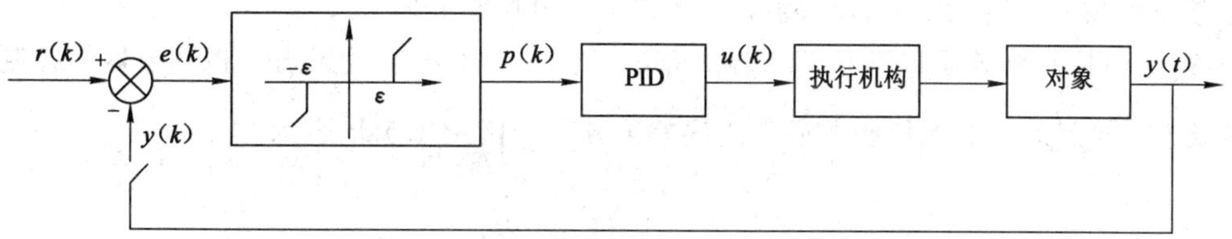

图 4-24　带死区的 PID 控制系统框图

间决定，采样周期只能在 $T_{\min}$ 和 $T_{\max}$ 之间选择。在这个限制范围内，采样周期越小，采样数据控制系统的性能越接近于原连续时间控制系统。

采样定理仅从理论上给出了采样周期的上限，实际采样周期的选取要受到多方面因素的制约。

① 系统控制品质的要求：由于过程控制中通常用电动调节阀或气动调节阀，它们的响应速度较低，如果采样周期过短，执行机构来不及响应，仍然达不到控制目的，所以采样周期也不能过短。

② 从控制系统抗扰动和快速响应的角度，要求采样周期短些，从计算工作量来看，则又希望采样周期长些，这样可以控制更多的回路，保证每个回路有足够的时间来完成必要的运算。

③ 计算机的成本：从成本角度考虑也希望采样周期长些，这样计算机的运算速度和采集数据的速率也可降低，从而降低硬件成本。

采样周期的选取还应考虑被控制对象的时间常数 T_P 和纯延迟时间 τ，当 $\tau=0$ 或 $\tau<0.5T_P$ 时，可选 T 介于 $0.1T_P$ 至 $0.2T_P$ 之间；当 $\tau>0.5T_P$ 时，可选 T 等于或接近 τ。

采样周期应该取值合理，不宜过大或者过小。闭环系统对给定信号的跟踪，要求采样周期要小。从抑制扰动的要求来说，采样周期应该选择得小些，提高系统响应速度。但是，从执行元件的要求来看，有时要求输入控制信号要保持一定的宽度。从计算机精度和系统成本上考虑，采样周期不宜过短，而应该保持一定长度。

4.3.4.2　工程法整定 PID 参数

模拟调节器的参数整定需要简单易行，在连续控制系统中还是简易工程法应用最为广泛。这种方法最大的优点在于，整定参数时不必依赖被控对象的数学模型。简易工程整定法是由经典的频率法简化后，结合现场工程效果反复调整，虽然方法略显粗糙，但是简单易行。增大比例系数 K_P 一般将会加快系统的响应，有利于减小静差。过大的比例系数使系统有较大的超调，并产生振荡，使稳定性变坏。增大积分时间 T_I 有利于减小超调，减小振荡，使系统更加稳定，但系统静差的消除将随之减慢。增大微分时间 T_D 亦有利于加快系统响应，使超调量减小，稳定性增加，但系统对扰动的抑制能力减弱，对扰动有较敏感的响应。

(1) 扩充临界比例度法

扩充临界比例度法来源于模拟调节器中使用的临界比例度法，整定数字控制器参数的步骤如下：

① 选择采样周期为被控对象纯滞后时间的 1/10 以下。

② 只保留比例控制，然后逐渐减小比例度 δ（$\delta=1/K_P$），直到系统发生持续等幅振荡。

记下使系统发生振荡的临界比例度δ_K及系统的临界振荡周期T_K。

③ 所谓控制度就是以模拟调节器为基准，将DDC的控制效果与模拟调节器的控制效果相比较。控制效果的评价函数通常用误差平方积分$\int_0^{\infty} e^2(t)\,\mathrm{d}t$表示。

$$
\text{控制度}=\frac{\left[\int_0^{\infty} e^2(t)\,\mathrm{d}t\right]_{\mathrm{DDC}}}{\left[\int_0^{\infty} e^2(t)\,\mathrm{d}t\right]_{\text{模拟}}}
$$

控制度在1.05时，DDC与模拟PID控制效果接近。

④ 实际应用中并不需要计算出两个误差平方积分，在某一控制度下，就是指DDC与模拟控制效果相当，即可根据此控制度查表4-2，求得T、K_P、T_I、T_D的值。

表4-2　按扩充临界比例度法整定参数

控制度	控制规律	T	K_P	T_I	T_D
1.05	PI	$0.03\ T_K$	$0.53\ \delta_K$	$0.88\ T_K$	
	PID	$0.014\ T_K$	$0.63\ \delta_K$	$0.49\ T_K$	$0.14\ T_K$
1.2	PI	$0.05\ T_K$	$0.49\ \delta_K$	$0.91\ T_K$	
	PID	$0.043\ T_K$	$0.47\ \delta_K$	$0.47\ T_K$	$0.16\ T_K$
1.5	PI	$0.14\ T_K$	$0.42\ \delta_K$	$0.99\ T_K$	
	PID	$0.09\ T_K$	$0.34\ \delta_K$	$0.43\ T_K$	$0.20\ T_K$
2.0	PI	$0.22\ T_K$	$0.36\ \delta_K$	$1.05\ T_K$	
	PID	$0.16\ T_K$	$0.27\ \delta_K$	$0.40\ T_K$	$0.22\ T_K$

(2) 扩充响应曲线法

响应曲线法代替临界比例度法在模拟控制系统中的效果是一样的，DDC系统中可以用扩充响应曲线法代替扩充临界比例度法。用扩充响应曲线法整定T、K_P、T_I、T_D的步骤如下。

① 系统仅处于手动操作，将被调量调节到给定值附近，系统稳定下来。然后，突然给一个阶跃输入信号。

② 记录被调量在阶跃输入下的整个变化过程曲线，如图4-25所示。

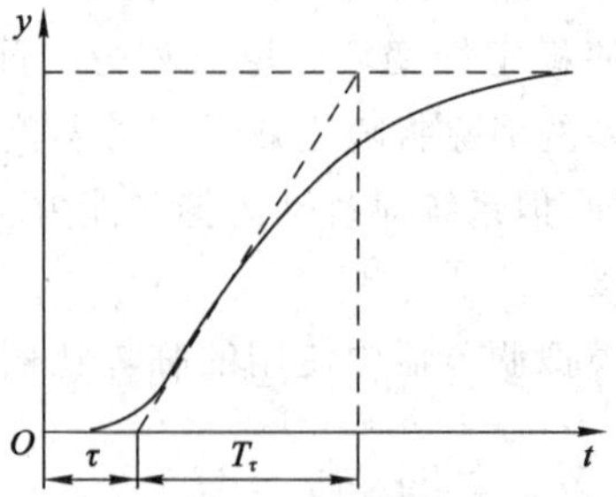

图4-25　被调量在阶跃下的变化过程曲线

③ 在曲线最大斜率处作切线，求得滞后时间 τ，被控对象时间常数 T_τ，T_τ/τ，查表 4-3 即可得数字控制器的 K_P、T_I、T_D 及采样周期 T。

表 4-3　按扩充响应曲线整定参数

控制度	控制规律	T	K_P	T_I	T_D
1.05	PI	0.1τ	$0.84\ T_\tau/\tau$	0.34τ	
	PID	0.05τ	$1.15\ T_\tau/\tau$	2.0τ	0.45τ
1.2	PI	0.2τ	$0.78\ T_\tau/\tau$	3.6τ	
	PID	0.16τ	$1.0\ T_\tau/\tau$	1.9τ	0.55τ
1.5	PI	0.5τ	$0.68\ T_\tau/\tau$	3.9τ	
	PID	0.34τ	$0.85\ T_\tau/\tau$	1.62τ	0.65τ
2.0	PI	0.8τ	$0.57\ T_\tau/\tau$	4.2τ	—
	PID	0.6τ	$0.6\ T_\tau/\tau$	$1.5\tau r$	0.82τ

(3) 归一参数整定法

RobertsP.D 在 1974 年提出一种简化扩充临界比例度整定法。由于该方法只需整定一个参数即可，故称其为归一参数整定法。

已知增量型 PID 控制的公式为：

$$\Delta u(k)=K_P\left\{e(k)-e(k-1)+\frac{T}{T_I}e(k)+\frac{T_D}{T}[e(k)-2e(k-1)+e(k-2)]\right\} \tag{4-98}$$

如令 $T=0.1T_K$；$T_I=0.5T_K$；$T_D=0.125T_k$。式中 T_k 为纯比例作用下的临界振荡周期。则：

$$\Delta u(k)=K_P[2.45e(k)-3.5e(k-1)+1.25e(k-2)] \tag{4-99}$$

这样，整个问题便简化为只要整定一个参数 K_P，改变 K_P，直到满意控制效果。

4.3.4.3　经验优选法

目前应用最多的还是经验法。结合调节规律，根据不同调节对象的特征，经过闭环试验，反复凑试，找出最佳调节参数。优选法具体做法是根据经验，先把其他参数固定，然后用 0.618 法对其中某一参数进行优选，待选出最佳参数后，再换另一个参数进行优选，直到把所有的参数优选完毕为止。最后根据 T、K_P、T_I、T_D 诸参数优选的结果取一组最佳值即可。

4.3.4.4　PID 控制参数的自整定法

被控对象大多用近似一阶惯性加纯滞后环节来表示，其传递函数为

$$G_c(s)=\frac{K\mathrm{e}^{-\tau s}}{1+Ts}$$

对于典型 PID 控制器 $G_c(s)=K_P\left(1+\frac{1}{T_I s}+T_D s\right)$，有 Ziegler-Nichols 整定公式

$$\begin{cases}K_P=\dfrac{1.2T}{K_\tau}\\ T_I=2\tau\\ T_D=0.5\tau\end{cases} \tag{4-100}$$

应用时，通常根据图 4-26 所示的阶跃响应曲线，人工测量出 K、T、τ 参数，然后按式(4-100)计算 K_P、T_I、T_D。

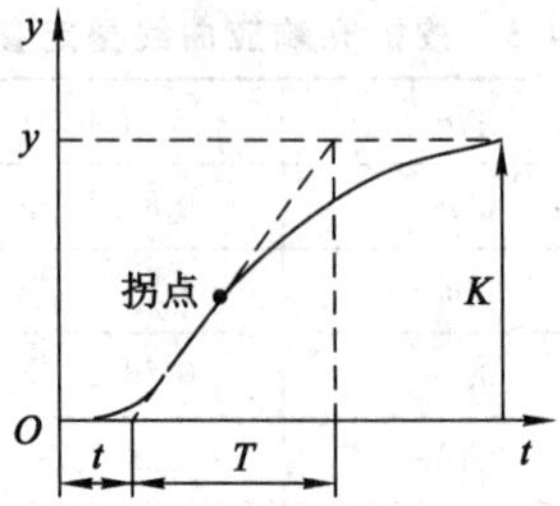

图 4-26　阶跃响应曲线

参数自整定就是在被控对象特性变化后，使 PID 参数跟随系统做出调整，表现为 PID 控制器自动调整满足相同的控制效果。

基于被控对象部分参数(如临界增益 K 和临界周期 T(频率 $\omega=2\pi/T$))进行自动跟踪调整的 PID 控制参数整定方法，其首要工作是在线辨识被控对象的某些特征参数。这种方法在计算机中占用较少的软硬件资料，方便在工业现场中应用。典型的有上面介绍的齐格勒-尼科尔斯(Ziegler-Nichols)研究出的临界振荡法，在此基础上 K.J.Asr ·o m 又进行了改进，采用具有滞环的继电器非线性反馈控制系统，如图 4-27 所示。其中继电器型非线性特性的幅值为 D，滞环宽度为 h，继电器输出为周期性的对称方波。

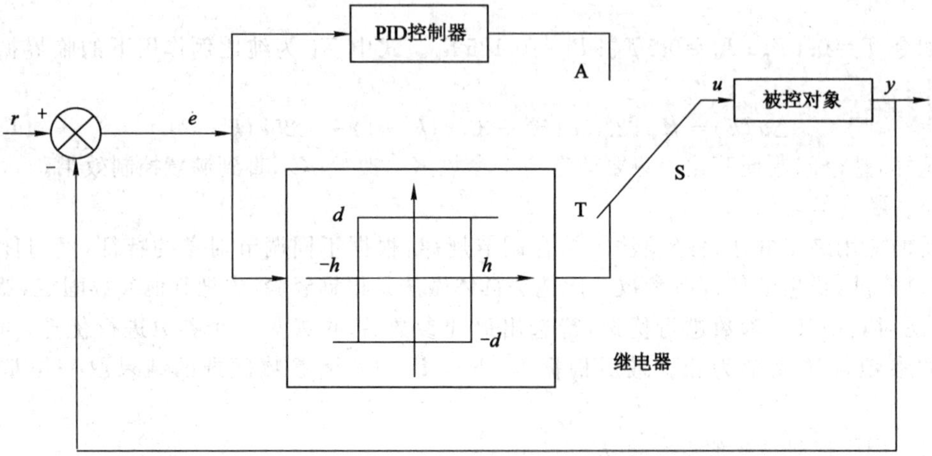

图 4-27　采用继电器反馈

首先人工控制使系统进入稳态，然后将整定开关 S 接通 T，获得极限环，使 y 出现临界等幅振荡。其振荡幅度为 M，振荡周期为临界周期 T_K，临界增益为 $K=4d/\pi M$。一旦获得 T_K 和 δ_K($\delta_K=1/K$)，再根据扩充临界比例法表 4-3 即可求得 PID 控制器的整定参数。最后，将整定开关 S 接通 A，使 PID 控制器投入正常运行。

该法虽然易操作，但噪声干扰会对被控量 y 的采样值带来误差，从而影响 T 和 K 的精度，会由于干扰太大，不存在稳定的极限环。

4.4　数字控制器的离散化设计技术

数字控制器的模拟化设计的基本思想是在连续时间域设计出满足控制性能要求的模拟控制器,再通过某种近似将模拟控制器转换成数字控制。这种方法一般要求采样周期尽量小(T 越小离散系统越接近连续系统)。对控制品质要求不高,且模拟控制器比较简单时,该方法有效。当计算机控制系统对控制品质要求比较高,或者由于控制任务的需要选择比较大的采样周期时,则必须从被控对象的特性出发,将被控对象进行离散化使其变成离散系统,根据计算机控制理论(采样控制理论)来设计数字控制器,称为数字控制器的离散化设计或数字控制器直接设计。离散化设计是根据离散控制系统的特点进行分析和综合,并得出相应的控制规律和算法。

4.4.1　采样系统的稳定性

由 S 平面和 Z 平面映射关系:

$$s=\sigma+\mathrm{j}\omega \qquad z=\mathrm{e}^{Ts}$$

$$z=\mathrm{e}^{T(\sigma+\mathrm{j}\omega)}=\mathrm{e}^{T\sigma}\cdot\mathrm{e}^{\mathrm{j}\omega T}=\mathrm{e}^{T\sigma}\cdot\mathrm{e}^{\mathrm{j}(\omega T+2k\pi)}=|z|\mathrm{e}^{\mathrm{j}\theta} \tag{4-101}$$

$$\theta=\omega T+2k\pi=(\omega+k\frac{2\pi}{T})T=(\omega+k\omega_s)T, \qquad |z|=\mathrm{e}^{T\sigma} \tag{4-102}$$

对于 S 平面上的虚轴,即 $\sigma=0,s=\mathrm{j}\omega,|z|=\mathrm{e}^{T_0}=1,\theta=\omega T+2k\pi$。

如图 4-28 所示,当采样系统 z 传递函数的极点在 Z 平面的单位圆内,则采样系统是稳定的,对于有界的输入,系统的输出收敛于某一有限值;如果某一极点 z 在单位圆上,则系统临界稳定,对于有界的输入,系统的输出持续地等幅振荡;如果 $G(z)$ 的极点至少有一个在单位圆外,则采样系统是不稳定的,对于有界的输入,系统的输出发散,S 平面和 Z 平面对应关系如表 4-4 所示。

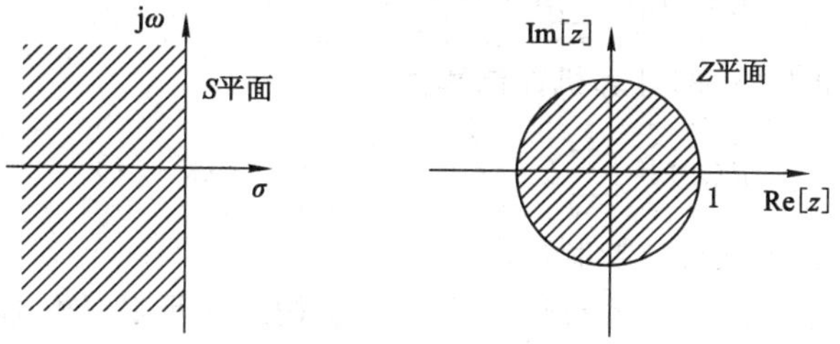

图 4-28　系统稳定范围在 S 平面上与 Z 平面视图

表 4-4　系统稳定范围 S 平面与 Z 平面表

S 平面	Z 平面
虚轴	单位圆周
左半平面	单位圆内
右半平面	单位圆外

4.4.2 数字控制器的离散化设计

在图 4-29 所示的计算机控制系统框图中，$G_c(s)$是被控对象的连续传递函数，$D(z)$是数字控制器的脉冲传递函数，$H(s)$是零阶保持器的传递函数，T 为采样周期。

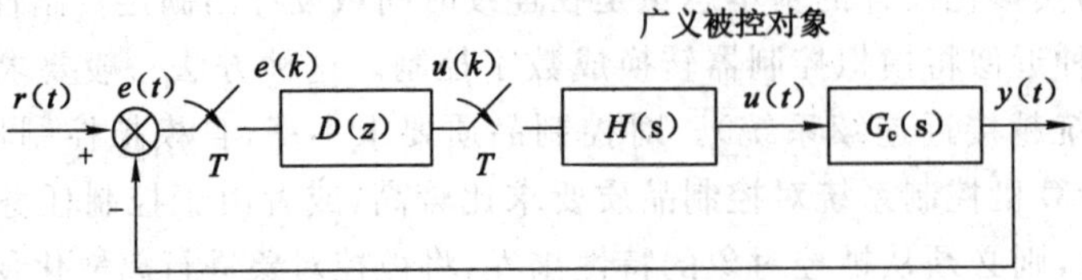

图 4-29 计算机控制系统框图

在图 4-29 中，定义广义对象的脉冲传递函数为：

$$G(z)=\frac{B(z)}{A(z)}=Z[H(s)G_c(s)]=Z\left[\frac{1-e^{-T_s}}{s}G_c(s)\right] \tag{4-103}$$

可得图 4-29 对应的闭环脉冲传递函数为：

$$\Phi(z)=\frac{D(z)G(z)}{1+D(z)G(z)} \tag{4-104}$$

$$D(z)=\frac{1}{G(z)}\frac{\Phi(z)}{1-\Phi(z)} \tag{4-105}$$

不失一般性，设数字控制器 $D(z)$的一般形式为：

$$D(z)=\frac{U(z)}{E(z)}=\frac{\sum_{i=0}^{m}b_i z^{-i}}{1+\sum_{i=1}^{n}a_i z^{-i}},(n\geqslant m) \tag{4-106}$$

数字控制器的输出 $U(z)$为：

$$U(z)=\sum_{i=0}^{m}b_i z^{-i}E(z)-\sum_{i=1}^{n}a_i z^{-i}U(z) \tag{4-107}$$

因此，数字控制器 $D(z)$的计算机控制算法为：

$$u(k)=\sum_{i=0}^{m}b_i e(k-i)-\sum_{i=1}^{n}a_i u(k-i) \tag{4-108}$$

按照式(4-108)，就可编写出控制算法程序。

若已知 $G_c(s)$且可根据控制系统性能指标要求构造闭环脉冲传递函数 $\Phi(z)$，则可由式(4-103)和式(4-105)求得 $D(z)$。由此可得出数字控制器的离散化设计步骤如下：

① 根据控制系统指标要求、约束条件，确定所需 $\Phi(z)$。

② 根据式(4-103)求广义对象的脉冲传递函数 $G(z)$。

③ 根据式(4-105)求取数字控制器的脉冲传递函数 $D(z)$。

④ 根据式(4-106)求取控制量 $u(k)$的递推计算公式(4-108)。

4.4.3 根轨迹法

根轨迹法是 1948 年埃文斯提出的一种有开环传递函数求闭环特征根的简便方法，是分

析和设计连续系统的一个重要工具。离散系统根轨迹分析(Discrete System Root Trajectory Analysis,简称 DSRTA)是一种利用离散数据的技术,在 Z 平面上的根轨迹,是控制系统开环 z 传递函数中的某个参数连续变化时,闭环 z 传递函数极点连续变化的轨迹。离散系统根轨迹分析具有不可替代的优点,例如可以准确地模拟系统的动态行为,而且可以在很短的时间内分析出系统表现特征。在确定系统的特性和性能、可靠性等方面,这种方法也优势明显。但是,离散系统根轨迹分析也有着不足,由于系统状态和参数都是必须进行离散建模的,因此存在一定的误差。对于复杂系统,离散系统根轨迹分析根据建模的数据也难以准确地得出有效结果。离散系统根轨迹分析中,Z 平面中的零极点分布与系统响应性能的关系与在连续系统中的情况有不同的物理解释。在 S 平面中,$s=j\omega$(即虚轴)是稳定边界,而在 Z 平面中 $|z|=1$(即单位圆周)是稳定边界。

根轨迹法是结合极点配置的设计方法,利用仿真软件,使闭环系统的极点放置到所需要的位置。根轨迹法本质上是一种经验性方法,下面给出一 种参考的设计步骤。设离散控制系统具有如图 4-30 所示的结构图。

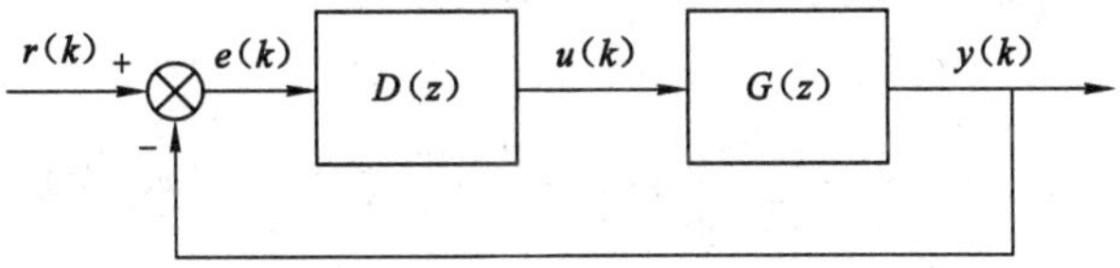

图 4-30　闭环系统控制系统框图

利用根轨迹可以清楚地看到开环根轨迹增益或其他开环系统参数变化时,闭环系统极点位置及其瞬态性能的改变情况。

根轨迹设计法是一种调整开环系统中的某个参数(或增益)的连续变化(比如从零到无穷),观察闭环条件下 Z 传递函数的极点的变化轨迹的方法。这种方法,直观反映了开环参数对闭环极点轨迹和闭环稳定性的影响,能够有效地指导工程人员选取某一条件下参数整定方法。

4.4.3.1　根轨迹法基本特点

由式(4-104)可求得闭环特征方程:

$$1+D(z)G(z)=0 \tag{4-109}$$

根轨迹方程:

$$D(z)G(z)=-1 \tag{4-110}$$

$$\frac{K\prod_{i=0}^{m}(z-z_i)}{\prod_{j=0}^{n}(z-p_j)}=-1 \tag{4-111}$$

Z 平面根轨迹定义:当系统的开环增益从零变化到正无穷时,系统闭环特征根的集合。

$$\frac{\prod_{i=0}^{m}(z-z_i)}{\prod_{j=0}^{n}(z-p_j)}=-\frac{1}{K} \tag{4-112}$$

$$\sum_{i=1}^{m}\angle(z-z_i)-\sum_{j=1}^{n}\angle(z-p_j)=(2k+1)\pi \tag{4-113}$$

Z 平面根轨迹的特点：

(1) 由于 S 左半平面映射到了 Z 平面单位圆内，所以 Z 平面极点的密集度很高，造成两个相近的极点对应的系统性能差别很大。因此，在使用根轨迹分析系统性能时，要求的计算精度较高；

(2) 在 S 平面，临界开环增益由根轨迹和虚轴的交点确定；在 Z 平面，临界开环增益由根轨迹和单位圆的交点确定；

(3) 除了闭环极点之外，还需要考虑闭环零点对系统性能的影响。

4.4.3.2 系统动态性能与极点位置

(1) 连续二阶欠阻尼系统的传递函数

$$\Phi(z)=\frac{C(s)}{R(s)}=\frac{\omega_n^2}{s^2+2\xi\omega_n s+\omega_n^2} \tag{4-114}$$

特征根 $s_{1,2}=-\xi\omega_n\pm j\omega_n\sqrt{1-\xi^2}=-\mathrm{Re}(s)\pm j\mathrm{Im}(s)$　　　$0<\xi<1$

单位阶跃响应：

$$c(t)=1-\frac{e^{-\xi\omega_n t}}{\sqrt{1-\xi^2}}\sin(\omega_n\sqrt{1-\xi^2}\,t+\arccos\xi) \tag{4-115}$$

(2) 二阶系统的动态性能指标

最大超调量：

$$\sigma\%=e^{-\frac{\pi\xi}{\sqrt{1-\xi^2}}}\times 100\% \tag{4-116}$$

峰值时间：

$$t_p=\frac{\pi}{\omega_n\sqrt{1-\xi^2}}=\frac{\pi}{\mathrm{Im}(s)} \tag{4-117}$$

上升时间：

$$t_r=\frac{\pi-\arccos\xi}{\omega_n\sqrt{1-\xi^2}}=\frac{\pi\arccos\xi}{\mathrm{Im}(s)} \tag{4-118}$$

调节时间：

$$t_s=\frac{3.5}{\xi\omega_n}=\frac{3.5}{\mathrm{Re}(s)} \tag{4-119}$$

4.4.3.3 动态性能与极点位置关系

对于连续系统可以根据性能指标的要求确定 S 平面主导极点的位置，进而根据 $z=e^{sT}$ 映射关系，确定 Z 平面极点的位置。

① 等 ξ 线：阻尼比相同的闭环特征根的几何；在 S 平面上，是一条从原点出发的射线，与负实轴的夹角为 $\beta=\arccos\xi$，在 Z 平面上，是一条对数螺旋线。

② 等 Re(s)线：根据调节时间 t_s 的要求，可求出 S 平面特征根实部的取值，映射到 Z 平面上，是一个半径为 $e^{-T\mathrm{Re}(s)}$ 的同心圆；

③ 等 Im(s)线：根据上升时间 t_r 或峰值时间 t_p 的要求，可求出 S 平面特征根虚部的取值，映射到 Z 平面上，是一条通过原点与实轴夹角为 $T\mathrm{Im}(s)$ 的射线；

$z=e^{sT}$ 可计算得到：

$$z = e^{-T\mathrm{Re}(s) \pm jT\mathrm{Im}(s)} = e^{-T\mathrm{Re}(s)} \angle T\mathrm{Im}(s) \tag{4-120}$$

如图 4-31 所示，在 Z 平面上，如果闭环主导极点位于等 ξ 线、等 Re(s)线、等 Im(s)线所包围的区域，则可以满足给定的动态性能指标要求。

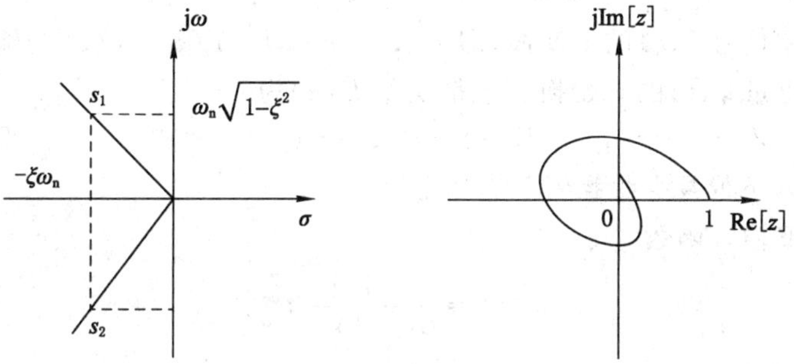

图 4-31　平面根轨迹设计方法

通过凑试，将闭环系统的零极点到配置在期望的位置上。步骤如下：

① 根据给定的时域性能指标，在 Z 平面上画出期望极点的允许范围；

② 设计数字控制器 $D(z)$。

a. 首先求出广义对象脉冲传递函数

$$G(z) = Z\left[\frac{1 - e^{-sT}}{s} G(s)\right] \tag{4-121}$$

b. 用试探法确定控制器 $D(z)$结构：

$$D(z) = K_c \frac{z - z_c}{z - p_c} \tag{4-122}$$

为保证加入数字控制器后，不影响系统的稳态性能，要求：

$$D(z)\big|_{z=1} = 1 \Rightarrow K_c = \frac{1 - p_c}{1 - z_c} \tag{4-123}$$

根据系统性能指标的要求确定控制器 $D(z)$零极点的位置，使得加入控制器后的系统根轨迹能够进入期望的闭环极点允许范围。

(3) 在闭环极点允许范围内，选择满足静态性能指标的根轨迹段作为闭环工作点的选择区间；

(4) 进行仿真验证响应是否满足。

4.4.4　最少拍控制器的设计

最少拍控制(拍是系统采样的节拍)是一种直接数字设计方法。所谓最少拍控制，要求闭环系统对于某种特定的输入，例如单位阶跃输入，速度函数输入或加速度函数输入等，在最少个采样周期内达到无静差的稳态，使系统输出值尽快地跟踪期望值的变化，且闭环脉冲传递函数具有以下形式：

$$\Phi(z) = \varphi_1 z^{-1} + \varphi_2 z^{-2} + \cdots + \varphi_N z^{-N} \tag{4-124}$$

式中 N 是可能情况下的最小正整数，反映了闭环系统的脉冲响应在 N 个采样周期后变为 0，进入稳态。

4.4.4.1 闭环脉冲传递函数 $\Phi(z)$

由图 4-31 可知，误差 $E(z)$ 的脉冲传递函数为：

$$\Phi_e(z)=\frac{E(z)}{R(z)}=\frac{R(z)-Y(z)}{R(z)}=1-\Phi(z) \tag{4-125}$$

式中，$E(z)$ 为误差信号 $e(t)$ 的 z 变换，即 $E(z)=R(z)-Y(z)$；$R(z)$ 为输入函数 $r(t)$ 的 z 变换，$Y(z)$ 为输出量 $y(t)$ 的 z 变换。于是误差 $E(z)$ 为

$$E(z)=R(z)\Phi_e(z) \tag{4-126}$$

4.4.4.2 典型输入下的最少拍控制系统稳定性

(1) 对于典型输入函数

$$r(t)=\frac{1}{(q-1)!}t^{q-1} \tag{4-127}$$

对应的 z 变换为

$$R(z)=\frac{B(z)}{(1-z^{-1})^q} \tag{4-128}$$

式中，$B(z)$ 是不包含 $(1-z^{-1})$ 因子的关于 z^{-1} 的多项式，当 q 分别等于 1、2、3 时，对应的典型输入为单位阶跃、单位速度、单位加速度输入函数。

(1) 单位阶跃输入($q=1$)

输入函数 $r(t)=1$，其 z 变换为：

$$R(z)=\frac{1}{1-z^{-1}} \tag{4-129}$$

$$\Phi(z)=1-(1-z^{-1})^q=z^{-1} \tag{4-130}$$

$$E(z)=R(z)\Phi_e(z)=R(z)[1-\Phi(z)]=\frac{1}{1-z^{-1}}z^{-1}=1$$

$$=1\cdot z^0+0\cdot z^{-1}+0\cdot z^{-2}+\cdots \tag{4-131}$$

进一步求得：

$$Y(z)=R(z)\Phi(z)=\frac{1}{1-z^{-1}}z^{-1}=z^{-1}+z^{-2}+z^{-3}+\cdots \tag{4-132}$$

说明只需一拍(一个采样周期)输出就能跟踪输入，误差为 0。

(2) 单位速度输入($q=2$)

输入函数 $r(t)=t$ 的 z 变换为：

$$R(z)=\frac{Tz^{-1}}{(1-z^{-1})^2} \tag{4-133}$$

$$\Phi(z)=1-(1-z^{-1})^2=2z^{-1}-z^{-2} \tag{4-134}$$

$$E(z)=R(z)\Phi_e(z)=R(z)[1-\Phi(z)]=\frac{Tz^{-1}}{(1-z^{-1})^2}(1-2z^{-1}+z^{-2})$$

$$=0z^0+Tz^{-1}+0z^{-2}+0z^{-3}+\cdots$$

$$Y(z)=R(z)F(z)=2Tz^{-2}+3Tz^{-3}+4Tz^{-4}+\cdots \tag{4-135}$$

说明只需二拍(两个采样周期)输出就能跟踪输入，达到稳态。

(3) 单位加速度输入($q=3$)

输入 $r(t)=\frac{1}{2}t^2$ 的 z 变换为：

$$R(z)=\frac{T^2z^{-1}(1+z^{-1})}{2(1-z^{-1})^3} \tag{4-136}$$

根据式(4-136)，有：

$$\Phi(z)=1-(1-z^{-1})^3=3z^{-1}-3z^{-2}+z^{-3} \tag{4-137}$$

同理：

$$E(z)=0z^0+\frac{1}{2}T^2z^{-1}+\frac{1}{2}T^2z^{-2}+0z^{-3}+0z^{-4}+\cdots \tag{4-138}$$

上式只需三拍(三个采样周期输出就能跟踪输入，达到稳态。

(2) 最少拍控制器稳定性

z 变换的终值定理：当输入信号的 z 变换存在有限终值时，输出信号的 z 变换也存在有限终值，并且两者之间存在线性关系。z 变换的终值定理也可以理解为假设有一个离散时间系统，其传递函数为 $H(z)$，输入信号为 $x(n)$，输出信号为 $y(n)$。根据终值定理，如果 $x(n)$的 z 变换存在有限终值 $X(z)$，那么 $y(n)$的 z 变换也存在有限终值 $Y(z)$，且它们之间存在如下关系：

$$Y(z)=H(z)*X(z) \tag{4-139}$$

根据 z 变换的终值定理，对于 $f(t)$的 z 变换 $F[z]$，$(1-z^{-1})F(z)$在 Z 平面以原点为圆心的单位圆上或圆外没有极点，则：

$$\lim_{n\to\infty}f(t)=\lim_{k\to\infty}f(kT)=\lim_{z\to 1}(1-z^{-1})F(z)=\lim_{z\to 1}\frac{z-1}{z}F(z) \tag{4-140}$$

系统的稳态误差为：

$$\begin{aligned}e(\infty)&=\lim_{z\to 1}(1-z^{-1})E(z)\\&=\lim_{z\to 1}(1-z^{-1})R(z)\Phi_e(z)=\lim_{z\to 1}(1-z^{-1})\frac{B(z)}{(1-z^{-1})^q}\Phi_e(z)\end{aligned} \tag{4-141}$$

输入函数 $R(z)$中的 $B(z)$没有$(1-z^{-1})$因子，因此要使稳态误差 $e(\infty)$为零，必须 $\Phi_e(z)$有$(1-z^{-1})$因子：

$$\Phi(z)=1-\Phi_e(z)=(1-z^{-1})^qF(z) \tag{4-142}$$

$\Phi_e(z)$幂次数不能低于 q，即 $\alpha\geqslant q$，$f(z)$是关于 z^{-1}的有限多项式：

$$\Phi_e(z)=1-\Phi(z)=(1-z^{-1})^qF(z) \tag{4-143}$$

这里 $F(z)$是关于z^{-1}的待定系数多项式。显然，为了使 $\Phi(z)$能够实现，$F(z)$中的首项应取为 1，即：

$$F(z)=1+f_1z^{-1}+f_2z^{-2}+\cdots+f_pz^{-p} \tag{4-144}$$

可以看出，$\Phi(z)=\dfrac{Y(z)}{R(z)}$具有 z^{-1}的最高次为 $N=p+q$，说明闭环响应从采样点开始经 N 拍可达到稳态。为了实现最小拍，可以取 $p=0$，$f(z)=1$，系统在采样点的输出可在最少 q 拍内达到稳态。因此最少拍控制器设计时选择 $\Phi(z)$为：

$$\Phi(z)=1-\Phi_e(z)=1-(1-z^{-1})^q \tag{4-145}$$

由式(4-145)可知，最少拍控制器 $D(z)$为

$$D(z)=\frac{1}{G(z)}\frac{\Phi(z)}{1-\Phi(z)}=\frac{1-(1-z^{-1})^q}{G(z)(1-z^{-1})^q} \tag{4-146}$$

可见，只要 $\Phi(z)$、$\Phi_e(z)$ 不包含圆外零点和极点，$D(z)$ 也不包含圆外极点，则 $D(z)$ 稳定，闭环稳定。

4.4.4.3 最少拍控制器的缺点

设计最少拍控制器的目的是使系统对某一典型输入的响应为最少拍，但是对于其他典型输入而言，其响应不一定为最少拍。例如，当中 $\Phi(z)$ 是按等速输入设计时有：

$$\Phi(z)=1-(1-z^{-1})^2=2z^{-1}-z^{-2} \tag{4-147}$$

3 种不同输入时对应的输出如下。

阶跃输入时，输出响应为：

$$Y(z)=R(z)\Phi(z)=\frac{2z^{-1}-z^{-2}}{1-z^{-1}}=2z^{-1}+z^{-2}+z^{-3}+\cdots \tag{4-148}$$

等速输入时，输出响应为：

$$Y(z)=\frac{Tz^{-1}}{(1-z^{-1})^2}(2z^{-1}-z^{-2})=2Tz^{-2}+3Tz^{-3}+4Tz^{-4}+\cdots \tag{4-149}$$

等加速输入时：

$$\begin{aligned}Y(z)=R(z)\Phi(z)&=\frac{T^2z^{-1}(1+z^{-1})}{2(1-z^{-1})^3}(2z^{-1}-z^{-2})\\&=T^2z^{-2}+3.5T^2z^{-3}+7T^2z^{-4}+11.5T^2z^{-5}+\cdots\end{aligned} \tag{4-150}$$

对于上述 3 种情况，如图 4-32 所示。

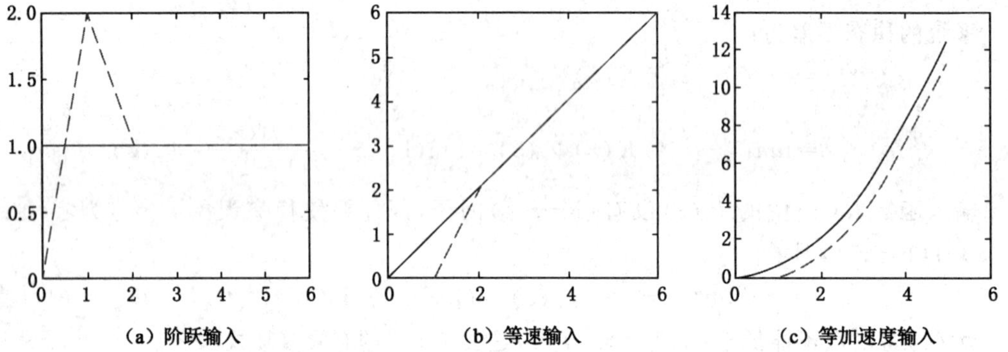

图 4-32 按等速输入设计的最少拍控制器对不同输入的响应

由上可知，一种典型的最少拍闭环脉冲传递函数中 $\Phi(z)$ 只适应一种特定的输入而不能广泛应用于其他输入。应用在次数低的输入，虽然可以稳定，但是会产生超调和长时间调整，对于高次数的输入，显然无法满足稳定要求，输出无法跟踪给定。

4.4.4.4 最少拍控制器的实现性问题

可实现性就是指控制器当前输出与当前的输入有关和以前输入有关，而与将来的信号无关，即控制器不能有 z 的正次幂项，$D(z)$ 必须物理实现。

在控制算法中，不允许出现未来时刻的误差值，这就要求数字控制器 $D(z)$ 不能有 z 的正幂项。假定对象有 d 个采样周期纯滞后，即：

$$G(z)=\frac{B(z)}{A(z)}z^{-d} \tag{4-151}$$

数字控制器：

$$D(z)=\frac{1}{G(z)}\frac{\Phi(z)}{\Phi_e(z)}=\frac{B(z)}{z^{-d}A(z)}\frac{\Phi(z)}{\Phi_e(z)}=\frac{z^{+d}\Phi(z)B(z)}{\Phi_e(z)A(z)} \tag{4-152}$$

为了避免 $D(z)$ 出现正幂次 z^{+d}，应该在构造闭环函数时，必须让 $\Phi(z)$ 包含 z^{-d} 因子，抵消 $G(z)$ 的 z^{-d} 因子。这样得到的最少拍控制器才是可以实现的。

4.4.4.5　最少拍控制的稳定性问题

对输出而言稳定必须不仅是采样点稳定，而且输出序列是收敛的。$D(z)$ 输出应稳定，即 $D(z)$ 传递函数无单位圆上和圆外的极点。闭环控制系统稳定是指 $\Phi(z)$ 无单位圆上及圆外的极点。

$$R(z)\Phi(z)=U(z)G(z)=C(z) \tag{4-153}$$

$$U(z)=\frac{\Phi(z)}{G(z)}R(z) \tag{4-154}$$

$G(z)$ 的零点是 $U(z)$ 的极点，若 $G(z)$ 有单位圆上和圆外零点，则 $U(z)$ 不稳定。

$$\Phi(z)=\frac{C(z)}{R(z)}=\frac{D(z)G(z)}{1+D(z)G(z)} \tag{4-155}$$

$G(z)$ 和 $D(z)$ 成对出现，若 $G(z)$ 有单位圆上和圆外的零点和极点，不能简单地利用 $D(z)$ 的极点和零点去抵消 $G(z)$ 的零极点，因为 $G(z)$ 当老化或参数稍微改变，这种简单的 $D(z)$ 极零点不能抵消 $G(z)$ 的零极点，造成系统紊乱，无法稳定。

若使系统稳定，且不让 $D(z)$ 的极零点与 $G(z)$ 的零极点对消：

$$D(z)=\frac{1}{G(z)}\frac{\Phi(z)}{1-\Phi(z)}=\frac{1}{G(z)}\frac{\Phi(z)}{\Phi_e(z)} \tag{4-156}$$

若 $G(z)$ 有单位圆上和圆外的零点时，构造 $\Phi(z)$ 时应有这些零点，进行抵消。若 $G(z)$ 有单位圆上和圆外的极点时，构造 $\Phi(z)$ 时使 $\Phi_e(z)$ 中包含这些极点作为零点。

4.4.5　最少拍有纹波控制器的设计

在图 4-31 所示的闭环控制系统中，被控对象的传递函数为：

$$G_c(s)=G'_c(s)e^{-\tau s} \tag{4-157}$$

式中，$G'_c(s)$ 是不含滞后部分的传递函数；τ 为纯滞后时间。

若令

$$d=\tau/T \tag{4-158}$$

则有

$$G(z)=Z\left[\frac{1-e^{-T_s}}{s}G_c(s)\right]=Z\left[\frac{1-e^{-Ts}}{s}G'_c(s)e^{-\tau s}\right]$$

$$=z^{-d}\cdot Z\left[\frac{1-e^{-T_s}}{s}G'_c(s)\right]=z^{-d}\cdot\frac{B(z)}{A(z)} \tag{4-159}$$

当连续被控对象 $G_c(s)$ 中不含纯滞后时，$d=0$；当 $G(s)$ 中含有纯滞后时，$d\geqslant 1$，即有 d 个采样周期的纯滞后。

设 $A(z)$ 的阶次为 m，$B(z)$ 的阶次为 n，$m>n$，于是，上式可改写为：

$$G(z)=z^{-d}\cdot\frac{B(z)}{A(z)}=z^{-d}\cdot\frac{z^{-(m-n)}\ (c_0+c_1z^{-1}+\cdots+c_nz^{-n})}{d_0+d_1z^{-1}+\cdots+d_mz^{-m}} \tag{4-160}$$

设 $G(z)$ 有 u 个零点 $b_1,b_2,\cdots,b_u$ 和 v 个极点 $a_1,a_2,\cdots a_v$ 在 Z 平面的单位圆上或圆外，$G'(z)$ 是 $G(z)$ 中不含单位圆上或圆外的零极点部分，则广义对象的传递函数可表示为：

$$G(z)=\frac{z^{-(d+m-n)}\prod_{i=1}^{u}(1-b_iz^{-1})}{\prod_{i=1}^{v}(1-a_iz^{-1})} \tag{4-161}$$

由式(4-161)可以看出，为了避免使 $G(z)$ 在单位圆外或圆上的零点、极点与 $D(z)$ 的极点、零点对消，同时又能实现对系统的补偿，选择系统的闭环脉冲传递函数时必须满足下面的约束条件。

(1) $\Phi_e(z)$ 零点的选择

$\Phi_e(z)$ 的零点必须包含 $G(z)$ 在 Z 平面单位圆外或圆上的所有极点，即：

$$\Phi_e(z)=1-\Phi(z)=\left[\prod_{i=1}^{r}(1-a_iz^{-1})\right](1-z^{-1})^qf_1(z) \tag{4-162}$$

式中，$f_1(z)$ 是关于 z^{-1} 的待定多项式，且不含 $G(z)$ 中的不稳定极点 a_i。为了使 $\Phi_e(z)$ 能够实现，$f_1(z)$ 应具有以下形式：

$$f_1(z)=1+f_{11}z^{-1}+f_{12}z^{-2}+\cdots+f_{1k}z^{-k} \tag{4-163}$$

式中，$f_{11},f_{12},\cdots,f_{1k}$ 为待定系数。

实际上，若 $G(z)$ 有 j 个极点在单位圆上，即在 $z=1$ 处，则由式(4-162)和式(4-163)可知，$\Phi_e(z)$ 的选择方法应对式(4-162)进行修改，根据 j、q 大小可按以下方法确定 $\Phi_e(z)$：

$$\Phi_e(z)=1-\Phi(z)=\left[\prod_{i=1}^{r-j}(1-a_iz^{-1})\right](1-z^{-1})^{\max(j,q)}f_1(z) \tag{4-164}$$

(2) $\Phi(z)$ 零点的设计

$\Phi(z)$ 的零点中，必须包含 $G(z)$ 在 Z 平面单位圆外或圆上的所有零点，即：

$$\Phi(z)=z^{-(d+m-n)}\left[\prod_{i=1}^{w}(1-b_iz^{-1})\right]f_2(z) \tag{4-165}$$

式中，$f_2(z)$ 是关于 z^{-1} 的待定多项式，且不含 $G(z)$ 中的不稳定零点 b_i。$f_2(z)$ 具有以下形式：

$$f_2(z)=f_{20}+f_{21}z^{-1}+f_{22}z^{-2}+\cdots+f_{2p}z^{-p} \tag{4-166}$$

式中，$f_{20},f_{21},\cdots,f_{2p}$ 为待定系数。

(3) 待定多项式 $f_1(z)$ 和 $f_2(z)$ 设计

① 阶次的确定

$\Phi_e(z)$ 和 $\Phi(z)$ 是关于 z^{-1} 的多项式，阶次相同，对于最少拍控制，式(4-163)中的 k 是使 $\Phi_e(z)$ 和 $\Phi(z)$ 阶次相同时的最小值。又因式(4-165)与式(4-166)或与式(4-136)的阶次相同，故有

a. 若 $G(z)$ 中有 j 个极点在单位圆上，当 $j\leqslant q$ 时，

$$p=q+r-j-w-d-m+n+k$$

$$f_2(z)=f_{20}+f_{21}z^{-1}+f_{22}z^{-2}+\cdots+f_{2(q+r-j-w-d-m+n+k)}z^{-(q+r-j-w-d-m+n+k)} \tag{4-167}$$

b. 若 $G(z)$ 中有 j 项个极点在单位圆上，当 $j>q$ 时，有

$$p = r - w - d - m + n + k$$

$$f_2(z) = f_{20} + f_{21} z^{-1} + f_{22} z^{-2} + \cdots + f_{2(r-w-d-m+n+k)} z^{-(r-w-d-m+n+k)} \tag{4-168}$$

② $f_1(z)$和$f_2(z)$中系数的设计

$f_1(z)$和$f_2(z)$阶次设计好后，由$\Phi_e(z) = 1 - \Phi(z)$两边对应z^{-1}指数项系数相等，求取$f_1(z)$和$f_2(z)$中的待定系数。

可以得到最少拍有纹波控制器为：

$$D(z) = \frac{1}{G(z)} \frac{\Phi(z)}{1-\Phi(z)} = \begin{cases} \dfrac{f_2(z)}{G'(z)(1-z^{-1})^{q-j} f_1(z)}, & j \leqslant q \\ \dfrac{f_2(z)}{G'(z) f_1(z)}, & j > q \end{cases} \tag{4-169}$$

上述约束条件设计的最少拍控制系统，能保证在采样点处最少周期内稳态误差为 0，但是无法克服 $y(t)$采样点间波动，称为最少拍有纹波控制系统。在采样点上无法观测到$y(t)$的纹波，因此这种纹波被称为隐蔽振荡(hidden oscillations)。

【例 4-1】 在图 4-33 所示的计算机控制系统中，被控对象的传递函数和零阶保持器的传递函数分别为$G_c(s) = \dfrac{10}{(s+1)(0.4s+1)}$和 $H(s) = \dfrac{1-e^{-T_s}}{s}$。采样周期 $T = 1$ s，是针对单位速度输入函数设计最少拍无纹波系统，画出数字控制器和系统的输出波形。

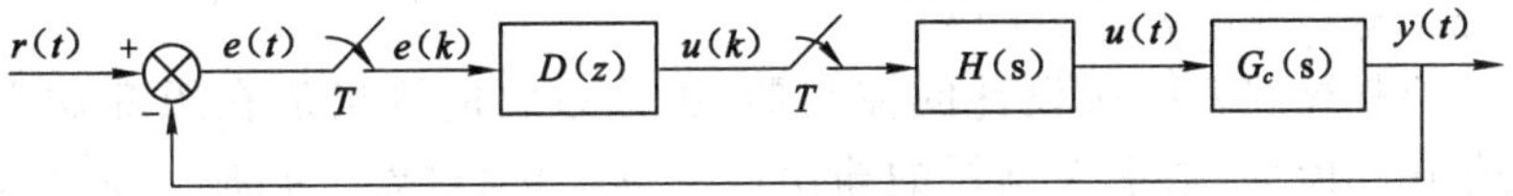

图 4-33　计算机控制系统框图

【解】 $G(s) = \dfrac{1-e^{-T_s}}{s} \cdot \dfrac{10}{s(s+1)(0.1s+1)}$

当 $T = 0.5$ s 时，其 z 变换为：

$$G(z) = z\left[\frac{1-e^{-Ts}}{s} \cdot \frac{10}{s(s+1)(0.1s+1)}\right]$$

$$= (1-z^{-1}) z\left[\frac{90Tz^{-1}}{(1-z^{-1})^2} - \frac{99}{1-z^{-1}} + \frac{100}{1-e^{-T}z^{-1}} - \frac{1}{1-e^{-10T}z^{-1}}\right]$$

$$G(z) = \frac{0.738\,5z^{-1}(1+1.481\,5z^{-1})}{1-z^{-1}} \frac{(1+0.053\,6z^{-1})}{(1-0.606\,7z^{-1})(1-0.006\,7z^{-1})}$$

单位阶跃输入，则

$$\Phi(z) = 1 - (1-z^{-1}) = z^{-1}$$

根据系统特点可以得到：

$$m = 3, n = 2, d = 0, w = 1, r = 1, q = 1, j = 1$$

数字控制器：

$$\Phi(z) = z^{-1}(1 + 1.4815\, z^{-1}) f_{20}$$

$$\Phi_e(z) = (1 - z^{-1})(1 + f_{11}\, z^{-1})$$

由$\Phi(z)=1-\Phi_e(z)$，解得

$$f_{11}=0.597 \qquad f_{20}=0.403$$

$$\Phi(z)=0.403z^{-1}(1+1.481\,5\,z^{-1})$$

$$\Phi_e(z)=(1-z^{-1})(1+0.597\,z^{-1})$$

$$D(z)=\frac{1}{G(z)}\frac{\Phi(z)}{1-\Phi(z)}=\frac{1}{G(z)}\frac{0.403z^{-1}(1+1.481\,5z^{-1})}{(1-z^{-1})(1+0.597z^{-1})}$$

$$=\frac{0.545\,7(1-0.606\,5z^{-1})(1-0.006\,7z^{-1})}{(1-0.053\,6z^{-1})(1+0.59\,7z^{-1})}$$

$$Y(z)=\Phi(z)R(z)=\frac{1}{1-z^{-1}}0.403z^{-1}(1+1.481\,5z^{-1})$$

$$=0.403z^{-1}+z^{-2}+\cdots$$

$$U(z)=E(z)D(z)=\Phi_e(z)R(z)$$

$$=(1+0.597z^{-1})\frac{0.545\,7(1-0.606\,5z^{-1})(1-0.006\,7z^{-1})}{(1-0.053\,6z^{-1})(1+0.597z^{-1})}$$

$$=0.545\,7z^{-1}-0.363\,8z^{-2}+0.021\,7z^{-3}-0.001\,2z^{-4}\cdots$$

$Y(z)$从零时刻输出序列为0，0.403，1，…，进入稳态，控制器的输出序列为0.545 7，−0.363 8，0.021 7，−0.001 2，呈现出了收敛的控制趋势。

4.3.6 最少拍无纹波控制器的设计

依据最少拍有纹波系统所设计的控制器，虽然系统的输出值在跟踪输入值，但非采样点有纹波存在。因为，数字控制器的输出序列$u(k)$经过若干拍应该为常值或0，而非振荡收敛的状态。这种纹波造成了非采样时刻误差，引起系统不必要的振荡和系统的损耗。

4.3.6.1 设计最少拍无纹波控制器的必要条件

被控对象$G_c(s)$应该跟随系统输入$r(t)$输出平滑、稳定$y(t)$。因此，在设计最少拍无纹波控制器时，$G(s)$中必须含有足够的积分环节，以保证系统在控制信号$u(k)$为常数时，$G_c(s)$的稳态输出中不含有纹波，并跟踪输入信号。

4.3.6.2 最少拍无纹波系统确定$\Phi(z)$的约束条件

要获得输出稳态无纹波，需要控制信号$u(k)$为常数或为零：

$$U(z)=\sum_{k=0}^{\infty}u(k)z^{-k}=u(0)+u(1)z^{-1}+u(2)z^{-2}+\cdots+u(l)z^{-l}+u(l+1)z^{-(l+1)}+\cdots \tag{4-170}$$

如果系统经过g个采样周期到达稳态，要求$u(g)=u(g+1)=u(g+2)=\cdots=$常数或0。

设广义对象$G(z)$含有d个采样周期的纯滞后，即：

$$G(z)=\frac{B(z)}{A(z)}z^{-d} \tag{4-171}$$

而

$$U(z)=\frac{Y(z)}{G(z)}=\frac{\Phi(z)}{G(z)}R(z) \tag{4-172}$$

将式(4-171)代入式(4-172),得:

$$U(z)=\frac{\Phi(z)}{z^{-d}B(z)}A(z)R(z)=\Phi_u(z)R(z) \tag{4-173}$$

其中

$$\Phi_u(z)=\frac{\Phi(z)}{z^{-d}B(z)}A(z) \tag{4-174}$$

稳态下,控制信号 $u(k)$ 为常数或 0,那么 $\Phi'(z)$ 只能是关于 z^{-1} 的有限多项式,式(4-174)中 $\Phi(z)$ 必须包括 $G(z)$ 所有零点。这样,原来最少拍有纹波系统设计时确定 $\Phi(z)$ 的公式(4-165)应修改为:

$$\Phi(z)=z^{-(d+m-n)}\left[\prod_{i=1}^{\omega}(1-b_i z^{-1})\right]f_2(z) \tag{4-175}$$

式中,ω 为 $G(z)$ 的所有零点数;$b_1,b_2,\cdots,b_\omega$ 为 $G(z)$ 的所有零点;$f_2(z)$ 是关于 z^{-1} 的多项式,且不含 $G(z)$ 中的不稳定零点 b_i。

$f_2(z)$ 具有以下形式:

$$f_2(z)=f_{20}+f_{21}z^{-1}+f_{22}z^{-2}+\cdots+f_{2p}z^{-p} \tag{4-176}$$

式中,$f_{20},f_{21}\cdots\cdots f_{2p}$ 为待定系数。

4.3.6.3　多项式 $\psi(z)$ 和 $F(z)$ 阶次的确定

(1) 多项式 $f_1(z)$ 和 $f_2(z)$ 阶次

因 $\Phi_e(z)=1-\Phi(z)$,故 $\Phi_e(z)$ 和 $\Phi(z)$ 关于 z^{-1} 的多项式阶次相同。$f_1(z)$ 阶次 k 是使 $\Phi_e(z)$ 与 $\Phi(z)$ 阶次相同时的最小值。又因式(4-165)与式(4-163)或与式(4-175)的阶次相同,故有待定系数 $f_{20},f_{21},\cdots,f_{2p}$,可由以下方式求得。

① 若 $G(z)$ 中有 j 个极点在单位圆上,当 $j\leqslant q$ 时,有:

$p=q+r-j-\omega-d-m+n+k$

$$f_2(z)=f_{20}+f_{21}z^{-1}+f_{22}z^{-2}+\cdots+f_{2(q+r-j-\omega-d-m+n+k)}z^{-(q+r-j-\omega-d-m+n+k)} \tag{4-177}$$

② 若 $G(z)$ 中有 j 个极点在单位圆上,当 $j>q$ 时,有

$p=v-\omega-d-m+n+k$

$$F(z)=f_0+f_1z^{-1}+f_2z^{-2}+\cdots+f_{v-\omega-d-m+n+k}z^{-(v-\omega-d-m+n+k)} \tag{4-178}$$

③ 多项式 $f_1(z)$ 和 $f_2(z)$ 系数的确定

根据等式 $\Phi_e(z)=1-\Phi(z)$ 两边对应 z^{-1} 指数项系数相等的方法求取 $f_1(z)$ 和 $f_2(z)$ 中的待定系数。

4.3.6.4　调整时间的变化

无纹波系统的调整时间要增加若干拍,增加的拍数等于 $G(z)$ 在单位圆内的零点数。

【例 4-2】 在图 4-31 所示的计算机控制系统中,被控对象的传递函数和零阶保持器的传递函数分别为 $G_c(s)=\dfrac{10}{s(s+1)}$ 和 $H(s)=\dfrac{1-e^{-T_s}}{s}$($T=1$ s),试针对单位速度输入函数设计最少拍无纹波系统,画出数字控制器和系统的输出波形。

【解】 首先求取广义对象的脉冲传递函数

$$G(z)=z\left[\frac{1-e^{-T_s}}{s}\cdot\frac{10}{s(s+1)}\right]$$

$$=(1-z^{-1})z\left(\frac{10}{s^2(s+1)}\right)$$

$$=10(1-z^{-1})\left[\frac{z^{-1}}{(1-z^{-1})^2}-\frac{1}{1-z^{-1}}+\frac{1}{1-0.367\,9z^{-1}}\right]$$

$$=\frac{3.679z^{-1}(1+0.718z^{-1})}{(1-z^{-1})(1-0.367\,9z^{-1})}$$

由 $G(z)$ 的表达式和 $G_c(z)$ 知，该系统满足无纹波设计的必要条件，且 $d=0,m=0,n=1,q=2,w=0,r=0,j=0,j<q$。由于选择 $k=0$ 时，$1-\Phi(z)\neq\Phi_e(z)$，根据式(4-134)只能选择最小 k，$k=1$，于是由式(4-135)得：

$$\Phi_e(z)=1-\Phi(z)=\left[\prod_{i=1}^{r-j}(1-a_iz^{-1})\right](1-z^{-1})^q\psi(z)=(1-z^{-1})^2(1+f_{11}z^{-1})$$

依式(4-148)有：

$$f_2(z)=f_{20}+f_{21}z^{-1}$$

由式(4-146)和式(4-148)选择：

$$\Phi(z)=z^{-(d+m-n)}\left[\prod_{i=1}^{\omega}(1-b_iz^{-1})\right]f_2(z)=z^{-1}(1+0.718z^{-1})(f_{20}+f_{21}z^{-1})$$

因：

$$1-\Phi(z)=\Phi_e(z)$$

故：

$$1-f_{20}z^{-1}-(f_{21}+0.718f_{20})z^{-2}-0.718f_{21}z^{-3}$$
$$=1+(f_{11}-2)z^{-1}+(1-2f_{11})z^{-2}+f_{11}z^{-3}$$

$$\begin{cases}f_{11}-2=-f_{20}\\1-2f_{11}=-(f_{21}+0.718f_{20})\\f_{11}=-0.718f_{21}\end{cases}\Rightarrow\begin{cases}f_{11}=0.592\\f_{20}=1.408\\f_{21}=-0.825\end{cases}$$

故有：

$$\Phi(z)=(1+0.718z^{-1})(1.408z^{-1}-0.825z^{-2})$$
$$\Phi_e(z)=({}^1-z^{-1})2(1+0.592z^{-1})$$

$$D(z)=\frac{1}{G(z)}\frac{\Phi(z)}{1-\Phi(z)}=\frac{0.272(1-0.3679z^{-1})(1.408-0.825z^{-1})}{(1-z^{-1})(1+0.592z^{-1})}$$

$$Y(z)=R(z)\Phi(z)=\frac{Tz^{-1}}{(1-z^{-1})^2}(1+0.718z^{-1})(1.408z^{-1}-0.825z^{-2})$$

$$=1.41z^{-2}+3z^{-3}+4z^{-4}+5z^{-5}+\cdots$$

$$U(z)=\frac{Y(z)}{G(z)}=\frac{R(z)\Phi(z)}{G(z)}$$

$$=\frac{Tz^{-1}}{(1-z^{-1})^2}\times(1+0.718z^{-1})(1.408z^{-1}-0.825z^{-2})\times$$

$$\frac{(1-z^{-1})(1-0.3679z^{-1})}{3.679z^{-1}(1+0.718z^{-1})}$$

$$=0.38z^{-1}+0.02z^{-2}+0.09z^{-3}+0.09z^{-4}+\cdots$$

数字控制器和系统的输出波形如图 4-34 所示。

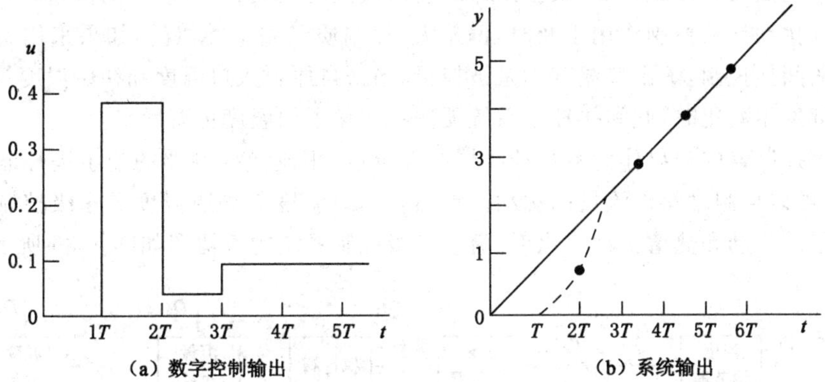

(a) 数字控制输出　　(b) 系统输出

图 4-34　输出序列波形图

4.5　串级控制技术

串级控制是在单回路 PID 控制的基础上发展起来的一种控制技术。对于某些复杂的控制对象，如果只用一个控制回路难以满足系统性能要求，常采用多个回路控制，这就是串级控制。串级控制是在单参数、单回路 PID 调节的基础上发展起来的一种控制方式，它可以较简易地解决几个因素影响同一个被控变量的相关问题。

4.5.1　串级控制的结构和原理

管式加热炉是炼油厂经常采用的设备，管式加热炉是石油炼制、石油化工、煤化工、焦油加工、原油输送等工业中使用的工艺加热炉，被加热物质在管内流动，介质为气体或液体，并且都是易燃易爆的物质，操作条件苛刻，同时长周期运转不间断操作，其工艺要求是炉出口温度须保持恒定。如图 4-35 为炉温控制系统。

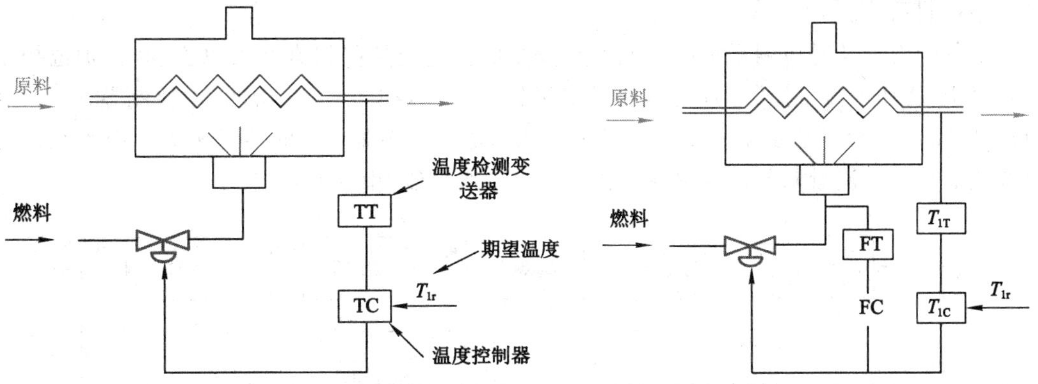

(a) 温度单回路控制原理　　(b) 加热炉出口温度与燃料流量的控制系统

图 4-35　温度-流量串级控制原理图

如果采用温度单回路控制，根据出口温度形成温度反馈，控制燃料的流量，由于原料、燃料的流量等扰动导致控制作用不及时，偏差大、控制质量差。类似的，如果采用管式加热炉出口温度的间接控制，炉出口温度不是被控量，当来自原料入口温度和初始温度等干扰因素使出口温度发生变化时，此间接控制系统无法将变化了的温度再调回来。

用温度控制器的输出作为流量控制器的设定值，用流量控制器的输出去控制燃料油管的控制阀，可以抑制燃料油流量的扰动。加热炉出口温度与炉膛温度的串级控制可以抑制燃料油流量的扰动和热值扰动。温度-流量串级控制系统的方框图如图 4-36 所示。

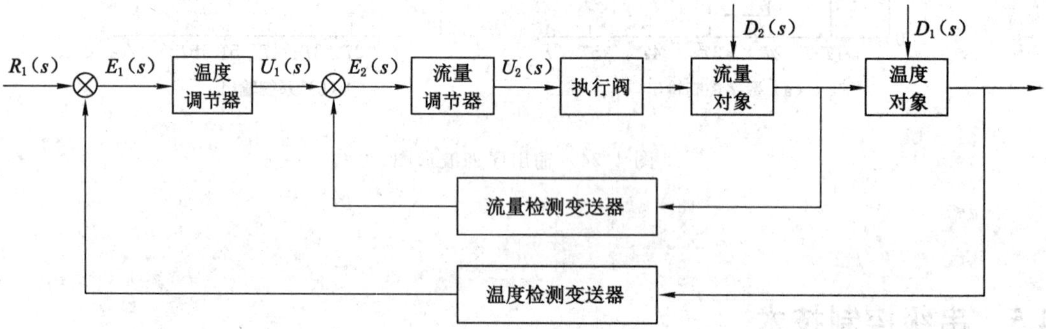

图 4-36　加热炉出口温度与燃料流量的串级控制结构

如果干扰来自燃料油流量的变化，在初始阶段，出口温度不变，温度控制器的输出不变，流量控制器就按照变化了的测量值与设定值之差进行控制，改变执行阀的原有开度，使燃料油向设定值靠近。当出口温度发生变化时，温度控制器不断改变流量控制器的设定值，流量控制器按照测量值与变化了的设定值之差进行控制，直到炉出口温度重新恢复到设定值。如果干扰来自原料油，使炉出口温度上升，给定值不变，那么温度控制器输出下降，流量控制器设定值下降，实现扰动抑制。如果上述两种扰动同时存在，即主副变量同向变化时，主、副调节器共同作用，执行阀的开度大幅度变化，使得炉出口温度很快恢复到设定值。主副变量反向变化时，两种干扰作用相互抵消，或燃料油流量只作很小的调整。通过分析可知，副控制器具有“粗调”的作用，而主控制器具有“细调”的作用，两者互相配合，控制质量必然高于单回路控制系统。

本例中为了及时检测系统中可能引起被控量变化的某些因素并加以控制，在炉温控制主回路中，增加了流量控制副回路，构成串级控制结构，如图 4-37 所示，主控制器$D_1(s)$和副控制器$D_2(s)$分别表示温度调节器 TC 和油料流量调节器 FC 的传递函数。因为系统温度调节器和油料流量调节器为串联结构工作，“串级控制”由此而得名。

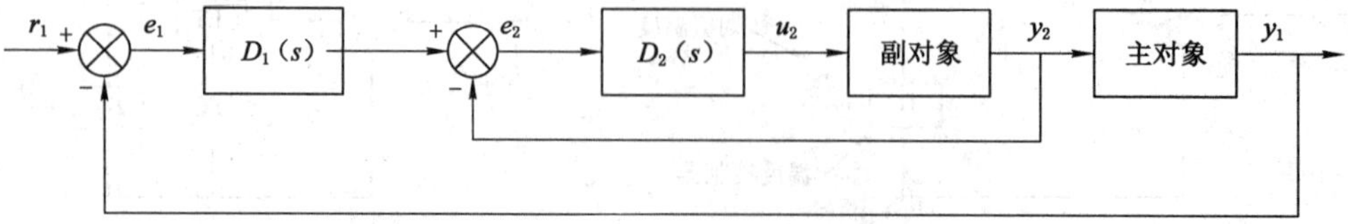

图 4-37　炉温和流量的串级控制结构

4.5.2　数字串级控制算法

根据图 4-37，$D_1(s)$和$D_2(s)$若由计算机来实现时，则计算机串级控制系统如图 4-38 所示，图中的$D_1(z)$和$D_2(z)$是由计算机实现的数字控制器，$H(s)$是零阶保持器，T 为采样周期，$D_1(z)$和$D_2(z)$通常是 PID 控制规律。

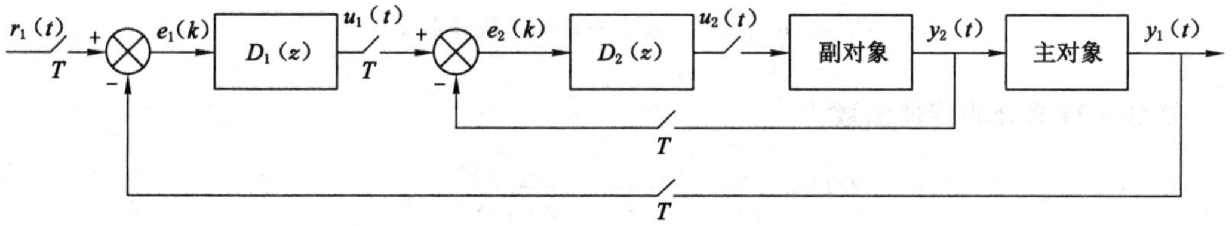

图 4-38　计算机串级控制系统

主回路控制器的输出是副回路的给定值，一般情况下，串级控制系统的算法是从外面的回路向内依次进行计算。对图 4-38 所示的双回路串级控制系统，其计算顺序为：

(1) 计算主回路的偏差$e_1(k)$

$$e_1(k)=r_1(k)-y_1(k) \tag{4-179}$$

(2) 计算主回路控制器$D_1(z)$的输出$u_1(k)$

$$\begin{aligned} u_1(k)&=u_1(k-1)+\Delta u_1(k) \\ \Delta u(k)&=K_{P_1}[e_1(k)-e_1(k-1)]+K_{I_1}e_1(k)+ \\ &\quad K_{D_1}[e_1(k)-2e_1(k-1)+e_1(k-2)] \end{aligned} \tag{4-180}$$

其中，K_{P_1}为主回路比例系数，$K_{I_1}=K_{P_1}\dfrac{T}{T_{I_1}}$为主回路积分系数，$K_{D_1}=K_{P_1}\dfrac{T_{D_1}}{T}$为主回路微分系数。

(3) 计算副回路的偏差$e_2(k)$

$$e_2(k)=u_1(k)-y_2(k) \tag{4-181}$$

(4) 计算副回路控制器$D_2(z)$的输出$u_2(k)$

$$\begin{aligned} \Delta u_2(k)&=K_{P_2}[e_2(k)-e_2(k-1)]+K_{I_2}e_2(k)+ \\ &\quad K_{D_2}[e_2(k)-2e_2(k-1)+e_2(k-2)] \end{aligned} \tag{4-182}$$

其中，K_{P_2}为副回路比例系数；$K_{I_2}=K_{P_2}\dfrac{T}{T_{I_2}}$为副回路积分系数；$K_{D_2}=K_{P_2}\dfrac{T_{D_2}}{T}$为副回路微分系数。

$$u_2(k)=u_2(k-1)+\Delta u_2(k) \tag{4-183}$$

4.5.3　副回路微分先行串级控制算法

对于主、副对象惯性较大的系统，还可以在副回路中采用微分先行的算法。即在副被控参数采样输入后，先进行不完全微分运算，然后再引至副回路的输入端。系统的结构如图 4-39所示。

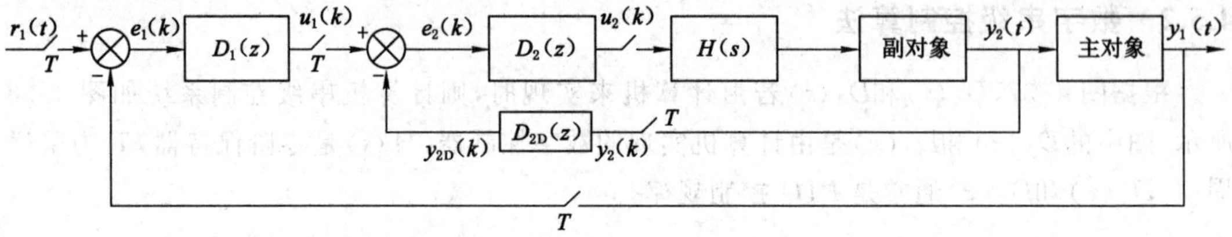

图 4-39 副回路微分先行的串级控制系统

微分先行部分的传递函数为：

$$D_{2D}(s)=\frac{Y_{2D}(s)}{Y_2(s)}=\frac{T_2(s)}{\alpha T_2(s)+1} \tag{4-184}$$

其中，α 为微分放大系数。相应的微分方程为：

$$\alpha T_2\frac{\mathrm{d}y_{2D}(t)}{\mathrm{d}t}+y_{2D}(t)=T_2\frac{\mathrm{d}y_2(t)}{\mathrm{d}t}+y_2(t) \tag{4-185}$$

写成差分方程为：

$$\frac{\alpha T_2}{T}[y_{2D}(k)-y_{2D}(k-1)]+y_{2D}(k)=\frac{T_2}{T}[y_2(k)-y_2(k-1)]+y_2(k) \tag{4-186}$$

整理得：

$$\begin{aligned}y_{2D}(k)&=\frac{\alpha T_2}{\alpha T_2+T}y_{2D}(k-1)+\frac{T_2+T}{\alpha T_2+T}y_2(k)-\frac{T_2}{\alpha T_2+T}y_2(k-1)\\&=\varphi_1 y_{2D}(k-1)+\varphi_2 y_2(k)-\varphi_3 y_2(k-1)\end{aligned} \tag{4-187}$$

式中：

$$\varphi_1=\frac{\alpha T_2}{\alpha T_2+T},\varphi_2=\frac{T_2+T}{\alpha T_2+T},\varphi_3=\frac{T_2}{\alpha T_2+T}$$

系数φ_1、φ_2、φ_3可先离线计算，并存入内存指定单元，以备控制计算时调用。下面给出副回路微分先行的串级控制算法。

(1) 计算主回路的偏差 $e_1(k)$

$$e_1(k)=r_1(k)-y_1(k)$$

(2) 计算主控制器的输出$u_1(k)$

$$u_1(k)=u_1(k-1)+\Delta u_1(k)$$

$$\begin{aligned}\Delta u(k)=&K_{P_1}[e_1(k)-e_1(k-1)]+K_{I_1}e_1(k)+\\&K_{D_1}[e_1(k)-2e_1(k-1)+e_1(k-2)]\end{aligned}$$

(3) 计算微分先行部分的输出$y_{2D}(k)$

$$y_{2D}(k)=\varphi_1 y_{2D}(k-1)+\varphi_2 y_2(k)-\varphi_3 y_2(k-1)$$

(4) 计算副回路的偏差$e_2(k)$

$$e_2(k)=u_1(k)-y_{2D}(k)$$

(5) 计算副控制器的输出$u_2(k)$

$$u_2(k)=u_2(k-1)+\Delta u_2(k)$$

$$\Delta u_2(k)=K_{P_2}[e_2(k)-e_2(k-1)]+K_{I_2}e_2(k)$$

串级控制系统设计原则：

① 系统中的主要扰动应该包含在副控回路之中。把主要扰动包含在副控回路中，可以在扰动影响到主控被调函数之前，已经由于副控回路的调节，使扰动的影响大大削弱。

② 副控回路中应该尽量包含积分环节。积分环节的相角滞后是 $-90°$，当副控回路包含积分环节时，总相角滞后将可以减少，有利于改善调节系统的品质。

③ 必须用一个可以测量的中间变量作为副控被调参数，或者通过观测分析，由下游状态推断上游状态的中间变量。

④ 主控、副控回路的采样周期 $T \neq T'$ 时，应该选择 $T \geqslant 3T'$，即 T 与 T' 之间相差三倍以上，以避免主控回路和副控回路之间发生相互干扰和共振。

串级控制优点：

① 稳定性好

串级控制系统由多个控制环节串联而成，相比于单一控制系统，稳定性更强。无论是控制对象的变化还是环境的扰动，都能够在前一级控制系统中被过滤掉，从而保证了整个系统的稳定性。在某些对稳定性要求很高的应用场景下，如化工过程、航空航天等领域，串级控制系统的优越性尤为明显。

② 响应速度快

串级控制系统中，控制环节多、响应速度快。每一级控制环节的响应速度都比单一控制系统要快，从而使得整个系统的响应速度更快。在一些对响应速度要求较高的场景中，例如土建工程监控、水利工程等领域，串级控制系统具备更大的优势。

③ 适应性强

由于串级控制系统中的每个环节都是相对独立的，因此每个环节都可以单独进行调整和优化，从而使得整个系统的适应性更强。即使是在控制对象发生变化的情况下，整个系统也能够自动调整参数，保持控制效果不变。这种适应性能力极大地方便了一些多变的应用场景，如汽车电子控制系统、智能电网控制、医疗设备控制等领域。

④ 可靠性高

串级控制系统中的每个环节在一定程度上都有容错性，从而使得整个控制系统的可靠性更高。即使某个环节发生了故障，整个系统也能够正常运行，直到故障环节得到维修。在一些对可靠性要求较高的场景中，例如火力发电控制、石化生产等领域，串级控制系统能够发挥出其独特的优势。

4.6　前馈-反馈控制技术

反馈控制的本质是“基于偏差来消除偏差”，是一种“不及时”的控制：无论扰动发生在哪里，总要等到被控量发生偏差后调节器才开始调节，调节器的动作总要落后扰动作用的发生。前馈控制理论基础是“不变性原理”或“干扰补偿理论”。前馈控制基础是测量并获取进入过程中的干扰(包含外界干扰和设定值改变)量，并按其信号产生适宜控制作用去改变操纵变量，使受控变量维持在设定值上。这是一种开环控制形式，在控制算法和参数选择合适的情况下，能实现很高的精度。

4.6.1 前馈控制的结构和原理

前馈控制的典型结构如图 4-40 所示。

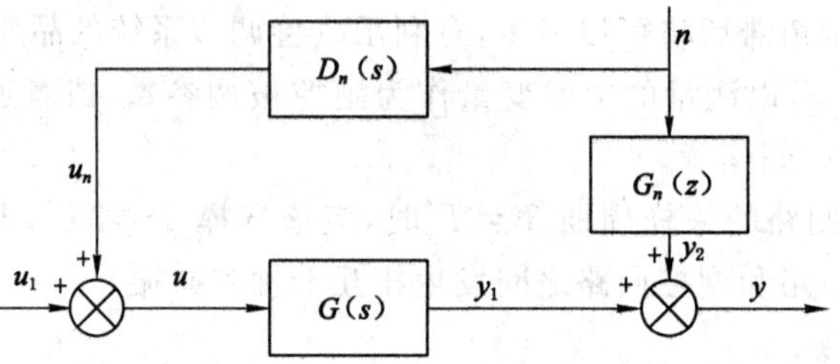

图 4-40 前馈控制结构

图 4-40 中，$G_n(s)$是被控对象扰动通道的传递函数；$D_n(s)$是前馈控制器的传递函数；$G(s)$是被控对象控制通道的传递函数；n、u、y 分别为扰动量、控制量、被控量。

为了便于分析扰动量的影响，假定$u_1=0$，则有：

$$Y(s)=Y_1(s)+Y_2(s)=[D_n(s)G(s)+G_n(s)]N(s) \tag{4-189}$$

若要使前馈作用完全补偿扰动作用，则应使扰动引起的被控量变化为 0，即 $Y(s)=0$，因此，有：

$$D_n(s)G(s)+G_n(s)=0 \tag{4-190}$$

由此可得前馈控制器的传递函数为：

$$D_n(s)=-\frac{G_n(s)}{G(s)} \tag{4-191}$$

上式中，前馈控制率为对象的干扰通道与控制通道的特性负比值，负号表示控制作用与干扰作用方向相反。

在实际生产控制过程中，因为前馈控制是一个开环系统，因此，很少只采用前馈控制的方案，常采用前馈-反馈控制相结合的方案。

前馈控制的工作原理和特点：

① 前馈控制直接按干扰作用的大小进行控制，比反馈控制要及时。

② 前馈控制属于开环控制，控制效果不能通过反馈验证，因此对控制器的设计要求比较严格。

③ 前馈控制系统只能用来克服生产过程中主要的、可测不可控的扰动，而不能克服不可测的扰动。

④ 前馈控制系统一般只能实现局部补偿而不能保证被调量完全不变，一种前馈控制只能控制一种干扰。

⑤ 前馈控制器是视对象特性而定的“专用”控制器，不像反馈控制通用 PID 算法，前馈控制算法依对象不同而不同。

理想控制连续地维持在恒定设定值上。显然，这种理想控制性能反馈控制系统是做不到的。这是因为反馈控制是按被控变量偏差动作的，在干扰作用下，受控变量总要经历一个偏离设定值过渡过程。前馈控制另一突出优点是，本身不形成闭合反馈回路，不存在闭环稳定性问题，所以也就不存在控制精度和稳定性矛盾。前馈控制和反馈控制的比较如表 4-5 所示。

表 4-5　前馈控制和反馈控制的比较

序号		反馈控制	前馈控制
1	控制的依据	被控量变差	干扰量的波动
2	检测的信号	被控变量	干扰量
3	控制作用发生的时间	偏差出现后	偏差出现前，扰动发生时
4	系统结构	闭环控制	开环控制
5	控制质量	动态有差控制	无差控制（理想状态）
6	控制器	常规 PID	专用控制器
7	经济型	一种系统可克服多种干扰	每一种都有一个控制系统

4.6.2　前馈-反馈控制结构

采用前馈与反馈控制相结合的控制结构，可以扬长避短，优势互补，两者优缺点比较如表 4-6 所示。图 4-41 所示为前馈-反馈控制结构图。

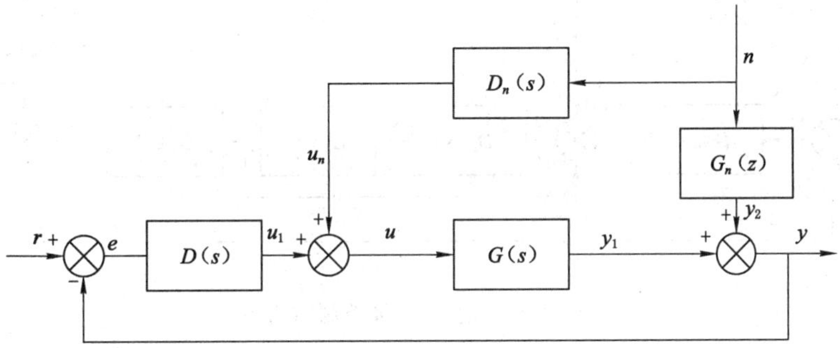

图 4-41　前馈-反馈控制结构图

表 4-6　前馈控制与反馈控制优缺点比较

前馈控制的优点	使可测扰动对系统没有影响或影响很小；对系统的稳定性没有影响
前馈控制的缺点	对不可测扰动或不明扰动无法消除影响；控制器和对象参数变化影响系统的准确性
反馈控制的优点	任何扰动对系统的影响均可消除；系统准确性高
反馈控制的缺点	有偏差才控制，不能事先规定调节器的输出

可知，前馈-反馈控制结构是在反馈控制的基础上，增加了一个扰动的前馈控制，由于完全补偿的条件未变，因此仍有：

$$D_n(s)=-\frac{G_n(s)}{G(s)} \tag{4-192}$$

前馈-反馈控制系统优点：

① 由于增加了反馈回路，大大简化了原有前馈控制系统，只需对主要的干扰进行前馈补偿，其他干扰可由反馈控制予以校正。

② 反馈回路的存在，降低了前馈控制模型的精度要求，为工程上实现比较简单的通用模型创造了条件。

③ 负荷变化时，模型特性也要变化，可由反馈控制加以补偿，因此具有一定自适应能力。

前馈-反馈控制系统的局限性：

① 前馈控制器的输出与反馈控制器的输出相叠加后送至控制阀，这实际上将所要求的物料流量与加热蒸气流量对应关系转化为物料流量与控制阀膜头压力间的关系。为了保证前馈补偿的精度，对控制阀提出了严格要求，希望它灵敏、线性及有尽可能小的滞环区（要求）。

② 必须要求控制阀前后压差恒定，否则无法实现精确的校正。

③ 为解决上述问题将前馈与串级相结合构成前馈-串级控制系统。

实用应用中，还常采用前馈-串级控制结构，如图 4-42 所示。图中，$D_1(s)$、$D_2(s)$分别为主、副控制器的传递函数；$G_1(s)$、$G_2(s)$分别为主、副对象。

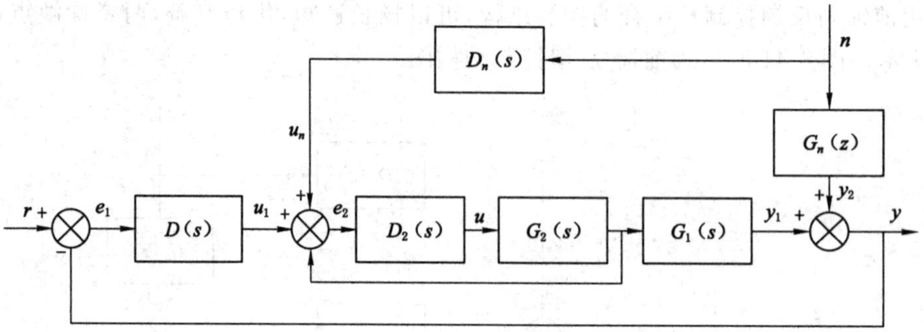

图 4-42 前馈-串级控制结构图

前馈-串级控制能及时克服进入前馈回路和串级副回路的干扰对被控量的影响，因前馈控制的输出不直接作用于执行机构，而是补充到串级控制副回路的给定值中，这样就降低了对执行机构动态响应性能的要求，这也是前馈-反馈控制结构广泛被采用的原因。

前馈控制选用原则：

① 若控制系统中控制通道的惯性和迟延较大，反馈控制达不到良好的控制效果时，可引入前馈控制。

② 当系统中存在着经常变动、可测而不可控的扰动时，反馈控制难以克服扰动对被控量的影响，这时可引入前馈控制加以改善控制品质。例如，在锅炉汽包水位控制系统中，引入了蒸汽流量前馈信号，蒸汽流量对被控水位来说就是一个可测而不可控的扰动信号。

③ 当工艺上要求实现变量间的某种特殊的关系，而需要通过建立数学模型来实现控制时，可以引入前馈控制。

④ 经济实用原则。在决定选用前馈控制方案后，当静态前馈能满足工艺要求时，就不

必选用动态前馈。

4.6.3　数字前馈-反馈控制算法

图 4-43 是计算机前馈-反馈控制系统的方框图。T 为采样周期，$D_n(z)$ 为前馈控制器，$D(z)$ 为反馈控制器，$H(s)$ 为零阶保持器。

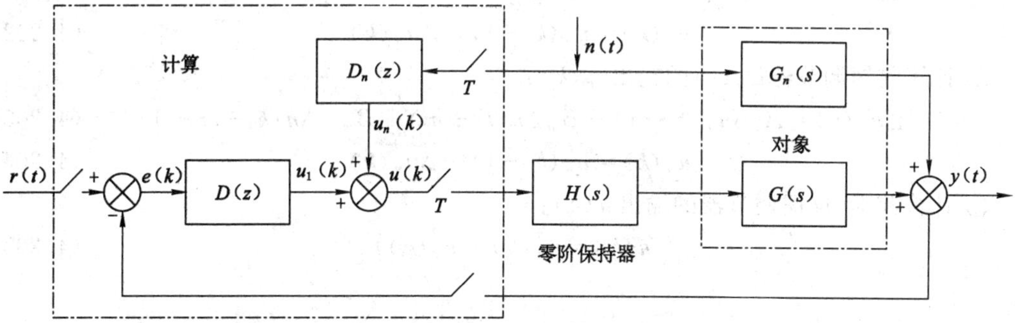

图 4-43　计算机前馈-反馈控制系统

$D_n(z)$，$D(z)$ 是由数字计算机实现的，若 $G_n(s)=\dfrac{K_1}{1+T_1 s}e^{-\tau_1 s}$ 和 $G(s)=\dfrac{K_2}{1+T_2 s}e^{-\tau_2 s}$，令 $\tau=\tau_1-\tau_2$，则

$$D_n(s)=\frac{U_n(s)}{N(s)}=K_f\frac{s+\dfrac{1}{T_2}}{s+\dfrac{1}{T_1}}e^{-\tau s} \tag{4-193}$$

式中，$K_f=-\dfrac{K_1T_2}{K_2T_1}$。

由式(4-193)可得前馈调节器的微分方程为：

$$\frac{du_n(t)}{dt}+\frac{1}{T_1}u_n(t)=K_f\left[\frac{dn(t-\tau)}{dt}+\frac{1}{T_2}n(t-\tau)\right] \tag{4-194}$$

假设采样周期 $T=\dfrac{1}{f_s}$ 足够短，可对微分进行离散化，得到差分方程。设纯滞后时间 τ 是采样周期 T 的整数倍，即 $\tau=hT$，离散化时，令：

$$u_n(t)\approx u_n(k),n(t-\tau)\approx n(k-m),dt\approx T \tag{4-195}$$

$$\frac{du_n(t)}{dt}\approx\frac{u_n(k)-u_n(k-1)}{T} \tag{4-196}$$

$$\frac{dn(t-\tau)}{dt}\approx\frac{n(k-m)-n(k-m-1)}{T} \tag{4-197}$$

由式(4-193)和式(4-194)可得到差分方程：

$$u_n(k)=A_1u_n(k-1)+B_mn(k-m)+B_{m+1}n(k-m+1) \tag{4-198}$$

式中：

$$A_1=\frac{T_1}{T+T_1},B_m=K_f\frac{T_1(T+T_2)}{T_2(T+T_1)},B_{m+1}=-K_f\frac{T_1}{T+T_1} \tag{4-199}$$

根据差分方程式(4-198)，便可编辑制出相应的软件，由计算机实现前馈调节器了。下面推导计算机前馈-反馈控制的算法步骤：

① 计算反馈控制的偏差 $e(k)$：

$$e(k)=r(k)-y(k) \tag{4-200}$$

② 计算反馈控制器(PID)的输出 $u_1(k)$：

$$\Delta u_1(k)=K_P\Delta u_n(k-1)+B_m\Delta n(k-m)+B_{m+1}\Delta n(k-m+1) \tag{4-201}$$

$$u_n(k)=u_n(k-1)+\Delta u_n(k) \tag{4-202}$$

③ 计算前馈调节器 $D_n(s)$ 的输出 $u_n(k)$：

$$\Delta u_n(k)=A_1\Delta u_n(k-1)+B_m\Delta n(k-m)+B_{m+1}\Delta n(k-m+1) \tag{4-203}$$

$$u_n(k)=u_n(k-1)+\Delta u_n(k) \tag{4-204}$$

④ 计算前馈-反馈调节器的输出 $u(k)$：

$$u(k)=u_n(k)+u_1(k) \tag{4-205}$$

习　题

1. 假设某个热处理对象的温度范围为 0—500 ℃，通过一个温度变送器将其输出的模拟电压转换为数字信号，输入到 ADC0809 模数转换器中。ADC0809 的输入范围为 0—5 V。设某一温度下，ADC0809 输出的转换结果为 39 H 时，对应的炉内温度是多少度？

2. 假设某个炉温度的变化范围是 0—500 ℃，要求分辨率为 2.5 ℃，同时温度变送器的输出范围为 0—5 V。如果使用的 A/D 转换器的输入范围也是 0—5 V，那么该 A/D 转换器的字长是多少位？另外，假设现在通过调整变送器的零点来将信号的零点迁移到 500 ℃。那么，在这种情况下，系统对炉温变化的分辨率是多少？

3. 现指定某化工过程控制的执行机构输入变化范围为 4—20 mA，并且具有 0.04 mA 的灵敏度，所需要的 D/A 转换器的字长是多少位？

4. 简述数字控制器的连续化设计步骤。

5. 某系统的连续控制器设计为

$$D(s)=\frac{U(s)}{E(s)}=\frac{1+T_1s}{1+T_2s}$$

试用双线性变换法、前向差分法、后向差分法分别求取数字控制器 $D(z)$，并分别给出 3 种方法对应的递推控制算法。

6. 试说明 PID 控制中，P、I、D 三个参数的控制作用。数字 PID 位置型控制算法和增量型控制算法的含义并比较它们的优缺点。

7. 已知模拟调节器的传递函数为：

$$D(s)=\frac{U(s)}{E(s)}=\frac{1+0.2s}{1+0.1s}$$

试写出相应数字控制器的位置型和增量型控制算式，设采样周期 $T=0.2$ s。

8. 简述数字 PID 改进方法有哪些？请做比较。

9. 已知被控对象的传递函数为：

$$G_c(s)=\frac{1}{s(0.5s+1)}$$

采样周期 $T=1$ s，采用零阶保持器。要求：

(1) 当输入为单位速度信号时，设计最少拍无纹波系统的 $D(z)$，计算输出响应 $y(k)$、控制信号 $u(k)$ 和误差 $e(k)$ 序列，并画出它们对时间变化的波形。

(2) 当输入为单位阶跃信号时，设计最少拍有纹波系统 $D(z)$，计算 $y(k)$、$u(k)$、$e(k)$ 序列，并画出它们对时间变化的波形。

10. 在图 4-39 所示的计算机串级控制系统中，已知采样周期为 T，且有

$$D_1(z)=\frac{a_0-a_1z^{-1}+a_2z^{-2}}{1-z^{-1}},D_2(z)=\frac{b_0-b_1z^{-1}}{1-z^{-1}}$$

其中 a_0、a_1、a_2、b_0、b_1 是使 $D_1(z)$ 和 $D_2(z)$ 能够实现的常数，试写出计算机串级控制算法。

第5章　现代控制技术

在经典控制理论中，设计和分析单输入单输出系统主要用传递函数模型，但传递函数模型很难了解到系统内部的变化情况，它只反映出系统的输出变量与输入变量之间的关系。在现代控制理论中，使用状态空间模型来设计和分析多输入多输出系统，便于计算机求解，同时也可以用来进行多变量系统的分析。

5.1　状态空间下输出反馈设计法

状态空间是控制工程中的一个名词。状态是指在系统中可决定系统状态、最小数目变量的有序集合。而所谓状态空间则是指该系统全部可能状态的集合。简单来说，状态空间可以视为一个以状态变数为坐标轴的空间，因此系统的状态可以表示为此空间中的一个向量。

为了使数学模式不受输入、输出及状态的个数所影响，输入、输出及状态都会以向量的形式表示，而微分方程(若是线性非时变系统，可将微分方程转变为代数方程)则会以矩阵的形式来表示。

状态空间表示法提供一种方便简捷的方法来针对多输入、多输出的系统进行分析并建立模型。一般频域的系统处理方式需限制在常系数，起始条件为0的系统。而状态空间表示法对系统的系数及起始条件没有限制。

建立在状态空间法基础上的一种控制理论，是自动控制理论的一个主要组成部分。在现代控制理论中，对控制系统的分析和设计主要是通过对系统的状态变量的描述来进行的，基本的方法是时间域方法。现代控制理论比经典控制理论所能处理的控制问题要广泛得多，包括线性系统和非线性系统，定常系统和时变系统，单变量系统和多变量系统。它所采用的方法和算法也更适合于在数字计算机上进行。现代控制理论还为设计和构造具有指定的性能指标的最优控制系统提供了可能性。

设线性定常系统被控对象的连续状态方程为：

$$\begin{cases}\dot{x}(t)=Ax(t)+Bu(t) & x(t)\big|_{t=t_0}=x(t_0)\\ y(t)=Cx(t)\end{cases}\tag{5-1}$$

式中　$x(t)$——n 维状态向量；

　　$u(t)$——r 维控制向量；

$y(t)$——m 维输出向量；
M——$n \times n$ 维状态矩阵；
B——$n \times r$ 维控制矩阵；
C——$n \times m$ 维输出矩阵。

利用状态空间表达式，采用输出反馈设计法，设计出数字控制器 $D(z)$，使得多变量计算机控制系统满足控制目标，即在控制器 $D(z)$ 的作用下，系统输出 $y(t)$ 经过 N 次采样 N 拍后，跟踪参考输入函数 $r(t)$ 的瞬变响应时间为最小。设系统的闭环结构形式如图 5-1 所示。

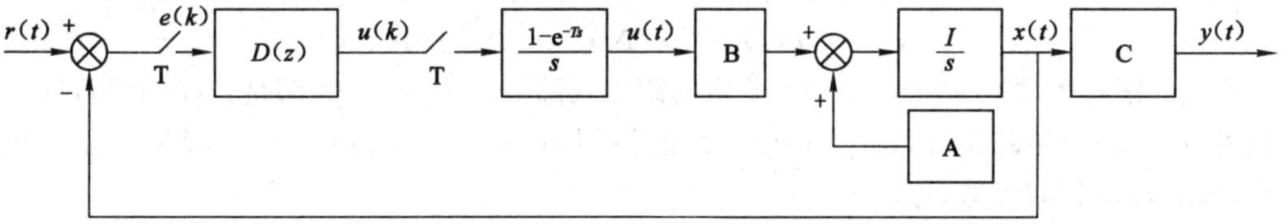

图 5-1　具有输出反馈的多变量计算机控制系统

假设参考输入函数 $r(t)$ 是 m 维阶跃函数向量，即：

$$r(t) = r_0 \cdot 1(t) = [r_{01} \quad r_{02} \cdots \quad \cdots r_{0m}]^{\mathrm{T}} \cdot 1(t) \tag{5-2}$$

先确定在 $D(z)$ 的作用下，输出是最少 N 拍跟踪所需要的控制输入的条件。设计时，应首先离散化被控对象，用离散的状态空间方程来表示被控对象。

连续状态方程的离散化：

在 $u(t)$ 的作用下，式(5-1)的解为：

$$x(t) = \mathrm{e}^{A(t-t_0)} x(t_0) + \int_{t_0}^{t} \mathrm{e}^{A(t-\tau)} Bu(\tau) \mathrm{d}\tau \tag{5-3}$$

其中，$\mathrm{e}^{A(t-t_0)}$ 是被控对象的状态转移矩阵，$x(t_0)$ 是初始状态向量。如果已经知道被控对象的前面有零阶保持器，即

$$u(t) = u(k), kT \leqslant t < (k+1)T \tag{5-4}$$

上式中，T 为采样周期，现在要求将连续被控对象模型连同零阶保持器一起进行离散化。在式(5-3)中，若令 $t_0 = kt$，$t = (k+1)T$ 同时考虑到零阶保持器的作用，则式(5-3)变为：

$$x(k+1) = \mathrm{e}^{AT} x(k) + \int_{kT}^{(k+1)T} \mathrm{e}^{A(kT+T-\tau)} \mathrm{d}\tau Bu(k) \tag{5-5}$$

若令 $t = kT + T - \tau$，则上式可进一步化为离散状态方程：

$$\begin{cases} x(k+1) = Fx(k) + Gu(k) \\ y(k) = Cx(k) \end{cases} \tag{5-6}$$

$$F = \mathrm{e}^{AT}, G = \int_0^T \mathrm{e}^{A\tau} \mathrm{d}\tau B \tag{5-7}$$

式(5-6)便是式(5-1)的等效离散状态方程。由上述可知离散化的关键，是式(5-7)中矩阵指数及其积分的计算。

由式(5-1)中的系统输出方程可知，$y(t)$ 以最少的 N 拍跟踪参考输入 $r(t)$，必须满足条件：

$$y(N)=Cx(N)=r_0 \tag{5-8}$$

仅按条件式(5-8)设计的系统，将是有纹波系统，所以要满足以下条件，才能设计无纹波系统：

$$\dot{x}(N)=0 \tag{5-9}$$

这是因为，在 $NT\to(N+1)T$ 的时间间隔内，s 控制信号 $u(t)=u(N)$ 为常向量，由式(5-1)知，当 $\dot{x}(N)=0$ 时，则在 $NT\to(N+1)T$ 的时间间隔内 $x(t)=x(N)$，且固定不变。就是说，若使 $t\geqslant NT$ 时的控制信号满足：

$$u(t)=u(N),(t\geqslant NT) \tag{5-10}$$

此时，$x(t)=x(N)$ 且不改变，则使条件式(5-8) 对 $t\geqslant NT$ 时始终满足下式：

$$y(t)=Cx(t)=Cx(N)=r_0,(t\geqslant NT) \tag{5-11}$$

确定的跟踪条件为 m 个，式(5-9)确定的附加跟踪条件为 n 个，为满足式(5-8)和式(5-9)组成的$(m+n)$个跟踪条件，$(N+1)$个 r 维的控制向$\{u(0)\quad u(1)\quad\cdots\quad u(N)\}$必须至少提供$(m+n)$个控制参数，亦即：

$$(N+1)r\geqslant(m+n) \tag{5-12}$$

最少拍数 N 应取满足式(5-12)的最小整数。

输出反馈设计法的设计步骤：

① 将连续状态方程进行离散化。

对于由式(5-1)给出的被控对象的连续状方程，用采样周期 T 对其进行离散化，通过计算式(5-7)，可求得离散状态方程为式(5-6)。

② 求满足跟踪条件式(5-8)和附加条件式(5-9)的 $U(z)$。

被控对象的离散状态方程式(5-6)的解为：

$$x(k)=F^kx(0)+\sum_{j=0}^{k-1}F^{k-j-1}Gu(j) \tag{5-13}$$

被对象 N 步控制信号$\{u(0)\ u(1)\ \cdots\ u(N)\}$作用下的状态为：

$$x(N)=F^Nx(0)+\sum_{j=0}^{N-1}F^{N-j-1}Gu(j) \tag{5-14}$$

假定系统的初始条件 $x(0)=0$，则有：

$$x(N)=\sum_{j=0}^{N-1}F^{N-j-1}Gu(j) \tag{5-15}$$

根据条件式(5-8)，有：

$$r_0=y(N)=Cx(N)=\sum_{j=0}^{N-1}CF^{N-j-1}Gu(j) \tag{5-16}$$

用分块矩阵形式来表示，得到：

$$\begin{aligned}r_0&=\sum_{j=0}^{N-1}CF^{N-j-1}Gu(j)\\&=[CF^{N-1}G\vdots CF^{N-2}G\vdots\ \cdots\ \vdots CFG\vdots CG]\begin{bmatrix}u(0)\\u(1)\\\vdots\\u(N-2)\\u(N-1)\end{bmatrix}\end{aligned} \tag{5-17}$$

再由条件式(5-9)和式(5-1)可知：

$$\dot{x}(N)=Ax(N)+Bu(N)=0 \tag{5-18}$$

将式(5-4)代入上式，得：

$$\sum_{j=0}^{N-1}AF^{N-j-1}Gu(j)+Bu(N)=0 \tag{5-19}$$

或

$$[AF^{N-1}G \vdots AF^{N-2}G \vdots \quad \cdots \quad \vdots AG \vdots B]\begin{bmatrix}u(0)\\u(1)\\\vdots\\u(N-1)\\u(N)\end{bmatrix}=0 \tag{5-20}$$

由式(5-16)和式(5-17)可以组成确定$(N+l)$个控制序列$\{u(0)\ u(1)\cdots u(N-1)u(N)\}$的统一方程组为：

$$\begin{bmatrix}CF^{N-1}G \vdots & CF^{N-2}G & \vdots & & \vdots & CG & \vdots & 0\\ \vdots & \vdots & & \cdots & \vdots & \vdots & & \\ AF^{N-1}G & AF^{N-2}G & \vdots & & \vdots & AG & \vdots & \\ B & & & & & & & \end{bmatrix}\begin{bmatrix}u(0)\\u(1)\\\vdots\\u(N-1)\\u(N)\end{bmatrix}=\begin{bmatrix}r_0\\0\end{bmatrix} \tag{5-21}$$

若方程(5-21)有解，并设解为：

$$u(j)=P(j)r_0 \quad (j=0,1,2,\cdots,N) \tag{5- 22}$$

当 $k = N$ 时，控制信号 $u(k)$应满足：

$$u(k)=u(N)=P(N)r_0 \quad (k\geqslant N) \tag{5-23}$$

这样就由跟踪条件求得了控制序列$\{y(k)\}$，其 z 变换为：

$$U(z)=\sum_{k=0}^{\infty}u(k)z^{-k}=\Big[\sum_{k=0}^{N-1}P(k)z^{-k}+P(N)\sum_{k=N}^{\infty}z^{-k}\Big]r_0$$

$$=\Big[\sum_{k=0}^{N-1}P(k)z^{-k}+\frac{P(N)z^{-N}}{1-z^{-1}}\Big]r_0 \tag{5-24}$$

③ 求取误差序列$\{e(k)\}$的 z 变换 $E(z)$。

误差向量为：

$$e(k)=r(k)-y(k)=r_0-Cx(k) \tag{5-25}$$

假定 $x(0)=0$，将式(5-3)代入上式，得：

$$e(k)=r_0-\sum_{j=0}^{k-1}CF^{(k-j-1)}Gu(j) \tag{5-26}$$

再将式(5-21)代入上式，则：

$$e(k)=\Big[I-\sum_{j=0}^{k-1}CF^{(k-j-1)}GP(j)\Big]r_0 \tag{5-27}$$

误差序列$\{e(k)\}$的 z 变换为：

$$E(z)=\sum_{k=0}^{\infty}e(k)z^{-k}=\sum_{k=0}^{N-1}e(k)z^{-k}+\sum_{k=N}^{\infty}e(k)z^{-k} \tag{5-28}$$

式中$\sum_{k=N}^{\infty} e(k) z^{-k}=0$,因为满足跟踪条件式(5-8)和附加条件式(5-9),即当$k \geqslant N$时误差信号应消失,因此

$$E(z)=\sum_{k=0}^{N-1} e(k) z^{-k}=\sum_{k=0}^{N-1}\left[I-\sum_{j=0}^{k-1} C F^{(k-j-1)} G P(j)\right] r_0 z^{-k} \tag{5-29}$$

④ 求控制器的脉冲传递函数$D(z)$。

根据式(5-28)和式(5-29)可求得$D(z)$为:

$$D(z)=\frac{U(z)}{E(z)} \tag{5-30}$$

【例 5-1】 设二阶单输入单输出系统,其状态方程为

$$\begin{cases}\dot{x}(t)=A x(t)+B u(t) \\ y(t)=C x(t)\end{cases}$$

其中$A=\begin{bmatrix}-1 & 0 \\ 1 & 0\end{bmatrix}, B=\begin{bmatrix}1 \\ 0\end{bmatrix}, C=\begin{bmatrix}0 & 1\end{bmatrix}$,采样周期$T=1\ \mathrm{s}$,试设计最少拍无纹波控制器$D(z)$。

【解】

$$F=\mathrm{e}^{AT}=\begin{bmatrix}\mathrm{e}^{-1} & 0 \\ 1-\mathrm{e}^{-1} & 1\end{bmatrix}=\begin{bmatrix}0.368 & 0 \\ 0.632 & 1\end{bmatrix}, G=\int_0^T \mathrm{e}^{A} \mathrm{d} t B=\begin{bmatrix}1-\mathrm{e}^{-1} \\ \mathrm{e}^{-1}\end{bmatrix}=\begin{bmatrix}0.632 \\ 0.368\end{bmatrix}$$

离散状态方程为:

$$\begin{cases}x(k+1)=F x(k)+G u(k) \\ y(k)=C x(k)\end{cases}$$

要设计无纹波系统,跟踪条件应满足:

$$(N+1) r \geqslant(m+n)$$

而$n=2, r=2, m=2$,因此取$N=2$即可满足上式条件。

由式(5-17)可得:

$$\begin{bmatrix}CFG & CG & 0 \\ AFG & AG & B\end{bmatrix}\begin{bmatrix}u(0) \\ u(1) \\ u(2)\end{bmatrix}=\begin{bmatrix}r_0 \\ 0 \\ 0\end{bmatrix}$$

即

$$\begin{bmatrix}0.768 & 0.368 & 0 \\ -0.232 & -0.632 & 1 \\ 0.232 & 0.632 & 0\end{bmatrix}\begin{bmatrix}u(0) \\ u(1) \\ u(2)\end{bmatrix}=\begin{bmatrix}r_0 \\ 0 \\ 0\end{bmatrix}$$

进一步得:

$$\begin{bmatrix}u(0) \\ u(1) \\ u(2)\end{bmatrix}=\begin{bmatrix}P(0) \\ P(1) \\ P(2)\end{bmatrix} r_0=\begin{bmatrix}1.58 \\ -1.58 \\ 0\end{bmatrix} r_0$$

$$P(0)=1.58, \quad P(1)=-1.58, \quad P(2)=0$$

由式(5-19)和$N=2$知:

$$U(z)=\left[\sum_{k=0}^{N-1}P(k)z^{-k}+\frac{P(N)z^{-N}}{1-z^{-1}}\right]r_0$$
$$=\left[P(0)+P(1)z^{-1}+\frac{P(2)z^{-2}}{1-z^{-1}}\right]r_0$$
$$=(1.58-1.58z^{-1})r_0$$

由式(5-20)和 $N=2$ 知：

$$E(z)=\sum_{k=0}^{N-1}\left[I-\sum_{j=0}^{k-1}CF^{(k-j-1)}GP(j)\right]r_0z^{-k}$$
$$=\{I+[I-CGP(0)]z^{-1}\}r_0$$
$$=(1+0.418z^{-1})r_0$$

所以数字控制器 $D(z)$ 为：

$$D(z)=\frac{U(z)}{E(z)}=\frac{1.58-1.58z^{-1}}{1+0.418z^{-1}}$$

5.2　状态空间下极点配置法

对于一个给定的系统，能否和如何用比例反馈方法把极点移到指定的位置，这既是一个理论问题，同时也是一个方法问题。传统的输出反馈方法虽然也能改变系统极点的位置，但有很大的局限性。对于单输入单输出情况，输出反馈只能使极点在根轨迹曲线上变动，而不能把它们移到其他位置上去(见根轨迹法)。采用状态反馈方法可以实现极点的任意配置。

给定一个定常线性系统(A,B,C)(见线性系统理论)，则在采用反馈增益矩阵 K(即比例环节)实现状态反馈后，闭环系统就变成为$(A-BK,B,C)$。闭环系统的特征多项式即是行列。

极点配置问题就归结为对于指定的 n 个期望极点 $s_1,s_2,\cdots,s_n$(n 是系统的维数)确定一个适当的反馈增益矩阵 K，使下式成立：

$$\text{rank}[G\quad FG\quad\cdots\quad F^{n-1}G]=n$$

只要原系统(A,B,C)是能控的，则这样的反馈增益矩阵 K 就一定可以找到。反馈增益矩阵 K 的求解，对于单输入单输出情况，已有较为简单的计算公式；对于一般的多输入多输出情况，计算步骤要复杂得多，往往需要采用计算机来处理。

在计算机控制系统中，除了使用输出反馈控制外，还较多地使用状态反馈控制，因为由状态输入就可以完全地确定系统的未来行为。图 5-2 给出了计算机控制系统的典型结构。在 5.1.1 节中，讨论了连续的被控对象同零阶保持器一起进行离散化的问题，同时忽略数字控制器的量化效应，则图 5-2 可以简化为如图 5-3 所示的离散系统。

在离散系统中，我们将讨论控制器的设计，采用状态反馈的极点配置方法。首先，我们会讨论调节系统的情况，其中输入信号 $r(k)$ 被设置为零。然后，我们会转向跟踪系统，并探讨如何引入外部参考信号 $r(k)$。

通常，按极点配置设计的控制器由两个主要部分组成：第一个部分是状态观测器，它根据测量到的输出信号 $y(k)$ 重构系统的完整状态$\hat{x}(k)$；第二个部分是控制规律器，它直接对重构的完整状态进行反馈。图 5-4 展示了调节系统的情况，其中输入信号 $r(k)$ 被设置为零。

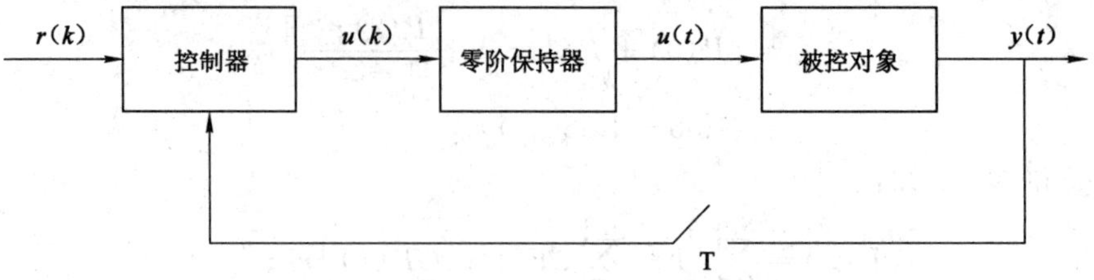

图 5-2　计算机控制系统的典型结构图

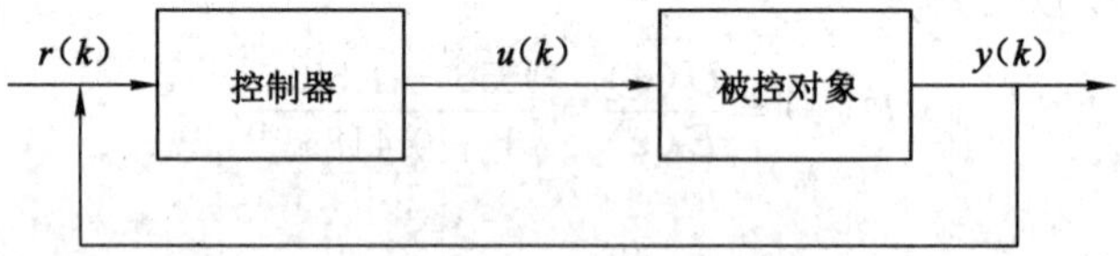

图 5-3　简化的离散系统结构图

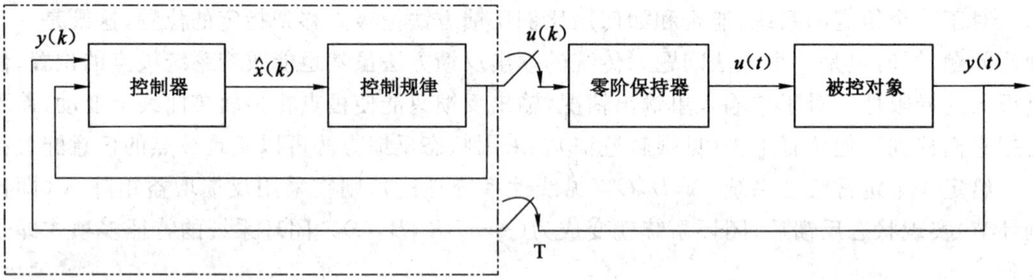

图 5-4　调节系统中控制器的结构

5.2.1　按极点配置设计控制规律

在极点配置设计控制规律时，我们暂时假设控制规律反馈的是实际对象的完整状态，而非重构后的状态，这意味着直接使用实际对象的状态来设计控制器。图 5-5 展示了这一概念。

设连续被控对象的状态方程为：

$$\begin{cases} \dot{x}(t)=Ax(t)+Bu(t) \\ y(t)=Cx(t) \end{cases} \tag{5-31}$$

由第 5.1.1 节知，相应的离散状态方程为：

$$\begin{cases} x(k+1)=Fx(k)+Gu(k) \\ y(k)=Cx(k) \end{cases} \tag{5-32}$$

且

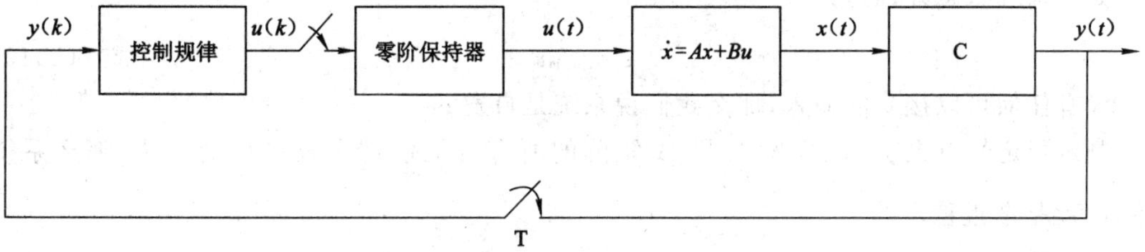

图 5-5　按极点配置设计控制规律

$$\begin{cases} F = e^{AT} \\ G = \int_0^T e^{At}\,dtB \end{cases} \tag{5-33}$$

式中，T 为采样周期。若图 5-5 中的控制规律为线性状态反馈，即：

$$u(k) = -Lx(k) \tag{5-34}$$

为了实现所需的极点配置，我们需要设计适当的反馈控制规律，并获得具有所需极点配置的闭环系统状态方程。通过代入式(5-34)至式(5-32)，我们可以得到闭环系统的状态方程：

$$x(k+1) = (F - GL)x(k) \tag{5-35}$$

显然，闭环系统的特征方程为：

$$|zI - F + GL| = 0 \tag{5-36}$$

设给定所需要的闭环系统的极点为 $z_i(i=1,2,\cdots,n)$，则很容易求得闭环系统特征方程为：

$$\begin{aligned} \beta(z) &= (z - z_1)(z - z_2)\cdots(z - z_n) \\ &= z^n + \beta_1 z^{n-1} + \cdots + \beta_n = 0 \end{aligned} \tag{5-37}$$

由式(5-36)和式(5-37)可知，反馈控制规律 L 应满足如下方程：

$$|zI - F + GL| = \beta(z) \tag{5-8}$$

展开上式中的行列式，对两边 z 的同次幂的系数进行比较，得到 n 个代数方程。但输入为单输入时，方程的个数与 L 中未知元素的个数相同，所以通常可以得到 L 的唯一解。当输入为多输入时，设计计算相对繁杂，且仅由式(5-38)并不能完全确定 L，所以需要对其他的条件进行限制才能完全确定 L。在本节中，只讨论单输入的情况，对于任意的极点配置，L 具有唯一解的充分必要条件是被控对象完全能控，即

$$\mathrm{rank}[G \quad FG \quad \cdots \quad F^{n-1}G] = n \tag{5-39}$$

这个结论可说明只有当系统的所有状态都是能控的，然后通过适当的状态反馈控制，将闭环系统的极点配置在任意指定的位置。

5.2.2　按极点配置设计状态观测器

观测器可以用来补充或者取代控制系统中的传感器，所谓观测器并不是一种具体的器件，而是指结合感知信号与控制系统其他信号产生观测信号的一种算法，可以将该过程理解成一段程序，在有些情况下，观测器也可以用来提高系统性能，减少采样延迟。当然观测器技术也不是万能的，它增加了系统的复杂性，并且需要计算资源，与实际传感器相比，它的鲁棒性可能要差，但是熟练运用观测器仍然会带来许多便利。

如果系统状态方程为：

$$\dot{x}=Ax \tag{5-40}$$

没有任何可以接受的输入，那么我们说系统是自发的。

判定稳定性首先看 A 矩阵，如果 A 矩阵的所有特征值都在复平面的左边，那么系统 $\dot{x}=Ax$ 就是渐近稳定的。

如果系统为：

$$\dot{x}=Ax+Bu \tag{5-41}$$

则可以控制 u 改变系统状态，则该系统是能控的。

如果我们可以从输出 y 中推算出(其实是建立状态观测器估计出)x，则我们说系统是能观的。

前面讨论的按点配置设计控制规律时，假定全部状态均可直接用于反馈，实际上，难以做到，因为有些状态无法量测。因此必须设计状态观测器，根据所量测的输出 $y(k)$和 $u(k)$重构全部状态。因而实际反馈的是重构状态$\hat{x}(k)$，而不是真实的状态 $x(k)$，即

$$u(k)=-L\hat{x}(k)$$

如图 5-2 所示。常用的状态观测器有 3 种：预报观测器、现时观测器和降阶观测器。

(1) 预报观测器

常用的观测器方程为：

$$\hat{x}(k+1)=F\hat{x}(k)+Gu(k)+K[y(x)-C\hat{x}(k)] \tag{5-42}$$

上式中，$\hat{x}$是 x 的状态重构；K 为增益矩阵。由于$(k+1)$时刻的状态重构只用到了 kT 时刻的量测量 $y(k)$，因此称式(5-42)为预报观测器，其结构如图 5-6 所示。

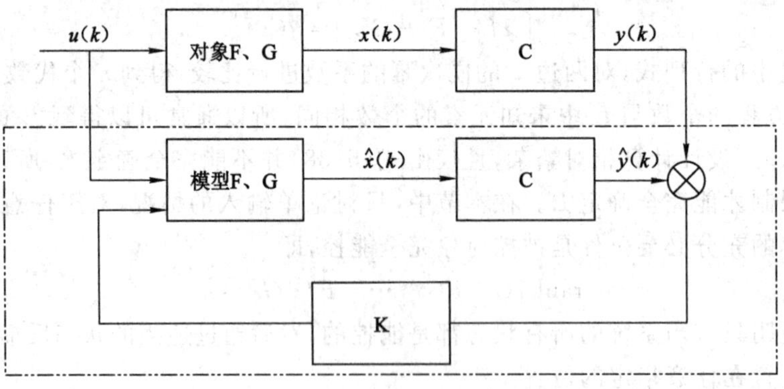

图 5-6　预报观测器

在观测器的设计中，选择合理的观测器的增益矩阵 K 是重中之重。系统中状态重构误差定义为：

$$\tilde{x}=x-\hat{x} \tag{5-43}$$

则

$$\bar{x}(k+1)=x(k+1)-\hat{x}(k+1)$$
$$=Fx(k)+Gu(k)-F\hat{x}(k)-Gu(k)-K[Cx(k)-C\hat{x}(k)]$$
$$=[F-KC][x(k)-\hat{x}(k)]$$
$$=[F-KC]x(k) \tag{5-44}$$

因此，要想得到合适的 K 使系统式(5-44)渐近稳定，则重构误差要求需要收敛到 0，即使系统式(5-32)不是稳定的，在重构中引入观测反馈量，也可以使得误差逐渐收敛为 0。式(5-44)为观测器的误差动态方程，通过上式可知，合理的选择 K，可以把状态重构误差动态方程的极点配置在想要的位置上。

规定观测器期望的极点 $z(1,2,\cdots,n)$，即可以得到如下的观测器期望的特征方程：

$$\alpha(z)=(z-z_1)(z-z_2)\cdots(z-z_n)=z^n+a_1z^{n-1}+\cdots+\alpha_n=0 \tag{5-45}$$

由式(5-44)可得状态重构误差的特征方程为：

$$|zI-F+KC|=0 \tag{5-46}$$

为了获得期望的状态重构性能，由式(5-45)和式(5-46)可得：

$$a(z)=|zI-F+KC| \tag{5-47}$$

对于 SISO 系统，对式(5-47)两边 z 的同次幂的系数进行比较，可得到 K 中 n 个未知数。对于任意的极点配置，当系统完全能观测时，K 都具有唯一解，即：

$$\text{rank}\begin{bmatrix} C \\ CF \\ \vdots \\ CF^{s-1} \end{bmatrix}=n \tag{5-48}$$

(2) 现时观测器

在预报观测器中，控制信号 $u(k)$中包含了前一时刻的输出量。在这种控制方式中，采样周期的长短将会影响对系统的控制效果。为此，可采用如下的观测器方程：

$$\begin{cases} \bar{x}(k+1)=F\hat{x}(k)+Gu(k) \\ \hat{x}(k+1)=\bar{x}(k+1)+K[y(k+1)-Cx(k+1)] \end{cases} \tag{5-49}$$

由于$(k+1)T$ 时刻的状态重构$\hat{x}(k+1)$也用到了现时刻的量测量 $y(k+1)$，因此称式(5-49)为现时观测器。

由式(5-32)和式(5-49)可得状态重构误差为：

$$\hat{x}(k+1)=x(k+1)-\hat{x}(k+1)$$
$$=[Fx(k)+Gu(k)]-\{x(k+1)+K[Cx(k+1)-C\bar{x}(k+1)]\}$$
$$=[F-KCF]\tilde{x}(k) \tag{5-50}$$

从而得到现时观测器状态重构误差的特征方程为：

$$|zI-F+KC|=0 \tag{5-51}$$

由下式确定 K 的值，获得期望的状态重构性能：

$$a(z)=|zI-F+KC| \tag{5-52}$$

同时，也要求系统必须完全能观，这是得到 K 的必要条件。

(3) 降阶观测器

在实际系统中，系统的输出量 $y(k)$ 中，一部分是已经知道的，所以不需要进行估计。因此，只要估计其余的状态变量即可，将原状态向量分成两部分，即：

$$x(k)=\begin{bmatrix}x_a(k)\\x_b(k)\end{bmatrix} \tag{5-53}$$

式中，$x_a(k)$ 是输出中已知的部分状态；$x_b(k)$ 是需要重构的部分状态。由此可得到原被控对象的状态方程式(5-32)如下，：

$$\begin{bmatrix}x_a(k+1)\\x_b(k+1)\end{bmatrix}=\begin{bmatrix}F_{aa} & F_{ab}\\F_{ba} & F_{bb}\end{bmatrix}\begin{bmatrix}x_a(k)\\x_b(k)\end{bmatrix}+\begin{bmatrix}G_a\\G_b\end{bmatrix}u(k) \tag{5-54}$$

上式展开并写成：

$$\begin{cases}x_b(k+1)=F_{bb}x_b(k)+[F_{ba}x_a(k)+G_bu(k)]\\x_a(k+1)-F_{aa}x_a(k)-G_au(k)=F_{ab}x_b(k)\end{cases} \tag{5-55}$$

将式(5-55)与式(5-32)比较后，可建立如下的对应关系：

$$\begin{array}{cc}\underline{(5\text{-}32)} & \underline{(5\text{-}55)}\\ \underline{x(k)} & \underline{x_b(k)}\\ F & F_{bb}\\ Gu(k) & F_{ba}x_a(k)+G_bu(k)\\ y(k) & x_a(k+1)-F_{aa}x_a(k)-G_au(k)\\ C & F_{ab}\end{array} \tag{5-56}$$

参考预报观测器方程式(5-42)，可以写出相应于式(5-32)的观测器方程为：

$$\begin{aligned}\hat{x}_b(k+1)=&F_{bb}\hat{x}_b(k)+[F_{ba}x_a(k)+G_bu(k)]+\\&K[x_a(k+1)-F_{aa}x_a(k)-G_au(k)-F_{ab}\hat{x}_b(k)]\end{aligned} \tag{5-57}$$

上式便是根据已量测到的状态 $x_a(k)$，重构其余状态 $\hat{x}_b(k)$ 的观测器方程。可以看到 $x_b(k)$ 的阶数小于 $x(k)$ 的阶数，因此这种观测器被叫做降阶观测器。

由式(5-56)和式(5-57)可得状态重构误差为：

$$\begin{aligned}\tilde{x}_b(k+1)&=x_b(k+1)-\hat{x}_b(k+1)\\&=(F_{bb}-KF_{ab})[x_b(k)-\hat{x}_b(k)]\\&=(F_{bb}-KF_{ab})x_b(k)\end{aligned} \tag{5-58}$$

从而求得降阶观测器状态重构误差的特征方程为：

$$|zI-F_{bb}+KF_{\Delta b}|=0 \tag{5-59}$$

同理，为了获得期望的状态重构性能，由式(5-45)和式(5-59)可得：

$$\alpha(z)=|zI-F_{bs}+K\,F_{at}| \tag{5-60}$$

通过上式可以得到观测器的增益矩阵 K。若降阶观测器的极点已知，即 $\alpha(z)$ 已知，如果仍只考虑单输出(即 $x_a(k)$ 的维数为 1)的情况，根据式(5-60)即可解得增益矩阵 K。与上述相同 K 具有唯一解的充分必要条件也是系统完全能观。

【例 5-2】 设被控对象的连续状态方程为：

$$\begin{cases}\dot{x}(t)=Ax(t)+Bu(t)\\y(t)=Cx(t)\end{cases}$$

其中：

$$A=\begin{bmatrix}0&1\\0&0\end{bmatrix},\quad B=\begin{bmatrix}0\\1\end{bmatrix},\quad C=[1\quad 0]$$

采样周期为 $T=0.1$ s，要求确定 K。

(1) 设计预报观测器，并将观测器特征方程的两个极点配置在$z_{1,2}=0.2$ 处。

(2) 设计现时预测器，并将观测器特征方程的两个极点配置在$z_{1,2}=0.2$ 处。

(3) 假定x_1是能够量测的状态，x_2是需要估计的状态，设计降阶观测器，并将观测器特征方程的极点配置在 $z=0.2$ 处。

【解】 将式(5-60)离散化，得离散状态方程为：

$$\begin{cases}x(k+1)=Fx(k)+Gu(k)\\y(k)=Cx(k)\end{cases}$$

其中

$$F=e^{AT}=\begin{bmatrix}1&T\\0&1\end{bmatrix},\quad G=\int_0^T e^{AT}\,dtB=\begin{bmatrix}\frac{T^2}{2}\\T\end{bmatrix}$$

将 $T=0.1$ s 代入式(5-53)得：

$$F=\begin{bmatrix}1&0.1\\0&1\end{bmatrix},\quad G=\begin{bmatrix}0.005\\0.1\end{bmatrix}$$

由已知条件知：

$$\alpha(z)=(z-z_1)(z-z_2)=(z-0.2)^2=z^2-0.4z+0.04=0$$

$$\begin{aligned}|zI-F+KC|&=\left|\begin{bmatrix}z&0\\0&z\end{bmatrix}-\begin{bmatrix}1&0.1\\0&1\end{bmatrix}+\begin{bmatrix}k_1\\k_2\end{bmatrix}[1\quad 0]\right|\\&=z^2-(2-k_1)+1-k_1+0.1k_2\\&=0\end{aligned}$$

比较式(5-33)和式(5-34)，得

$$\begin{cases}2-k_1=0.4\\1-k_1+0.1k_2=0.04\end{cases}$$

解得

$$\begin{cases}k_1=1.6\\k_2=6.4\end{cases}\quad K=\begin{bmatrix}1.6\\6.4\end{bmatrix}$$

(2) 由已知条件知

$$\alpha(z)=(z-z_1)(z-z_2)=(z-0.2)^2=z^2-0.4z+0.04=0$$

$$\begin{aligned}|zI-I+KCF|&=\left|\begin{bmatrix}z&0\\0&z\end{bmatrix}-\begin{bmatrix}1&0.1\\0&1\end{bmatrix}+\begin{bmatrix}k_1\\k_2\end{bmatrix}[1\quad 0]\begin{bmatrix}1&0.1\\0&1\end{bmatrix}\right|\\&=z^2+(k_1+0.1k_2-2)z+1-k_1=0\end{aligned}$$

得：

$$\begin{cases}k_1+0.1k_2-2=-0.4\\1-k_1=0.04\end{cases}$$

解得：

$$\begin{cases}k_1=0.96\\k_2=6.4\end{cases}\quad K=\begin{bmatrix}0.96\\6.4\end{bmatrix}$$

(3) 由前面知

$$F=\begin{bmatrix}1 & 0.1\\0 & 1\end{bmatrix}=\begin{bmatrix}F_{aa} & F_{ab}\\F_{ba} & F_{bb}\end{bmatrix}$$

$$\alpha(z)=z-0.2=0$$

$$|zI-F_{bb}+KF_{ab}|=z-1+0.1K$$

得 $K=0.8$。

5.2.3 按极点配置设计控制器

5.2.3.1 状态反馈控制器的要求

在设置全状态反馈控制器时，应满足下列条件

(1) 保证反馈系统的稳定性

(2) 调整可预期的输入输出变量行为

(3) 提高阻尼

(4) 改善暂态响应

(5) 补偿扰动误差

(6) 提高参考信号的跟踪精度

设被控对象的离散状态方程为

$$\begin{cases}x(k+1)=Fx(k)+Gu(k)\\y(k)=Cx(k)\end{cases}\tag{5-61}$$

设控制器由预报观测器和状态反馈控制规律组合而成，即

$$\begin{cases}\hat{x}(k+1)=F\hat{x}(k)+Gu(k)+K[y(k)-C\hat{x}(k)]\\u(k)=-L\hat{x}(k)\end{cases}\tag{5-62}$$

5.2.3.2 分离性原理

控制理论中的分离原理(separation principle)，之前曾称为估测及控制分离原理(principle of separation of estimation and control)是指若一些假设条件成立的前提下，随机系统的最佳回授控制器设计。可以先设计最佳的状态观测器观测系统状态，再将状态反馈到决定性的最佳控制器中，即可求解。即问题可以分离为两个部分，将有助于控制器的设计。已证明若已针对一线性时不变系统设计了 BIBO 稳定的状态观测器，以及稳定的状态反馈，将此状态观测器及控制器合并之后的系统也是稳定的。

由式(5-61)和式(5-62)构成的闭环系统的状态方程可写成：

$$\begin{cases} x(k+1)=Fx(k)-GL\hat{x}(k) \\ \hat{x}(k+1)=KCx(k)+(F-GL-KC)\hat{x}(k) \end{cases} \tag{5-63}$$

再将上式改写成：

$$\begin{bmatrix} x(k+1) \\ \hat{x}(k+1) \end{bmatrix}=\begin{bmatrix} F & -GL \\ KC & F-GL-KC \end{bmatrix}\begin{bmatrix} x(k) \\ \hat{x}(k) \end{bmatrix} \tag{5-64}$$

由上式构成的闭环系统的特征方程为：

$$\begin{aligned} \gamma(z) &= \left| zI-\begin{bmatrix} F & -GL \\ KC & F-GL-KC \end{bmatrix} \right| \\ &= \begin{vmatrix} zI-F & GL \\ -KC & zI-F+GL+KC \end{vmatrix} \\ &= \begin{vmatrix} zI-F+GL & GL \\ zI-F+GL & zI-F+GL+KC \end{vmatrix} \\ &= \begin{vmatrix} zI-F+GL & GL \\ 0 & zI-F+KC \end{vmatrix} \\ &= |zI-F+GL| \cdot |zI-F+KC| \\ &= \beta(z)\cdot\alpha(z) \\ &= 0 \end{aligned} \tag{5-65}$$

即

$$\gamma(z)=\alpha(z)\cdot\beta(z) \tag{5-66}$$

由上可知，式(5-66)中闭环系统的 $2n$ 个极点主要包括两部分：首先是按状态反馈控制规律设计所给定的 n 个控制极点；然后是按状态观测器设计所给定的 n 个观测器极点，这也就是所谓的“分离性原理”。利用此原理，对系统的控制规律和观测器分别进行设计，则控制器的设计更为简单。

5.2.3.3　状态反馈控制器的设计步骤

假设一个系统的所有状态变量都是可以通过传感测量技术测量或者说可以估计的，那么就可以设计一个线性的全状态反馈控制器，即用所有的状态向量的值反馈，而非之前用输出变量的值来反馈。这样使得新的控制律为通过的反馈矩阵或者控制矩阵以及前馈矩阵来实现控制量调节。在没有直接控制的 MIMO 的线性系统的控制器设计中，其中输入向量 $\boldsymbol{U}\in\mathbb{R}^m$，输出向量 $\boldsymbol{y}\in\mathbb{R}^p$。所以目标就转化为确定闭环系统是渐近稳定的，也就是说新的动态矩阵的特征值必须要在复平面的左半平面。

经过归纳总结可以得出如下设计控制器的步骤，它采用了状态反馈的极点配置法：

(1) 根据闭环系统的性能要求规定几个控制极点。

(2) 按极点配置设计状态反馈控制规律计算 L。

(3) 合理地给定观测器的极点，选用合适的观测器，计算观测器增益矩阵 K。

(4) 最后通过计算机实现所设计的控制规律和观测器。

5.2.3.4　观测器及观测器类型选择

观测器是指根据系统的外部变量(输入变量和输出变量)的实测值得出状态变量估计值

的一类动态系统，也称为状态重构器。20 世纪 60 年代初期，为了对控制系统实现状态反馈或满足其他需要，D.G.吕恩伯格、R.W.巴斯和 J.E.贝特朗等人提出状态观测器的概念和构造方法，通过重构的途径解决了状态不能直接量测的问题。状态观测器的出现，不但为状态反馈的技术实现提供了实际可能性，而且在控制工程的许多方面也得到了实际应用，例如复制扰动以实现对扰动的完全补偿等。

当设置观测器的极点时，需要考虑状态重构的跟踪速度是否足够快。如果量测输出中的误差或噪声较小，可以将观测器极点设置为 Z 平面原点。但如果量测输出中存在较大的误差或噪声，则应考虑将观测器极点的衰减速度设置为控制器极点衰减速度的 5 倍以上。在选择观测器类型时，有两个要考虑的因素：

① 如果控制器计算延迟与采样周期相近，则可选择预报观测器；否则，使用现时观测器。

② 如果量测输出比较准确且是系统的一个状态，则可选择降阶观测器；否则，使用全阶观测器。

【例 5-4】 在例 5-2 中的系统的离散状态方程为：

$$x(k+1)=\begin{bmatrix}1 & 0.1\\0 & 1\end{bmatrix}x(k)+\begin{bmatrix}0.005\\0.1\end{bmatrix}u(k)$$

并知系统是能控的。系统的输出方程为：

$$y(k)=\begin{bmatrix}1 & 0\end{bmatrix}x(k)$$

系统的采样周期为 0.1 s，试设计状态反馈控制器，以使控制极点配 $z_1=0.6$，$z_2=0.8$，使观测器（预报观测器）的极点配置在 $0.9\pm j0.1$ 处。

【解】 由例 5-2 可知，系统是能控和能观的。根据分离性原理，系统控制器设计可按以下步骤进行。

① 设计控制规律

求对应控制极点 $z_1=0.6$，$z_2=0.8$ 的特征方程：

$$\beta(z)=(z-0.6)(z-0.8)=z^2-1.4z+0.48=0$$

而

$$|zI-F+GL|=z^2+(0.005L_1+0.1L_2-2)z+1+0.005L_1-0.1L_2=0$$

由

$$\beta(z)=|zI-F+GL|$$

可解得

$$\begin{cases}0.005L_1+0.1L_2-2=-1.4\\1+0.005L_1-0.1L_2=0.48\end{cases}\quad\begin{cases}L_1=8\\L_2=5.6\end{cases}$$

故有

$$L=\begin{bmatrix}8 & 5.6\end{bmatrix}$$

② 设计预报观测器

求对应观测器极点 $0.9\pm j0.1$ 的特征方程：

$$\alpha(z)=(z-0.9-j0.1)(z-0.9+j0.1)=z-1,8z+0.82=0$$

而

$$|zI-F+KC|=z^2-(2-k_1)z+1-k_1+0.1k_2=0$$

由

$$\alpha(z)=|zI-F+KC|$$

可解得

$$\begin{cases}2-k_1=1.8\\1-k_1+0.1k_2=0.82\end{cases}\quad\begin{cases}k_1=0.2\\k_2=0.2\end{cases}$$

故有

$$K=\begin{bmatrix}0.2\\0.2\end{bmatrix}$$

③ 设计控制器

系统的状态反馈控制器为：

$$\begin{cases}\hat{x}(k+1)=F\hat{x}(k)+Gu(k)+K[y(k)-C\hat{x}(k)]\\u(k)=-L\hat{x}(k)\end{cases}$$

且有

$$L=[8\quad 5.6],\quad K=\begin{bmatrix}0.2\\0.2\end{bmatrix}$$

在调节系统中，克服干扰的影响是控制的主要目的，这样可以使系统维持在平衡状态。然而，对于阶跃型或常值干扰，前面所设计的控制器并不能满足所需要的系统性能。在上述的设计中，控制规律为状态的比例反馈，所以若在干扰加入点的前面不存在积分作用，当发生的干扰为常值干扰时，系统的输出将存在稳态误差。对于稳态误差来说，加入积分控制是一个较好的克服方式。下面讲解通过极点配置设计 PI(比例积分)控制器，来消除常值干扰所引起的稳态误差。

设被控对象的离散状态方程为：

$$\begin{cases}x(k+1)=Fx(k)+Gu(k)+v(k)\\y(k)=Cx(k)\end{cases}\tag{5-73}$$

其中 $v(k)$为阶跃干扰。显然，$k\geqslant1$ 时 $\Delta v(k)=0$。对上式两边取差分得：

$$\begin{cases}\Delta x(k+1)=F\Delta x(k)+G\Delta u(k),k\geqslant1\\\Delta y(k+1)=C\Delta x(k+1)\end{cases}\tag{5-74}$$

将上式改写成：

$$\begin{cases}y(k+1)=y(k)+CF\Delta x(k)+CG\Delta u(k)\\\Delta x(k+1)=F\Delta x(k)+G\Delta u(k)\end{cases}\tag{5-75}$$

$$m(k)=\begin{bmatrix}y(k)\\\Delta x(k)\end{bmatrix}\quad\bar{F}=\begin{bmatrix}I&CF\\0&F\end{bmatrix}\quad\bar{G}=\begin{bmatrix}CG\\G\end{bmatrix}$$

则有

$$m(k+1)=\bar{F}m(k)+\bar{G}\Delta u(k)\tag{5-76}$$

同样实验按极点配置设计控制规律的算法，针对上式设计如下的状态反馈控制规律：

$$\Delta u(k)=-Lm(k)=-L_1y(k)-L_2\Delta u(k)\tag{5-77}$$

其中

$$L = [L_1 \quad L_2] \tag{5-78}$$

再对式(5-41)其两边作求和运算得：

$$u(k) = -L_1 \sum_{i=1}^{k} y(i) - L_2 x(k) \tag{5-79}$$

$u(k)$包括两部分：前项代表积分控制，后项代表状态的比例控制，并要求全部状态直接反馈。式(5-79)称为按极点配置设计的 PI 控制规律。图 5-7 为采用 PI 控制规律的系统结构图。

下面说明为什么这样的控制规律能够抑制阶跃型干扰而无稳态误差。

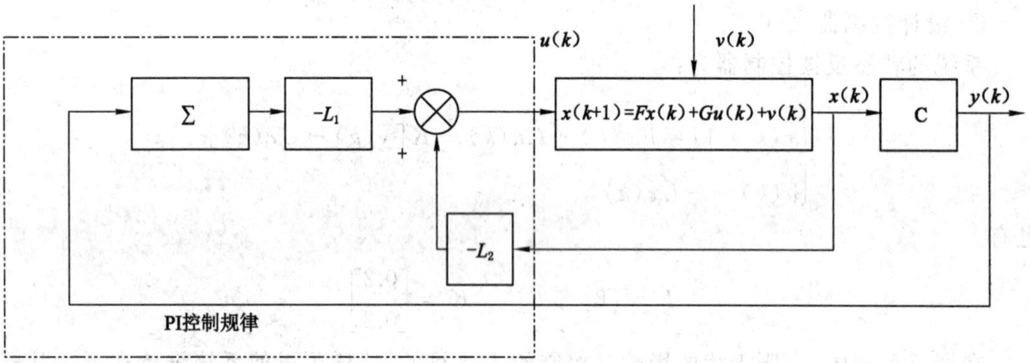

图 5-7　按极点配置设计的 PI 控制规律

将式(5-76) 代入式(5-77)得

$$m(k+1) = (\bar{F} - \bar{G}L)m(k) \tag{5-80}$$

矩阵$(\bar{F}-\bar{G}L)$的特征值代表了所给定的闭环极点，这些极点必须位于单位圆内，以确保闭环系统是渐近稳定的，正如式(5-81)所描述的那样。因此，无论初始条件如何，闭环系统都会收敛到一个稳定状态。

$$\lim_{k\to\infty} m(k) = 0 \tag{5-81}$$

由于 $y(k)$是 $m(k)$的一个状态，显然也应有

$$\lim_{k\to\infty} y(k) = 0 \tag{5-82}$$

根据该方程，可以得出结论：尽管存在常值干扰 $v(k)$，系统的输出稳定值将最终回归到零，因此系统不存在稳态误差。

在图 5-7 中，PI 控制规律要求直接反馈所有状态，但在实际应用中，这通常是不切实际的。因此，可以仿照之前的类似方法，通过构建一个观测器来获得状态的重构值 $\hat{x}(k)$，然后将其进行线性反馈。图 5-8 展示了带有观测器的 PI 控制器的系统结构。

为了消除常值干扰所产生的稳态误差，前面讨论了调节系统($r(k)=0$)的 PI 控制规律设计(如图 5-7 所示，这里暂不考虑观测器)。在图 5-7 的基础上，很容易画出引入参考输入时相应的跟踪系统的结构图，如图 5-9 所示。

为了消除常值干扰导致的稳态误差，在之前的讨论中我们设计了调节系统($r(k)=0$)下的 PI 控制规律，如图 5-7 所示(这里先不考虑观测器)。基于图 5-7 的基础上，我们可以

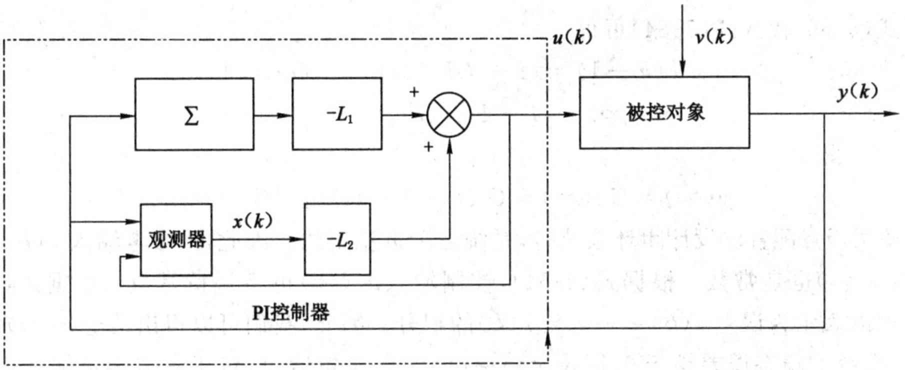

图 5-8　按极点配置设计的 PI 控制器

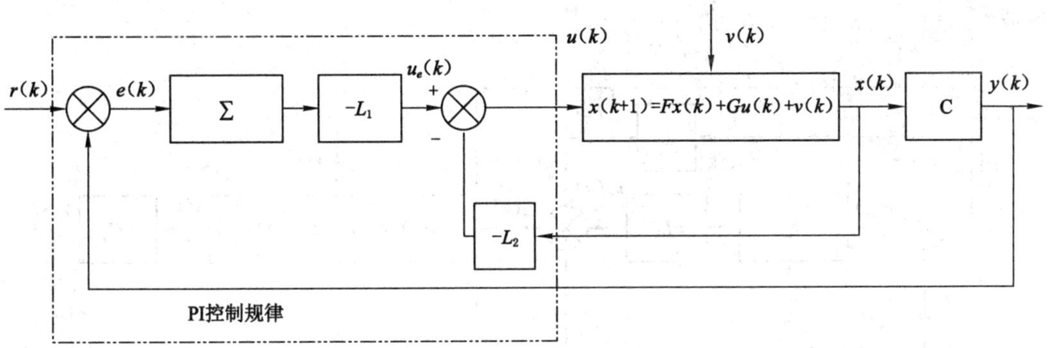

图 5-9　带 PI 控制规律的跟踪系统

简单地绘制出引入参考输入时相应的跟踪系统的结构图，如图 5-9 所示。

根据图 5-9 可得控制规律为：

$$u(k)=L_1\sum_{i=1}^{k}e(i)-L_2x(k) \tag{5-83}$$

式中，L_1 和 L_2 仍然遵循极点配置方法进行设计。针对这种控制规律，无论是在常值参考输入下还是在常值干扰作用下，都不会出现稳态误差。以下将进一步阐述这一点。

根据叠加原理，可分别考虑以下两种情况：

(1) $r(k)=0$，$v(k)$为常数；

(2) $r(k)$为常数，$v(k)=0$。

对于情况(1)，即图 5-9 简化为图 5-7 的情况，我们已经说明了图 5-7 中的控制规律在常值干扰下不会产生稳态误差。现在我们来讨论情况(2)，即仅考虑常值参考输入的情况：

$$x(k+1)=Fx(k)+Gu(k) \tag{5-84}$$

$$y(k)=Cx(k) \tag{5-85}$$

$$u(k)=u_e(k)-L_2x(k) \tag{5-86}$$

$$u_e(k)=L_1\sum_{i=0}^{k}e(i) \tag{5-87}$$

将式(5-86)代入式(5-84)可得

$$x(k+1)=(F-GL_2)x(k)+Gu_e(k) \tag{5-88}$$

$$x(\infty)=(I-F+GL_2)^{-1}Gu_e(\infty) \tag{5-89}$$

由式(5-85)得

$$y(\infty)=Cx(\infty)=C\ (I-F+GL_2)^{-1}Gu_e(\infty) \tag{5-90}$$

当使用极点配置法设计闭环系统时,系统是渐近稳定的。因此,当参考输入 $r(k)$是常数时,输出 $y(\infty)$也是常数。根据式(5-54),控制输入$u_e(\infty)$也将保持常数。根据式(5-51),$u_e(\infty)$可以表示为误差 $e(k)=y(k)-r(k)$的积分。因此,我们可以得出结论 $e(\infty)=0$,也就是说,系统的稳态误差等于 0,即 $y(\infty)=r(\infty)$。换句话说,对于常值参考输入,系统的稳态误差将是 0。这个结论是显而易见的,因为从图 5-9 可以看出,在系统的开环回路中存在一个积分环节。

为了进一步提高系统的无静差度,我们可以引入参考输入 $r(k)$的顺馈控制,如图 5-10 所示。

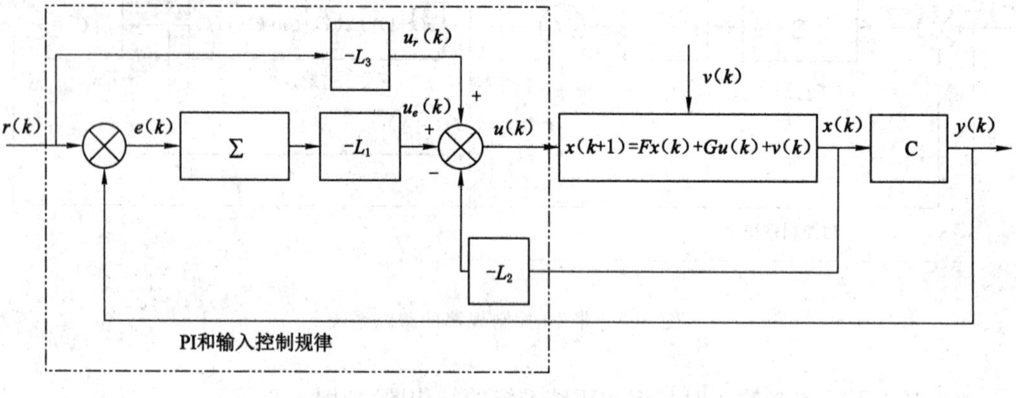

图 5-10　带 PI 控制和输入顺馈的跟踪系统

在图 5-10 中,引入了一个输入顺馈通道,其控制规律中的参数L_1和L_2仍然可以使用之前的设计方法确定。现在我们需要确定顺馈增益系数L_3。通过仿照之前的推导,我们可以很容易地得出当参考输入 $r(k)$为常数时的表达式

$$y(\infty)=C\ (I-F+GL_2)^{-1}G\left[u_r(\infty)+u_e(\infty)\right] \tag{5-91}$$

稳态时有 $y(\infty)=r(\infty)$,同时希望在上式中$u_e(\infty)=0$ 以提高系统的无静差度,因此得到

$$u_r(\infty)=\frac{1}{C\ (I-F+GL_2)^{-1}G}r(\infty)=L_3r(\infty) \tag{5-92}$$

从而得

$$L_3=\frac{1}{C\ (I-F+GL_2)^{-1}G} \tag{5-93}$$

在实际情况下,要求全部状态直接反馈往是不现实的。因此,我们可以仿照之前的方法,通过构造观测器来获得状态重构下的$\hat{x}(k)$,然后再对$\hat{x}(k)$进行反馈。最后,可以绘制

包含观测器和积分环节的控制器，如图 5-11 所示。在图 5-11 中，可以根据需要选择之前讨论过的任何一种形式的观测器。

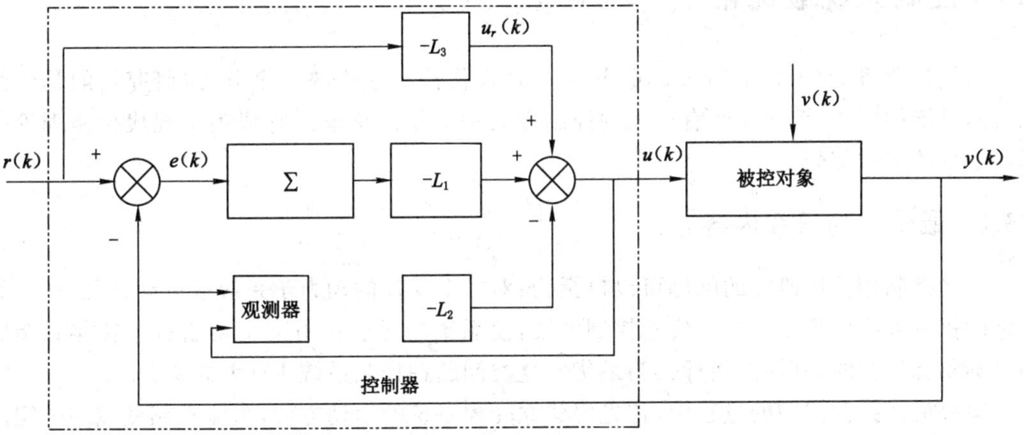

图 5-11　带观测器及 PI 和顺馈控制的跟踪系统

在上文中采用极点配置法消除了系统的综合问题，其设置的关键在于闭环极点设置在想要的位置，上文中也仅仅对单输入单输出系统的设置进行了说明。接下来将对更一般的系统控制问题进行探讨。当过程对象是线性、时变时，存在多个输入与输出，同时在模型中加入了过程噪声和量测噪声。当性能指标是状态和控制信号的二次型函数时，综合问题可以被形式化为使这个性能指标最小化的问题。解决这个问题得到的最优控制器是线性的。这种问题被称为线性二次型(LQ)控制问题，如果在过程模型中考虑了高斯随机扰动，那么这个问题就被称为线性二次型高斯(LQG)控制问题。

本节首先在所有状态都可用的条件下导出 LQ 问题的最优控制规律，此时若全部状态是不能直接量测的值，就需要使用观测器来估计。然后可以求出在随机扰动的条件下的使估计误差的方差为最小的最优估计器，这种估计器在结构上和状态观测器是相同的，但其增益矩阵 K 的求解方式多种多样，并且它通常是随时间变化的。如图 5-12 所示，再使用分离性原理对 LQG 问题进行求解，得到针对问题的最优控制，最后采用卡尔曼滤波器估计状态。

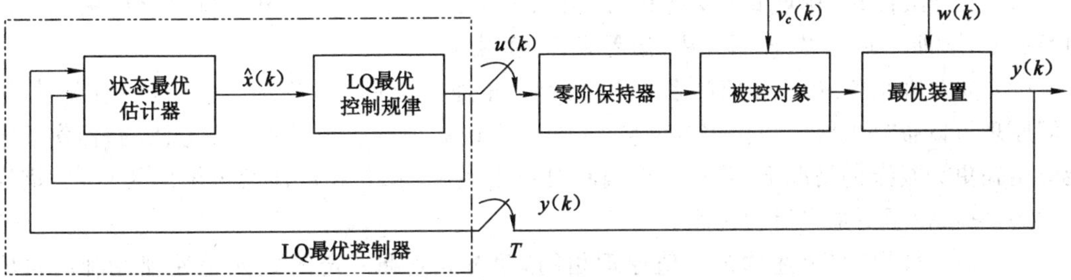

图 5-12　调节系统 $r(k)$中 LGQ 最优控制器的结构

5.3 控制系统最优化

最优控制理论(optimal control theory)是现代控制理论的一个分支,研究目的是最优化控制系统的性能,旨在从所有可能的控制方案中寻找最优解。它成为了现代控制理论的不可缺少的组成部分。

5.3.1 最优化的研究内容

最优控制理论所研究的问题可以概括为:对一个受控的动力学系统或运动过程,从一类允许的控制方案中找出一个最优的控制方案,使系统的运动在由某个初始状态转移到指定的目标状态的同时,其性能指标值为最优。这类问题在控制系统中非常常见。

解决最优控制问题的过程中,首先要建立受控系统的运动方程,限制控制变量在一定的范围内,然后规定运动过程的初始状态和参考目标值,最后,定义一个评价函数来评价系统的控制性能,以此达到最优控制的目的。一般来说,系统控制性能的好坏与所选择的控制函数和相应的运动状态是息息相关的。系统的运动状态受到运动方程的约束,而控制函数只能在允许的范围内选取。所以,站在数学的角度,最优控制问题就是在运动方程和允许控制范围的约束的条件下,对以控制函数和运动状态为变量的评价函数求取极值(极大值或极小值)。

5.3.2 最优化控制问题的求解

建立最优化问题的数学模型后,就需要解决最优化问题的求解。通常来说,最优化方式有离线静态优化方式和在线动态优化方式,而最优化问题的求解方法大致可分为四类:

5.3.2.1 解析法

当最优化问题可以用数学表达式对目标函数及约束条件进行简单而明确的表达时,可使用解析法来解决这个问题。首先,可以按照函数极值的必要条件,用数学分析方法得到它的解析解,然后利用充分条件或问题的实际物理意义来确定最优解。

解析法一般包括两大类。第一类,无约束时,采用微分法或变分法。第二类,有约束时,采用极大值原理或动态规划。

(1) 变分法:当控制向量不受约束时,引入哈密顿函数,应用变分法可以导出最优控制的必要条件,即正则方程、控制方程、边界条件、横截条件。

(2) 极大值原理:在实际控制系统中,控制变量通常是有局限性的,面对这种情况时,极大值原理可以很好地解决最优控制问题,本质上来说这种方法是来源于变分法的,但由于它能应用在更为复杂的情况下,并且可以消除对哈密顿函数 H 对 u 连续可微的要求,凭借这些优势,它获得了更加广泛的应用。

(3) 动态规划:与上述的极大值原理相同,动态规划在一定闭集内是处理控制向量限制的最优控制问题的优良数学方法,它把复杂的最优控制问题变为多级决策过程的递推函数关系,其基础核心是最优性原理,即在一个多级决策问题中无论初始状态和初始决策如何,当把其中的任何一级和状态再作为初始级和初始状态时,作为对于这一级开始往后的多级决策过程的一部分，这一级必定是一个最优决策。因此，利用这一最优性原理必然可把一个多级决策问题化为最优的单级决策问题并且本级决策与本级以前的任何决策无关，只与本级的初始位置和初始决策有关。对于连续系统，用动态规划法求最优控制问题时，可以先把连续系统离散化，用有限差分方程近似代替连续方程，然后用离散动态规划法求解。

5.3.2.2　数值解法(直接法)

对于目标函数较为复杂或无明确数学表达式或无法用解析法求解的最优化问题，通常可采用直接法来解决。直接法的基本思想是用直接搜索方法经过一系列的迭代产生点的序列，使之逐步接近到最优点。直接法通常是根据经验或实验得到的。

性能指标比较复杂或不能用变量显函数表示时，可以采用直接搜索法，经过若干次迭代搜索到最优点，数值计算法可以分为两大类：

(1) 区间消去法，又称为一维搜索法，适用于求解单变量极值问题。主要有黄金分割法、多项式插值法等。

(2) 爬山法，又称多维搜索法，适用于求解多变量极值问题。主要有坐标轮转法、步长加速法等。

5.3.3　控制系统中最优化理论的应用

目前研究最优控制理论最活跃的领域有 Hopfield 神经网络优化、模拟退火算法、趋化性算法、遗传算法、鲁棒控制、预测控制、混沌优化控制以及稳态递阶控制等。

(1) Hopfield 神经网络优化

人工神经网络设计一般基于专家的经验和实践。应用最广泛的是误差反向传播神经网络，简称 BP 网络，其是一种具有 3 层或 3 层以上的阶层型神经网络。根据神经网络理论，网络总是朝着能量函数递减的方向运动，并最后到达系统的平衡点。也就是说：Hopfield 能量函数的极小点就是系统稳定的平衡点，只要得到系统的平衡点即得到能量函数的极小点。如果把全局优化理论运用到控制系统中，则控制系统的目标函数最终到达的正是所希望的最小点。

Hopfield 神经网络模型有离散型和连续型两种，离散型适用于联想记忆，连续型适合处理优化问题。

(2) 模拟退火算法

1983 年，Kirkpatrick 与其合作者提出了模拟退火(SA)的方法，它是求解单目标多变量最优化问题的一项 Monte-Caula 技术。该法是一种物理过程的人工模拟，它基于液体结晶或金属的退火过程。液体和金属物体在加热至一定温度后，它们所有的分子、原子在状态空间 D 中自由运动。随着温度的下降，这些分子、原子逐渐停留在不同的状态。当温度降到相当低时，这些分子、原子则重新以一定的结构排列，形成了一个全部由有序排列的原子构成的晶体结构。

模拟退火算法与初始值无关，算法求得的解与初始解状态 S(是算法迭代的起点)无关；模拟退火算法具有渐近收敛性，已在理论上被证明是一种以概率 1 收敛于全局最优解的全局优化算法；模拟退火算法具有并行性。

(3) 趋化性算法

趋化性算法(CA)是模拟细菌生长过程中的趋光性原理而提出的一种随机优化方法。它的特点是结构简单、使用方便。在搜索过程中,CA 只向使解的性能变好的方向搜索,能否跳出局部极小点依赖于方差的大小,其全局搜索能力比模拟退火方法和遗传算法差,但局部搜索能力较强,收敛速度较快。

(4) 遗传算法

遗传算法(GA)是一种模拟自然选择和遗传的随机搜索算法,是模拟自然界中按“优胜劣汰”法则进行进化过程的一种高度并行、随机和自适应的优化算法。它将问题的求解表示成“染色体”的适者生存过程,通过“染色体”群的一代代不断进化,包括复制、交叉和变异等操作,最终收敛于“最适应环境”的个体,从而求得问题的最优解或满意解。GA 是一种通用的优化算法,其编码技术和遗传操作比较简单,优化不受限制性条件的约束,而其 2 个最显著特点是隐含并行性和全局解空间搜索。随着计算机技术的发展,GA 愈来愈得到人们的重视,并在机器学习、模式识别、图像处理、神经网络、优化控制、组合优化、VLSI 设计、遗传学等领域得到了成功应用。

(5) 鲁棒控制

鲁棒控制是针对不确定性系统的控制系统的设计方法,其理论主要研究的问题是不确定性系统的描述方法、鲁棒控制系统的分析和设计方法以及鲁棒控制理论的应用领域。鲁棒控制理论发展的最突出的标志之一是 H∞控制。H∞控制从本质上可以说是频域内的最优控制理论。鲁棒控制与最优控制结合解决许多如线性二次型控制、电机调速、跟踪控制、采样控制、离散系统的镇定、扰动抑制等实际问题。

(6) 预测控制

预测控制又称基于模型的控制,是一类新型计算机优化控制算法,其本质特征是预测模型、滚动优化和反馈校正。滚动优化反复在线进行,不同时刻优化性能指标的时间区域及绝对形式均不同。这种滚动优化能对系统因多种因素而引起的不确定性进行及时弥补,始终把新的优化建立在现实基础之上,使控制系统保持实际上的最优。

(7) 混沌优化控制

混沌是一种普遍的非线性现象,它是指在确定性非线性系统中,即使不附加任何随机因素,亦可出现类似随机的行为,然而存在精致的内在规律性。混沌运动具有随机性、遍历性、规律性等特点。混沌运动的基本特征是运动轨道的不稳定性,表现为对初值的敏感依赖性或对小扰动的极端敏感性。混沌运动在一定的范围内按其自身的规律不重复地遍历所有状态,这种遍历性可被用来进行优化搜索,并且能避免陷入局部极小。因此,混沌优化技术已成为一种新兴的搜索优化技术。

(8) 稳态递阶控制

递阶控制是一种计算机在线稳态优化的控制结构,其指导思想是将一大系统分解为若干个互相关联的子系统,即把大系统的最优控制问题分解为各子系统的最优控制问题。在各个子系统中设置一协调器,判断所得的子系统求解子问题结果是否适合整个大系统的最优控制,若否,则指示各子系统修改子问题并重新计算。通过协调器的相互迭代求解即可得到最优解。

5.4　自抗扰(ADRC)控制原理

自抗扰控制(Active Disturbance Rejection Control,ADRC)是中国科学院韩京清基于现代控制理论,深入剖析并改进 PID 控制器本质后提出的一种控制方法。韩京清在其专著中给出了一套非线性 ADRC 设计方案,但由于该非线性 ADRC 的控制器参数较多,对于缺乏经验的初学者而言,参数调节存在一定难度。随后,克利夫兰州立大学的高志强提出线性 ADRC(Linear ADRC,LADRC)的参数整定方法,引入观测器带宽与控制器带宽概念用于 LADRC 设计。

自抗扰控制是在 PID 控制算法基础上发展而来的新型控制方法,具有不依赖控制对象精确模型、不刻意区分系统内外扰动的独特结构特点。PID 控制在实际工程中得以广泛应用,得益于其基于误差的控制策略这一核心优势。然而,该策略难以满足高性能控制需求,促使研究者试图借助对象模型探索更优控制方案。尽管 PID 应用广泛,却仍存在诸多局限性:

① 误差及其微分项的获取方式存在缺陷。PID 直接计算指令与反馈间的误差,这导致控制器在“快速性”与“超调量”之间难以平衡;传统线性微分器采用的 de/dt 误差微分计算方式,在跟踪速率上表现欠佳,无法实现“最快跟踪”。

② 比例、积分、微分三项的加权求和并非最优组合,积分反馈存在诸多负面效应。积分虽能消除扰动(类似于简单的扰动观测器),但其作用响应迟缓,且易引发超调现象。

韩京清在著作中提出,自抗扰控制技术正是针对 PID 算法现存的这些问题改进升级而来,其具体改进措施如下:

① 通过安排过渡过程(设置过渡变量),并采用“最快微分跟踪法”合理提取微分项;

② 运用非线性反馈机制构建非线性组合方式;

③ 设计“扩张状态观测器”对总扰动进行估计与补偿,从而有效抑制扰动,同时摒弃传统积分环节。

常用的自抗扰控制器主要由跟踪微分器(Tracking Differentiator,TD)、扩张状态观测器(Extended State Observer,ESO)和非线性状态误差反馈控制率(Nonlinear State Error Feedback,NLSEF)三部分构成。跟踪微分器能够根据被控对象的输入特性,提取所需信号;扩张状态观测器作为自抗扰控制的核心组件,既能跟踪系统关键状态变量,实现系统状态实时监测,又能依据系统模型内外扰动的综合影响,以反馈形式及时补偿,显著提升系统鲁棒性;非线性状态误差反馈控制率采用非线性组合方式,以 TD 输出的状态变量与 ESO 状态估计值之间的误差为输入,结合 ESO 的总扰动补偿值,最终生成控制器的控制量。以下将以二阶系统为例,详细阐述自抗扰控制器各部分的设计方法。

5.4.1　跟踪微分器(TD)

经典微分器的形式为:

$$y=\frac{s}{\tau s+1}v=\frac{1}{\tau}\left(1-\frac{1}{\tau s+1}\right)v \tag{5-94}$$

$$y(t) \approx \frac{1}{\tau}(v(t) - v(t-\tau)) \approx \dot{v}(t) \tag{5-95}$$

式中 $v(t)$，$y(t)$分别是系统的输入、输出信号。当对信号 $u(t)$叠加随机噪声 $n(t)$时

$$y(t) \approx \frac{1}{\tau}(v(t) - v(t-\tau)) + \frac{n(t)}{\tau} \approx \dot{v}(t) + \frac{n(t)}{\tau} \tag{5-96}$$

τ 越小时，系统输出的“噪声放大”就越严重。

设二阶系统为：

$$\begin{cases} \dot{x}_1 = x_2 \\ \dot{x}_2 = u, \ |u| \leqslant r \end{cases} \tag{5-97}$$

上式的“快速最优控制”系统为：

$$\begin{cases} \dot{x}_1 = x_2 \\ \dot{x}_2 = -r\mathrm{sgn}(x_1 + x_2|x_2|/2r) \end{cases} \tag{5-98}$$

直接用跟踪微分器来进行计算，$x_2|x_2|$项会使系统在进入“稳态”时易产生“高频颤振”。因此，考虑“跟踪微分器”的离散形式。

$$\begin{cases} v_1(k+1) = v_1(k) + h\,v_2 \\ v_2(k+1) = v_2(k) + hu, \ |u| \leqslant r \end{cases} \tag{5-99}$$

对上式求“快速控制最优综合函数”，得

$$\begin{aligned} & u = fst(v_1, v_2, r, h) \\ & d = rh; d_0 = dh \\ & y = v_1 + h\,v_2; a_0 = (d^2 + 8r\,|y|)^{\frac{1}{2}} \\ & a = \begin{cases} v_2 + (a_0 - d)/2, \ |y| > d_0 \\ v_2 + y/h, \ |y| \leqslant d_0 \end{cases} \\ & fst = -\begin{cases} ra/d, \ |a| \leqslant d \\ r\mathrm{sgn}(a), \ |a| > d \end{cases} \end{aligned} \tag{5-100}$$

式中，r 称作“速度因子”，与跟踪速度有关，r 越大，跟踪速度越快；h 为积分步长。

得到离散系统

$$\begin{cases} v_1(t+h) = v_1(t) + h\,v_2(t) \\ v_2(t+h) = v_2(t) + hfst(v_1(t) - v_0, v_2(t), r, h_0) \end{cases} \tag{5-101}$$

其中，v_0为设定值；h_0为“滤波因子”，主要对噪声起滤波作用，取适当大于积分步长 h 的参数，可消除速度曲线进入稳态时刻的超调现象。

跟踪微分器(Tracking Differentiator，TD)安排过渡过程，可使输入信号突变部分变得平滑，缓解了 PID 控制技术中的快速性与超调之间的矛盾；同时也可提取输入信号的微分信号，解决了实际工程中微分信号难以提取的问题，避免噪声放大；

5.4.2 扩张状态观测器(ESO)

考虑系统

$$\begin{cases}\dot{x}_1 = x_2 \\ \dot{x}_2 = f(x_1, x_2, t) \\ y = x_1\end{cases} \tag{5-102}$$

大多数情况下，$f(x_1, x_2, t)$ 未知，这时可将其当作扰动，用“非光滑反馈”等效其作用。

令 $x_3 = f(x_1, x_2, t)$，$\dot{x}_3 = g(x_1, x_2, t)$，则 $g(x_1, x_2, t)$ 也是未知函数，于是有

$$\begin{cases}\dot{x}_1 = x_2 \\ \dot{x}_2 = x_3 + bu \\ \dot{x}_3 = g(x_1, x_2, t) \\ y = x_1\end{cases} \tag{5-103}$$

$$\varepsilon_1 = z_1 - y$$

$$\begin{cases}\dot{z}_1 = z_2 - \beta_{01}\varepsilon_1 \\ \dot{z}_2 = z_3 - \beta_{02} fal(\varepsilon_1, \alpha_1, \delta) + bu \\ \dot{z}_3 = -\beta_{03} fal(\varepsilon_1, \alpha_2, \delta)\end{cases} \tag{5-104}$$

若系统“内扰”和“外扰”的总和，即“总扰动”$f(x_1, x_2, t) = f_0(x_1, x_2) + f_1(x_1, x_2, t)$，其中 $f_0(x_1, x_2)$ 已知，$x_3 = f_1(x_1, x_2, t)$，则有

$$u = u_0 - (x_3(t) + f_0(x_1(t), x_2(t)))/b$$

$$\begin{cases}\dot{x}_1 = x_2 \\ \dot{x}_2 = b u_0 \\ y = x_1\end{cases} \tag{5-105}$$

系统被“线性化”成双积分装置，即不确定系统的“实时动态线性化”。

5.4.3　非线性 PID

把经典 PID 的“加权和”改成“非线性组合”而得“非线性 PID”。一种可用的“非线性组合”形式为：

$$fal(e, \alpha, \delta) = \begin{cases}|e|^{\alpha} sgn(e), & |e| > \delta, \\ e/\delta^{1-\alpha}, & |e| \leqslant \delta,\end{cases} \quad \delta > 0 \tag{5-106}$$

当 $\alpha < 1$ 时，函数具有“小误差，大增益”；“大误差，小增益”的特性。

设“非线性 PID”输入为 e_1, e_2, e_3，则可采用合适的控制律：

$$u = \beta_0 fal(e_0, \alpha_0, \delta) + \beta_1 fal(e_1, \alpha_1, \delta) + \beta_2 fal(e_2, \alpha_2, \delta) \tag{5-107}$$

设计参数时，常令 $\alpha_0 \leqslant \alpha_1 \leqslant \alpha_2$。

5.4.4　ADRC 整体结构

ADRC 控制器结构如图 5-13 所示。自抗扰的根本在于使用补偿项将系统“不确定模

型”和“未知外扰”的总和作用共同作为总扰动进行观测和补偿。

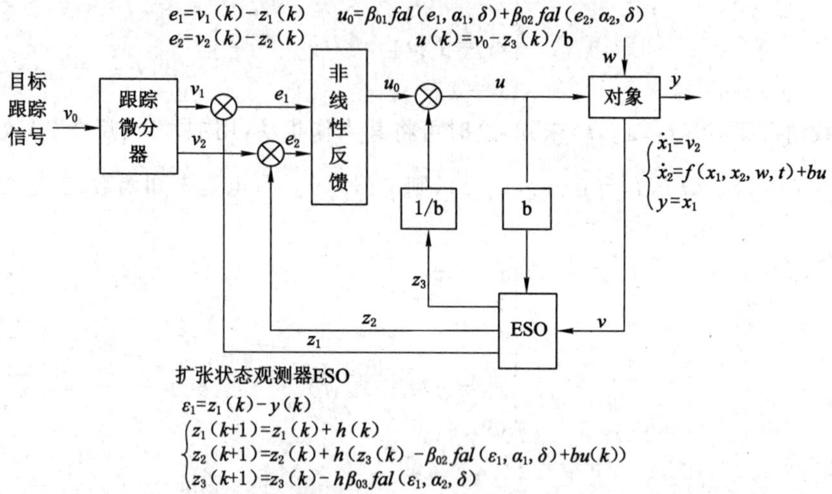

图 5-13　预报观测器

图中，v_0 为目标速度，v 为实际速度，v_1 为跟踪速度，v_2 为跟踪加速度，z_1 为观测速度，z_2 为观测加速度，z_3 为观测扰动。

5.4.5　自抗扰控制器算法：

被控对象：

$$\begin{cases} \dot{x}_1 = x_2 \\ \dot{x}_2 = f(x_1, x_2, w, t) + bu \\ y = x_1 \end{cases} \tag{5-108}$$

跟踪微分器(TD)为设定值：

$$\begin{cases} \dot{x}_1 = x_2 \\ \dot{x}_2 = f(x_1, x_2, w, t) + bu \\ y = x_1 \end{cases} \tag{5-109}$$

估计状态和总扰动(ESO)：

$$\varepsilon_1 = z_1(k) - y(k)$$

$$\begin{cases} z_1(k+1) = z_1(k) + h(z_2 - \beta_{01}\varepsilon_1) \\ z_2(k+1) = z_2(k) + h(z_3(k) - \beta_{02} fal(\varepsilon_1, \alpha_1, \delta) + bu(k)) \\ z_3(k+1) = z_3(k) - h\beta_{03} fal(\varepsilon_1, \alpha_2, \delta) \end{cases} \tag{5-110}$$

控制量的形成：

$$
\begin{aligned}
&e_1=v_1(k)-z_1(k)\\
&e_2=v_2(k)-z_2(k)\\
&u_0=\beta_{01}fal(e_1,\alpha_1,\delta)+\beta_{02}fal(e_2,\alpha_2,\delta)\\
&u(k)=u_0-z_3(k)/b
\end{aligned}
\tag{5-111}
$$

式中，

$$
fal(\varepsilon,\alpha,\delta)=\begin{cases}|\varepsilon|^{\alpha}\mathrm{sgn}(\varepsilon), & |\varepsilon|>\delta,\\ \varepsilon/\delta^{1-\alpha}, & |\varepsilon|\leqslant\delta,\end{cases}\quad \delta>0 \tag{5-112}
$$

$$
u(k)=u_0-z_3(k)/b \tag{5-113}
$$

习　题

1. 被控对象的传递函数为

$$
G(s)=\frac{2}{s(0.2s+1)}
$$

采样周期 $T=1.2$ s，采用零阶保持器，现要求闭环系统的极点配置在 Z 平面 $z_{1,2}=0.8\pm \mathrm{j}0.25$ 处，如若按照极点配置方法设计状态反馈控制规律 L，试求解 L 和 $u(k)$。

2. 在例 5-2 中，进行全状态直接反馈时只能测到一个状态变量。现设计一个状态观测器（预报观测器），要求极点配置在 $z_{1,2}=0.3\pm \mathrm{j}0.5$ 处，试求解观测器的增益矩阵。

3. 简述 ADRC 原理及其意义。

4. 简述分离性原理及其意义。

第6章 人机接口技术与监控组态软件

计算机控制系统的高效运行离不开强大的人机接口功能，它作为工程师与系统交互的核心纽带，承担着关键的操作与管理职责。人机接口功能通过构建直观、便捷的交互界面，不仅为工程师提供了系统参数配置、运行状态监控、故障诊断等操作入口，还深度集成组态软件的可视化编程与动态展示能力。工程师可借助人机接口，利用组态软件灵活设计控制逻辑、实时监测系统数据，并通过图形化界面快速调整控制策略，从而实现对计算机控制系统的精准操控与高效管理。

6.1 人机接口技术

HMI(Human Machine Interface，人机接口)是实现用户与机器之间信息交互、指令传递的关键媒介。与传统接口概念不同，HMI更侧重于通过软件构建的交互界面，支持用户对系统进行操作与控制。借助HMI软件，计算机能够实现双向信息交互：一方面接收用户输入的控制指令，另一方面以图形化、可视化的方式输出系统运行状态，包括工艺流程图展示、实时数据动态刷新、参数配置与修改、报表自动生成、趋势曲线分析、报警信息推送、打印参数设置及生产管理等功能，从而构建直观高效的人机交互体验。

SCADA(Supervisory Control And Data Acquisition，数据采集与监视控制系统)是以计算机技术为核心，融合分布式控制系统(DCS)与自动化监控技术的集成系统。其应用覆盖电力、冶金、石油、化工、燃气、铁路等多个工业领域，主要承担数据采集、实时监控与过程控制任务。SCADA系统具备图形化操作界面、系统状态动态仿真、实时/历史数据趋势分析、报警事件管理、数据存储与记录，以及统计报表生成等功能，为工业生产提供全面的监控与管理支持。

SCADA软件与硬件设备的连接方式主要分为以下三类：

(1) 标准通信协议

工业领域常用的标准协议包括ARCNET、CAN Bus、Device Net、Lon Works、Modbus、Profibus等。当SCADA软件与硬件设备采用相同协议时，可实现直接通信，无须额外安装驱动程序，显著降低集成难度。

(2) 标准数据交换接口

DDE(Dynamic Data Exchange，动态数据交换)和OPC(OLE for Process Control，用于过程控制的对象链接与嵌入)是主流的数据交换接口。SCADA软件通过DDE或OPC数据交换中心间接与硬件设备通信，这种方式降低了硬件适配成本——制造商仅需开发一套DDE或OPC驱动，即可兼容多款SCADA软件。

(3) 绑定驱动(Native Driver)

绑定驱动是针对特定硬件与SCADA软件定制开发的驱动程序。其优势在于执行效率高，能够充分发挥硬件性能；但缺点是通用性差，需根据不同SCADA软件单独开发，增加了系统集成的复杂性与成本。

在控制系统监控软件的设计中，用户可选择组态软件或自主开发两种模式。组态软件基于工程场景需求，提供模块化、可视化的开发工具，支持功能组件的灵活组合与系统架构定制，大幅缩短开发周期，降低技术门槛。然而，使用组态软件需支付授权费用，并须确保实际硬件设备与软件驱动兼容，避免出现适配问题。

6.2 组态监控软件

组态软件，全称为组态监控系统软件，是一类专注于数据采集与过程控制的专用软件，同时也是自动控制系统监控层的通用软件平台与开发环境。该软件深度融合大量工程实践经验，设计了丰富多样的现场设备及工艺流程可视化模块。这些模块具备组合灵活、操作便捷、功能强大的特点，能够高效适配不同工业场景需求。目前，组态软件已广泛应用于机械制造、汽车工业、石油化工、造纸、水处理以及各类过程控制等众多领域。

监控组态软件作为面向SCADA系统的专业开发工具，拥有丰富且灵活的交互式设置功能。在发展初期，其核心功能聚焦于构建人机图形交互界面，HMI(人机接口)或MMI(人机界面)是其主要技术体现。随着技术迭代与行业需求升级，现代监控组态软件的功能已全面拓展，涵盖实时数据库管理、实时控制逻辑执行、SCADA系统集成、多设备通信联网、开放数据接口支持，以及对各类I/O设备的广泛兼容等关键内容，成为工业自动化监控领域不可或缺的技术工具。

6.2.1 组态监控软件的体系结构及功能

(1) 强大的可视化界面组态能力

当前，主流工控组态软件大多基于Windows操作系统开发，充分借助Windows系统成熟的图形处理技术，打造出兼具美观性与易用性的可视化操作界面。软件配备丰富的工具栏与图形控件库，支持用户快速进入开发流程。同时，内置海量工业设备与工况图元，既提供了完备的组件资源，也为界面设计提供引导。通过多样化的绘图工具，用户可自由绘制各类工业界面，并实现便捷编辑，显著减轻开发人员的界面设计负担。此外，丰富的动画连接效果可使界面呈现动态交互效果，直观展示系统运行状态，大幅提升操作体验。

(2) 高度开放的系统兼容性

随着工业控制系统复杂度不断提升，从综合性能、成本及安全性等多维度考量，系统往往采用多家厂商的软硬件产品，形成“异构”架构。在此背景下，开放性成为衡量组态软件性能的重要指标。该特性体现在软件对多种硬件通信协议的广泛兼容能力，支持不同品牌、型号的硬件设备无缝集成。组态软件既能与底层数据采集设备进行高效通信，实时获取现场数据；也能与上层管理系统对接，实现数据的跨层级传输与共享，从而构建起贯通设备层、控制层与管理层的完整通信链路。

(3) 丰富完备的功能模块体系

组态软件内置多样化的控制功能库，可灵活适配不同工业场景下的控制需求。用户通过调用各类功能模块，能够快速实现实时数据监控、报警信息推送、历史/实时曲线生成、报表统计等功能，打造直观友好的人机交互界面。这种模块化设计不仅降低了系统开发难度，也提升了操作便捷性。此外，软件支持单机集中控制、DCS分布式控制，以及远程监控等多种部署模式，具备广泛的应用适应性。

(4) 高效可靠的实时数据管理

依托实时数据库技术，组态软件能够高效存储模拟量、离散量等各类过程数据，并实现与外部设备的快速数据交互。通过对数据的实时采集、处理与存储，软件可确保系统运行状态的精确监控与分析，为工业生产提供稳定的数据支持。

(5) 灵活扩展的编程能力

针对复杂或定制化需求，当现有组态模块无法满足时，软件支持通过脚本命令语言进行二次开发。用户可根据实际需求编写自定义程序，灵活扩展系统功能，增强软件的可定制性与适应性。

(6) 智能高效的仿真测试功能

软件内置的仿真模块能够模拟真实工业场景与运行工况，帮助开发人员在系统部署前对组态功能进行全面测试与验证。通过仿真测试，可提前发现并解决潜在问题，有效缩短项目开发周期，降低实施风险。

6.2.2 常见的自动化组态软件

6.2.2.1 InTouch

InTouch 是 Wonderware 公司推出的一款工业自动化组态软件产品。Wonderware 公司成立于 1987 年，作为行业先锋，率先在制造运营系统中推出了基于 Microsoft Windows 平台的人机界面(HMI)自动化软件，是世界上最早推出组态软件的公司之一。Wonderware InTouch for FactorySuite 为以工厂和操作人员为核心的制造信息系统提供了可视化工具。这些制造信息系统集成了操作人员所必需的各类信息，并且能够在工厂内部以及不同工厂之间实现信息共享。InTouch 主要包含以下三个基本程序：InTouch 应用程序管理器，用于对所创建的应用程序进行组织和管理；WindowMaker 是一个开发环境，在其中用户可以利用面向对象的图形技术来创建具有动态交互效果的触控式显示窗口；Window Viewer 则是运行时环境，用于展示在 WindowMaker 中创建的图形窗口。

6.2.2.2 iFix

美国 GE 公司(收购了原 Intellution 公司)的 iFix 产品系列较为齐全。iFix 运行于 Windows NT/200/XP/2003 平台之上。它拥有业界数量众多的以 DLL 形式存在的驱动程序，采用 PLUG&SLOVE 架构以及 COM 组件技术，便于与第三方软件进行集成应用。其安全容器的专利技术能够确保第三方 ActiveX 控件的稳定运行。iFix 内置了微软的 Visual Basic for Application 作为脚本程序，具备真正意义上的分布式 Client/Server 结构，拥有标准的 SQL/ODBC 接口，并且对完整的 OPC 客户服务器模式提供支持。

6.2.2.3　博途

博途是全集成自动化软件 TIA portal 的简称，由西门子工业自动化集团发布。它是一款全新的全集成自动化软件，是首个采用统一的工程组态和软件项目的自动化解决方案，几乎适用于各类自动化任务。借助这一全新的工程技术软件平台，用户能够快速、直观地开展自动化系统的开发与调试工作。

6.2.2.4　MCGS

MCGS 是由北京昆仑通态自动化软件科技有限公司研发的一套基于 Windows 平台的组态软件，用于快速构建和生成计算机监控系统。它能够在基于 Microsoft 的各种 32 位 Windows 平台上运行，充分发挥了 Windows 图形功能完备的优势。此外，国内还有许多其他组态软件产品，如组态王、Force Control、SYNALL、ControX2000 等，也在不同领域有着广泛的应用。

6.3　监控组态软件

计算机控制系统的组态功能作为系统构建的核心环节，主要涵盖硬件组态与软件组态两大关键领域。

在硬件组态层面，通常会选用基于通用通信能力总线（如 ISA 总线或 PCI 总线）的总线式工业控制机，并对其进行针对性配置。总线式工业控制机凭借小型化、模块化、标准化、组合化以及结构开放等显著特性，成为硬件组态的优选方案。用户可依据控制对象的特性与实际工况需求，灵活选用成熟通用的硬件设备及应用系统，有效减轻硬件开发的工作负担，提升系统搭建效率与稳定性。

软件组态主要通过监控组态软件实现。作为一种标准化、模块化、可视化且商品化的通用过程软件，监控组态软件为工程师提供了便捷高效的操作途径。借助该软件，工程师能够直接进行模块与系统设计，无须过度关注计算机硬件细节及复杂的程序编写过程。通过交互式“软”菜单，工程师可轻松调整“硬件”设置，并利用组态仪表或设备模块实现输入、输出信号的快速连接。操作过程采用通用树形填空语言，极大降低了操作难度，即使是缺乏专业编程经验的人员也能快速上手。

控制系统的软件组态所构建的控制架构，与实际控制系统结构高度契合，能够形成直观的控制回路图。此外，组态软件可依据变量属性，自动生成图形系统、趋势曲线、历史数据图表、报警系统以及各类报表等。用户还可借助脚本功能，开发出更加灵活多样、适配特定需求的控制组态方案。以下为常见的组态形式。

6.3.1　控制组态

控制组态，又称控制回路组态，是组态工作中的重要环节。组态软件通常会提供多种类型的控制模块，控制组态过程就是将这些控制模块与各个被控变量建立联系，并对控制模块的参数进行设置。为确保生产工艺顺利实施，计算机系统需完成各类复杂的控制任务。以自动喷涂工艺为例，通过组态软件对控制过程参数进行必要设置，构建各变量的开环或闭环控制结构，从而实现对各变量的精准控制。

6.3.2 系统组态

系统组态是组态软件设计的首要步骤，其主要工作是对整个系统的结构与要素进行定义，包括 I/O 口数量、硬件接口、通信方式以及系统组态设计等内容。以数控加工的系统组态为例，硬件配置定义涉及系统分层结构、通信方式、I/O 接口类型、驱动模块接口及相应配置等方面。系统组态过程一般采用图形化界面结合表格填写的方式进行设置，操作过程直观明了。

6.3.3 画面组态

画面组态旨在为计算机控制系统打造方便操作员使用的交互界面，可实现画面的静态或动态显示。该工作主要包含两个方面：一是绘制能够反映被控制过程概貌的图形，如条幅等；二是将现场变量与图形要素相关联，例如数字、高度、颜色、闪烁频率等。当现场参数发生变化时，与之关联的图形要素会及时在显示器上动态呈现，方便操作员实时掌握系统运行状态。

6.3.4 数据库组态

数据库组态是组态软件的重要组成部分，负责记录详细的组态过程数据，包含实时数据库组态和历史数据库组态。实时数据库组态内容涵盖数据库各点（变量）的名称、类型、工程量转换系数上下限、线性化处理、报警限和报警特性等；历史数据库组态则主要定义各个历史库数据的存储时间长度。部分组态软件将这部分工作整合在历史组态中，还有些软件会将数据点与 I/O 设备的连接关系保存在数据库组态内。

6.3.5 显示组态

多数组态软件运行于 Windows 环境，充分发挥了 Windows 图形功能完善、界面美观的优势。其具备可视化风格界面、丰富的工具栏、硬件图形模块以及强大的数据库操作功能，工程师可直接进入开发状态。丰富的图形控件和工况图库，提供了大量连接便捷的基本工业设备图符、仪表图符，以及趋势图、可分层分级设定管理员权限的历史曲线、组数据分析图、报表操作等数据处理方式。此外，还为用户提供丰富的模拟量、数字量作图工具，能够及时登记不同类型 I/O 通道信息，记录过程控制详细信息并进行分组操作，工程师可自由绘制各种工业界面并随意编辑，极大地减轻了工程人员的工作量。同时，丰富的动画显示方式，如隐含、闪烁、移动等，让界面更加生动直观。这使得工程师能够将更多精力投入到组态软件的开发中，减少对硬件系统的关注，而脚本功能也有效弥补了常规组态无法实现的功能需求。

6.4 监控组态通信功能

组态软件支持构建孤网式与分布式两种应用程序架构，二者在系统复杂度与应用场景上存在显著差异。孤网式系统架构相对简洁，仅配备一个操作站，无须处理复杂的网络拓扑结构，适用于对系统规模和网络交互要求较低的场景。而分布式应用程序架构则更为复杂灵活，例如可通过配置专用服务器集中存储数据，供多个工作站协同访问；还能够搭建基于 Web Server/Browser 模式的分布式系统，实现跨地域、多终端的远程监控与管理。

6.4.1　独立式结构

独立式结构应用程序是一种具备单一操作界面的应用系统，主要用于对各个处理过程进行监控。在实际应用中，典型的独立式结构场景为：一台未接入网络的个人计算机(PC)作为主操作界面，通过串行线缆等直接连接方式与工业处理过程建立通信。

图 6-1 所示的监控配置软件独立结构，即在单个 PC 设备上部署独立运行的监控配置应用程序。该结构不具备互联网通信功能，形成了一个完全封闭、自足的系统。虽然独立式结构具有系统架构简单、维护便捷的优势，但其局限性也较为明显，用户仅能通过单一节点对系统进行访问与操作，在数据共享和多终端协同方面存在显著不足，难以满足大规模、分布式监控场景的需求。

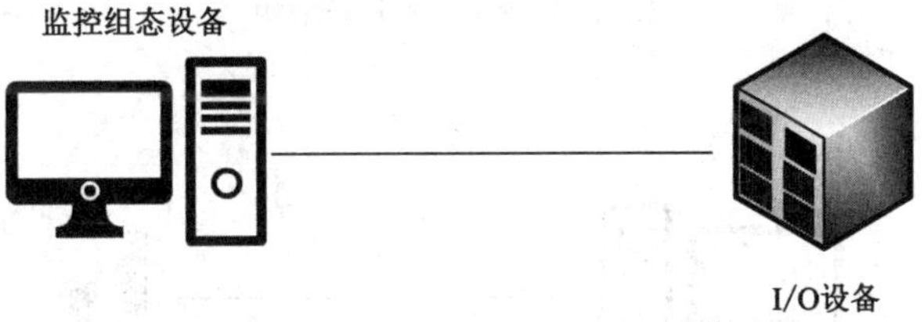

图 6-1　监控组态软件的独立结构

独立应用程序的部署过程较为简便，其核心配置主要涉及视觉界面系统、实时数据库及 I/O 驱动程序三大关键模块，这三大模块确保了独立应用程序能够无缝且有效地运行。

6.4.2　客户/服务器结构

客户端 / 服务器(Client/Server，C/S)架构是一种典型的分布式应用体系，具备自治性强、扩展性良好的特性，其架构示意图如图 6-2 所示。在该架构下，网络中的特定节点承担服务器角色，负责数据存储与管理；其余节点则作为客户端，通过网络向服务器发起请求，访问存储于其上的过程信息。由此，系统运行过程中产生的输入 / 输出数据均集中存储于服务器端，形成数据中枢。

这种架构模式下，服务器作为数据与服务的核心枢纽，其性能与稳定性直接决定整个系统的运行效率与安全水平。尽管系统对服务器存在较高依赖，但客户端具备相对独立的数据处理能力，大部分运算任务可在本地完成。这一特性使得个别客户端发生故障时，不会对系统整体运行造成严重影响，有效保障了系统运行的连续性与可靠性，实现了分布式环境下的数据高效处理与风险分散。

6.4.3　对等结构

对等(Peer-to-Peer，P2P)结构如图 6-3 所示，该架构打破了传统主从模式的层级限制，网络中的所有节点地位平等，兼具服务器与客户端双重功能。每个节点既作为数据提供者，

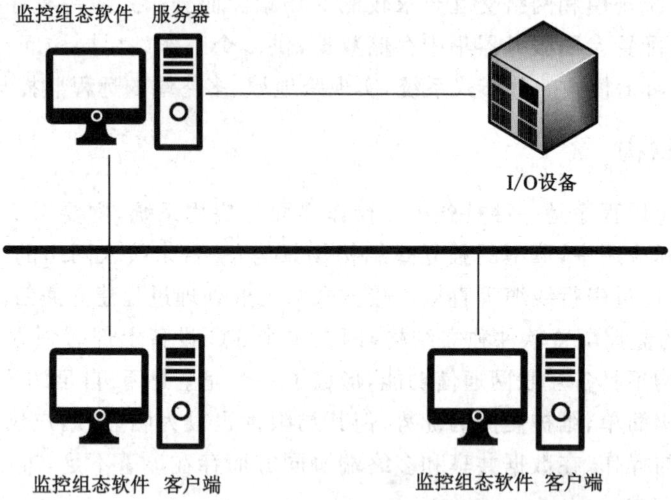

图 6-2　客户/服务器结构

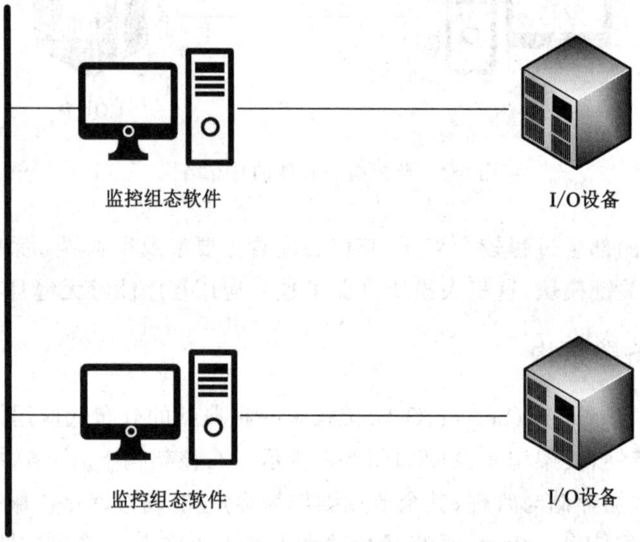

图 6-3　对等网络结构

向其他节点共享本地信息，又作为数据消费者，从网络中获取所需的过程数据，形成双向交互的数据流动模式。值得注意的是，在对等结构中，每个节点均需直接连接过程 I/O 设备，以保障数据采集与控制指令执行的实时性。

这种架构尤其适用于 I/O 点数众多、生产设备高度分散的复杂场景。由于各节点负责采集与自身相关的过程 I/O 数据，并执行特定工艺控制任务，因此每个节点部署的应用程序存在功能差异。同时，每个节点均配备独立的实时数据库(DB)与 I/O Server 数据采集程序，通过分布式数据管理机制，实现节点间数据库的跨网络访问，确保数据的互联互通与协同处理，在提升系统灵活性与可靠性的同时，有效降低了对中心服务器的依赖。

6.4.4　混合结构

在大型应用场景下，混合式架构有机融合了客户服务器结构与对等结构的优势，构建起层次丰富的网络体系，其结构如图 6-4 所示。

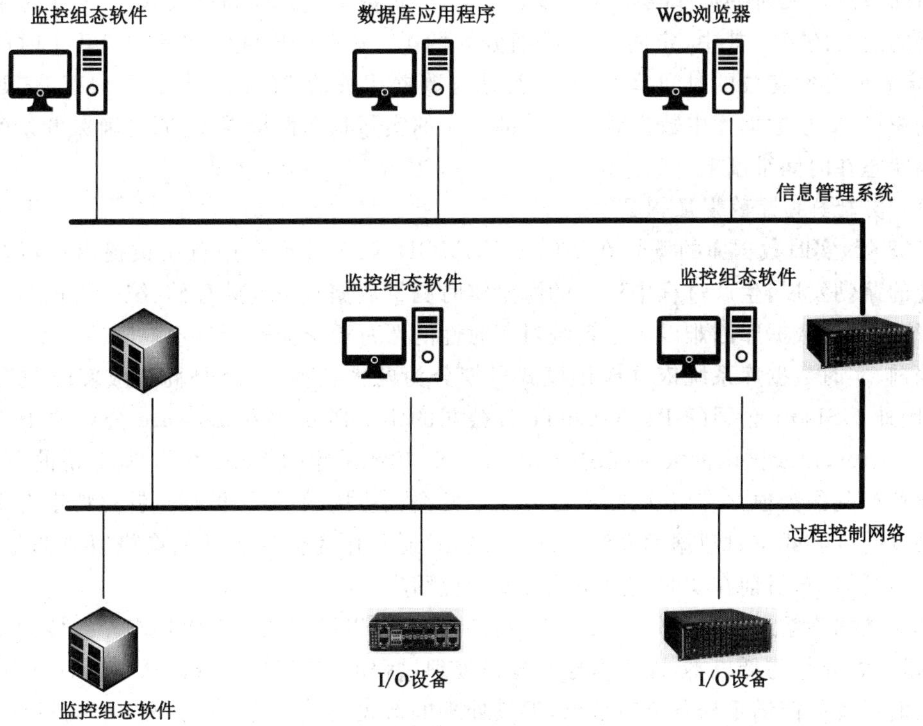

图 6-4　混合结构

6.5　实时数据库

先进的监控组态软件中，实时数据库扮演着至关重要的角色。它如同整个系统的核心枢纽，根据输入数据持续动态地更新数据库内容，为系统的数据处理、组织及管理提供了坚实的基础。在实际应用场景中，尤其是针对运动系统(如工业现场)，实时数据库能够高效地收集大量快速变化的数据，并对这些数据进行全面的采集、精准的处理、可靠的记录以及便捷的共享。

实时数据库以时间为主坐标轴，为了实现对快速变化的时间序列数据的高效处理，其在时间字段方面进行了深度优化，以满足快速存储与检索的严苛要求。作为数据库系统发展的一个重要分支，实时数据库技术巧妙地融合了实时系统与传统数据库技术的优势，使其特别适用于处理那些不断快速变化的时间序列数据，从而为监控组态软件在复杂工业环境中的广泛应用提供了强大的数据支持与保障。

6.5.1 实时数据库特点

实时数据库(Real-Time Database,RTDB)是一种数据与事务均具有严格定时限制的特殊数据库系统。在该系统中,其正确性不仅取决于事务处理的逻辑结果,更依赖于该结果产生的时间节点。实时数据库具备两大核心特征:一是数据与时间高度关联,二是实时事务存在明确的定时约束。其中,定时约束可细分为两类:一类是与事务相关的"截止时间"约束,决定事务必须完成的时间节点;另一类是与数据相关的"时间一致性"约束,它划定一个时间窗口,要求数据库中数据状态与外部实体的实际状态保持同步,同时确保事务存取的各数据状态在时间维度上一致。

6.5.1.1 实时数据库的发展背景

1988年,实时数据库的概念在ACM SIGMOD Record专刊中首次被提出。随着自动化工业的蓬勃发展,生产过程中产生的海量实时测量数据亟需高效存储、统一管理与实时应用,传统关系型数据库因难以满足系统对实时性的严苛要求而逐渐显现局限性。

当前,实时数据库系统依据应用模式可划分为两大类型:一类是商用级实时数据库产品,如国外OSIsoft公司的PI、AspenTech公司的InfoPlus、Wonderware公司的IndustrialSQL Server,以及国内浙大中控的ESP－iSYS、三维天地的SuperInfo、紫金桥的RealDB等。这些产品作为独立应用软件,广泛应用于各类工业场景;另一类则是针对特定应用对象定制开发的嵌入式实时数据库系统。这类数据库通常作为应用软件的有机组成部分,不具备独立运行能力,目前在实时信息系统开发中应用广泛。

传统数据库系统专注于处理长周期、稳定的数据,以维护数据完整性和一致性为核心目标,追求高吞吐量与低成本,而未考虑数据及处理过程的定时限制,难以适应实时应用场景。传统实时系统虽能满足任务定时要求,但其处理的数据结构简单、关系固定且可预测,无法有效管理大量共享数据并保障数据完整性与一致性。

作为数据库系统的重要分支,实时数据库在概念、方法和技术层面均与传统数据库存在显著差异。其核心挑战在于确保事务处理既满足数据一致性要求,又符合定时限制条件,从而实现数据的实时采集、管理与应用,为上层组态监控、异常检测、远程控制等服务提供基础数据支撑,在业务管理与实时生产之间架起关键桥梁。

6.5.1.2 实时数据库的特点

实时数据库的核心技术体系涵盖实时数据模型,该模型包含数据结构、数据操作和完整性约束三大要素。同时,实时事务模型具有复杂性高、结构复杂的特点;实时事务处理则采用优先级调度策略,支持并发调度,并涉及数据存储与缓冲区管理等关键环节。

实时性是实时数据库的显著特征,具体体现为数据实时性和事务实时性两个维度。数据实时性由现场I/O数据的更新周期决定,是实时数据库必须考量的关键指标;事务实时性则反映数据库处理事务的速度,其触发方式分为事件触发和定时触发。事件触发可实现事务的即时调度与处理,但对系统资源消耗较大;定时触发则确保事务在规定时间范围内获得调度权。为保障系统稳定性与实时性,完整的实时数据库需同时支持这两种调度方式。

为满足系统各模块的功能需求,实时数据库通常需具备以下核心功能:

(1) 实时数据采集存储:数据采集是实时数据库的基础功能。鉴于数据时效性要求,实时数据库需具备强大的数据处理能力,能够持续采集海量过程数据,并快速响应各类数据请求。为实现高效处理，实时数据通常直接存储于内存中。

(2) 历史数据存储和压缩：受内存容量限制，生产过程产生的大量历史数据需转存至磁盘。为提升存储效率、节约空间，历史数据在存储前需进行高压缩处理，并在外部请求读取时快速解压缩还原。

(3) 数据查询：实时数据库系统同时管理内存中的实时数据和历史数据库中的历史数据，需为两类数据提供高效查询接口。尤其针对为节省空间而特殊设计存储结构的历史数据，需配套专门的数据查询机制。

6.5.1.3　监控组态软件中实时数据库的实现

实时数据库技术融合了实时系统与数据库技术的优势，旨在解决实时系统中的数据管理难题。提升数据库实时性可从多方面着手：优化系统硬件配置，采用定制化计算机系统增强整体性能；将数据库部署于内存中，并针对内存特性设计专用数据结构和处理算法，从而显著提升数据检索与处理效率。

数据库逻辑结构设计以概念模型为基础，构建符合特定数据模型（如关系模型、层次模型、网状模型）的逻辑模式，其设计方案与所采用的数据库管理系统（DBMS）紧密相关。以基于关系数据模型的 MySQL 数据库管理系统为例，关系数据库通过二维表组织和存储相互关联的数据表集合，数据库模式则由多个关系模式构成。

数据库逻辑设计仅定义了数据的逻辑存储结构，与具体物理实现无关。因此，在数据库物理结构设计阶段，需结合目标 DBMS、硬件环境和操作系统平台，确定数据的实际存储结构与存取方式。具体包括将逻辑关系模式转换为 DBMS 支持的基本关系表，选择合适的文件组织形式，以实现数据库逻辑模式的物理落地。

在实时数据库系统中，事务分类方式多样。从数据处理方式角度，可划分为只读事务、只写事务和更新事务。这种分类方式有助于分析数据库并发控制策略，优化系统性能。

6.5.2　实时数据库的结构

6.5.2.1　实时数据库的体系结构

实时数据库的体系结构如图 6-5 所示。其体系结构与传统数据库相近，均可划分为内部级、概念级和外部级三级架构。

外部级是最贴近用户的层级，面向图形界面系统、第三方应用程序等用户群体，主要负责用户与数据库之间的数据交互，涵盖数据查询、插入、更新及删除等操作；概念级作为数据库系统的抽象层面，整合了所有用户对数据的定义，包括数据结构、关系及约束等内容，用户在此层级无须关注数据存储细节，仅通过定义数据模型来描述数据逻辑结构；内部级则是最接近物理设备的层级，着重于数据实际存储方式，涉及数据在内存或磁盘上的具体存储与组织，以实现高效的数据访问与管理。

与常规数据库相似，实时数据库同样由一组对象及其结构构成。但由于目前尚未形成统一的数据模型标准，不同厂商开发的实时数据库在数据结构设计上存在显著差异。

6.5.2.2　紫金桥跨平台实时数据库 RealHistorian 介绍

RealHistorian 是一款融合 C/S 与 B/S 架构的实时数据库集成应用平台。该平台具备强大的数据承载能力，单机数据容量可观；采用前沿的超文本标记语言技术，实现多终端一体化的 WEB 访问，可完美适配智能手机、平板电脑等移动设备，显著提升智能设备的自动

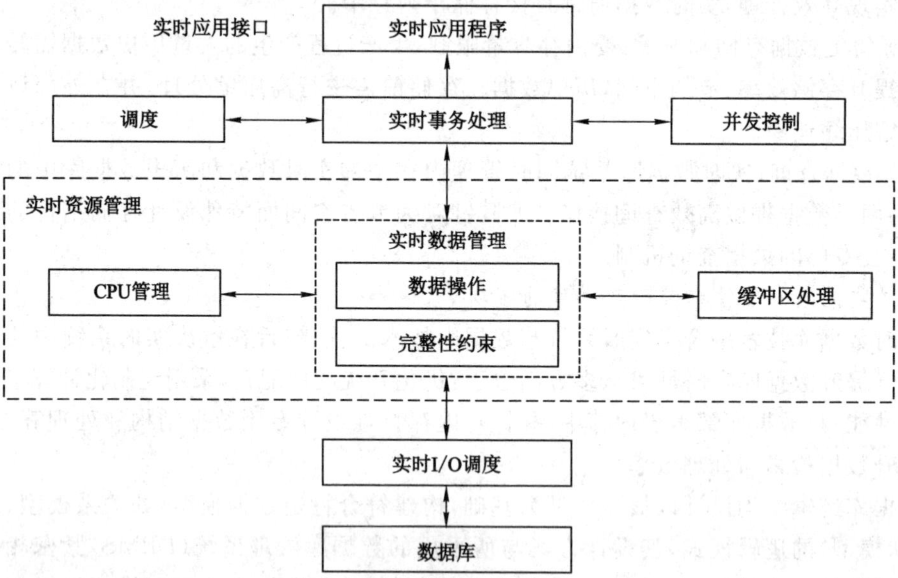

图 6-5　实时数据库的体系结构

化程度与操作便捷性，为实际应用提供高效支持，其系统结构如图 6-2 所示。

作为完全自主研发的跨平台软件，RealHistorian 能够与银河麒麟、中标麒麟、统信 UOS 等国产操作系统，以及飞腾、龙芯、鲲鹏、兆芯等国产 CPU 硬件实现无缝兼容，大幅拓展了软件应用领域。产品广泛应用于国防信息建设及国计民生行业，筑牢民族产业信息安全防线，为国家国防与信息安全建设提供有力支撑，积极推动重点数据生态系统的国产化进程。

RealHistorian 的核心模块涵盖 IODriver(设备驱动)、IDE(开发环境)、View(运行环境)、DB(数据库)、WebServer(Web 服务)及对外接口等。各模块既保持功能独立性，又通过数据交互紧密关联，共同构建起完整的紫金桥跨平台实时数据库系统。此外，该数据库提供丰富的开放式接口，支持与其他程序进行数据交换，包括 WebService、REST API、OPC UA Server、OPC XmlDA Server、Modbus Server 等标准公版协议接口，可直接对接无须额外适配；CommServer 作为紫金桥自研的高效数据接口，采用私有协议，特别适用于大点数、高并发、追求高效率与高安全性的复杂应用场景。

6.5.3　数据仓库

数据仓库之父 W.H.Inmon 将数据仓库定义为面向主题、高度整合、具备一致性且包含时间变量的数据存储库，其核心价值在于为商业管理决策提供有力支持。数据仓库(DATA Warehouse,DW)作为信息管理与组织技术，通过构建企业集成化、全面性和逻辑性的数据视图，推动管理决策的科学制定，是决策支持系统(DSS)和联机分析应用数据源的结构化数据环境。1990 年，比尔·恩门(Bill Inmon)提出数据仓库概念，其核心功能在于对企业通过联机事务处理(OLTP)长期积累的海量数据，运用特有的存储架构进行系统化分析整理，支撑联机分析处理(OLAP)、数据挖掘(Data Mining)等操作，进而助力决策支持系统(DSS)、主管资讯系统(EIS)建设,使决策者能够快速从海量数据中提取有价值信息,实现高效决策并敏捷响应外部环境变化,推动商业智能(BI)体系构建。

数据源作为数据仓库系统的根基,涵盖企业内外部信息。内部信息包含 RDBMS 存储的各类业务处理数据与文档数据;外部信息则涉及法律法规、市场动态及竞争对手情报等。

数据的存储与管理是数据仓库系统的核心所在。其独特的组织管理模式使其区别于传统数据库,并决定了对外数据的呈现形式。在选择构建数据仓库核心的产品与技术时,需深入分析数据仓库的技术特性,对各业务系统现有数据进行抽取、清洗与有效集成,并按主题进行组织。依据数据覆盖范围,数据仓库可分为企业级和部门级两类。

从逻辑层面看,数据库与数据仓库均依赖数据库软件实现数据存储,但数据仓库的数据规模更为庞大。二者的关键差异在于应用场景:传统事务型数据库(如 MySQL)主要用于联机事务处理(OLTP),例如工业数据实时采集;而数据仓库则聚焦于联机分析处理(OLAP),常用于生成各类分析报表。数据仓库的核心功能是为企业决策支持系统(DSS)或行政信息系统(EIS)提供所需信息,将企业日常运营中分散、不一致的数据进行归纳整合,转化为集中统一、便于随时调用的深度信息资源。

6.6　云平台

云计算平台,简称云平台,是依托硬件与软件资源提供计算、网络及存储能力的服务体系。依据核心功能差异,云平台可分为三类:以数据存储为主的存储型云平台、专注数据处理的计算型云平台,以及兼顾计算与数据存储处理的综合云计算平台。

6.6.1　云平台特点

(1) 硬件管理高度抽象化:用户无须知晓数据处理的具体设备位置与执行方式,仅需向“云”发送应用指令,便能在短时间内获取结果。云计算通过分布式资源架构,将底层实现细节隐藏,以一体化服务形式呈现给用户。

(2) 成本结构转型:企业和机构无须自建数据中心,也不必耗费精力于非核心的 IT 管理工作,基础设施投入转化为运营成本(OPEX)。用户按需获取不同类型和层级的信息服务,同时基础设施具备高度弹性,可根据实际需求动态扩展或缩减资源配置。

云平台按功能可分为以下三类:

① 存储型云平台:以数据存储为核心功能;

② 计算型云平台:专注于数据处理任务;

③ 综合云计算平台:兼顾计算与数据存储处理。

软件即服务(SaaS):应用程序完全在云端运行,用户购买的是软件使用权而非所有权,通过网络接口即可访问。普通用户借助浏览器等简易客户端操作,企业无须前期服务器与软件投入;应用开发商仅需维护单一版本程序,即可服务大量客户。

平台即服务(PaaS):云平台为应用开发提供云端环境,直接服务对象是开发人员而非终端用户,助力开发者高效构建软件应用服务。

附加服务:本地应用程序可通过调用云端特定服务增强功能,这类服务仅针对特定应用，故称为附加服务。例如，Apple 的 iTunes 客户端基础功能用于播放音乐，附加服务支持用户购买音视频内容；微软托管服务为本地交换服务添加垃圾信息过滤、档案管理等云端功能。

6.6.2 云计算

云计算（Cloud Computing）源于分布式计算、并行处理、网格计算的演进，目前业内尚无统一权威定义。中国云计算专家刘鹏教授提出，云计算是将用户任务分配至数据中心服务器集群构成的资源池，按需提供计算、存储或软件服务。

从概念范畴看，云计算可分为狭义与广义：狭义云计算指云服务提供商通过虚拟化、分布式计算技术搭建的数据中心；广义云计算则涵盖定制化解决方案，包括计算分析、硬件租借及在线软件服务等。

云计算中的“云”是云数据中心服务器集群上各类资源的集合，包含服务器、存储器、CPU 等硬件资源，以及应用软件、集成开发环境等软件资源。用户通过网络请求获取云端资源，所有计算任务在远程数据中心完成。虚拟化资源池架构支持资源动态扩展与回收，既提升了云数据中心资源利用率，也保障了服务质量。

6.6.3 云平台服务的优势

（1）降低硬件成本：云端运行应用程序，减少对台式机高性能处理器与大容量硬盘的依赖；

（2）优化系统性能：云计算系统启动与运行更快，因需加载的本地程序和进程较少；

（3）削减软件开支：多数软件服务免费或低成本获取，无须购买昂贵软件许可；

（4）自动更新迭代：基于 Web 的应用程序自动推送最新版本，确保用户始终使用最新功能；

（5）提升兼容性：消除文档格式与其他用户应用程序、操作系统间的兼容问题；

（6）扩展存储容量：提供近乎无限的存储空间，满足数据增长需求；

（7）保障数据安全：即使本地计算机故障，云端数据仍可安全访问；

（8）促进团队协作：多人实时协作处理文档与项目，提升工作效率；

（9）增强设备灵活性：用户摆脱单一设备或网络限制，实现跨终端访问。

6.6.4 云平台服务的安全性

（1）强化数据隔离：云服务提供商需确保同一服务器上多用户数据的逻辑隔离，防止数据泄露或越权访问；

（2）实施数据加密：企业应选择支持传输中（如 SSL）与静态存储（如 AES-256）加密的云存储服务商，或使用第三方加密工具；

（3）严格监控管理：针对内部人员攻击风险，服务商需对数据中心访问人员进行背景审查，并持续监控异常活动；

（4）谨慎使用虚拟化：虚拟化技术可能引入安全漏洞，需控制其使用范围，避免因单点故障导致数据中心瘫痪或被恶意篡改。

微软、Google、IBM、Oracle、Amazon、Saleforce、旺田云服务、EMC、阿里巴巴、中国移动

等均为行业领先的云平台服务商。

6.6.5 基于云平台的智能制造

当前,全球制造业正经历深刻变革,云计算、物联网、大数据等新一代信息技术与制造领域深度融合,特别是人工智能技术与制造技术的协同创新,推动行业向智能化转型。

(1) 智能制造的云平台概述智能制造的重要发展方向是向云平台迁移。智能制造云平台整合信息化建设要素,提供平台服务(PaaS)、软件服务(SaaS)和数据服务(DaaS),构建具有安全保障的云计算公共服务体系,为工业化与信息化融合("两化融合")提供基础设施资源。工业企业可基于该平台搭建空间地理信息云、中小企业云、食品云、金融云等专属应用平台。

智能制造云平台通过构建基础设施、数据、软件等资源池,实现按需分配服务,将信息化资源转化为公共基础服务,支撑多样化工业应用。

(2) 面向智能制造的云平台技术探讨随着智能制造规模扩大,传统数据中心的设备堆叠式架构及简单虚拟化管理模式难以满足计算与数据需求,需从多层面创新技术、变革架构。融合架构通过硬件层整合计算、存储、网络资源为统一资源池,结合软件层动态感知业务需求,智能分配资源以适配不同应用场景。

(3) 高速互连:光互连相比电信号互连具备高带宽、低延迟、长距离等优势,硅光互连在此基础上进一步提升通信速率、降低功耗,并简化部署。例如,电互联传输速率通常为 10 Gbit/s,光互连可达 30 Gbit/s,波分复用技术更可实现 Tbit/s 级传输;硅光器件部署密度是电互联的 5 倍以上,功耗仅为其 1/7,适用于芯片间高速长距离连接,推动硬件资源池化。

(4) 新型存储与内存计算:半导体技术进步推动非易失性存储发展,内存与外存融合使存储层次扁平化,降低数据访问延迟、提升带宽与容量,为高效"内存计算"提供支撑。

(5) 可重构技术:分为数据中心级、系统级和芯片级三个层次。芯片级可重构技术基于 3D 晶体管工艺与高性能 FPGA,使处理器兼具通用性、高效性与灵活性,根据应用需求动态调整功能。

(7) 软件定义:核心思想是控制与基础设施分离,实现资源弹性调配与可编程配置。当前,软件定义技术正从资源抽象管理向业务感知能力拓展,通过引入机器学习(如深层神经网络)构建应用感知的资源重构决策系统,使基础设施能识别业务需求、优化运行环境。

6.7 计算机控制系统中的数据交换技术

在多用户、多任务的计算机系统环境中,实现程序间的数据交换操作相对便捷。像 Windows、微机版 UNIX 以及 Linux 等操作系统,均具备程序间的数据交换技术、协议或标准,以此达成高效的数据交互。

6.7.1 DDE 技术

6.7.1.1 DDE 的含义

DDE(Dynamic Data Exchange,动态数据交换)是基于 Windows 内部消息系统、全局原

子和共享全局内存的一种协议，主要用于协调 Windows 应用程序之间的数据交换以及命令调用。它属于进程间通信(Inter Process Communication)的一种方式。

DDE 协议可应用于两类 DDE 应用程序：第一类是基于消息的 DDE；第二类是动态数据交换管理库(DDEML)应用程序(该库随 Windows 系统一同发布，使用动态链接库 DLL)。DDE 应用程序可分为客户、服务器、客户 / 服务器和监视器这四种类型，采用三层识别系统，即应用程序名(Application)、主题名(Topic)和项目名(Item)。DDE 结构如图 6-6所示。

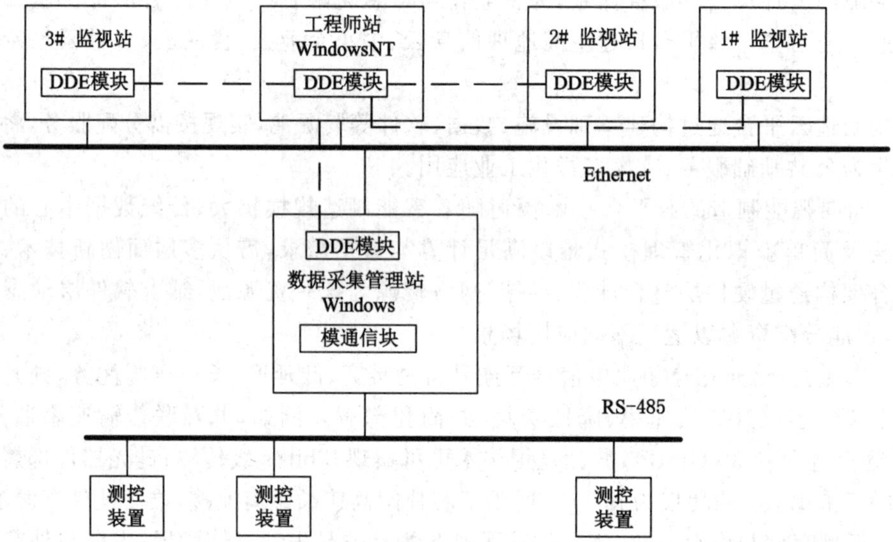

图 6-6　DDE 方式结构

DDE 存在一定的缺点，比如通信效率较低，占用较多的系统资源。当处理大量通信数据时，数据刷新速度较慢，不过在数据量较少的情况下，DDE 还是较为实用的。DDE 最早由美国微软公司在 Windows 3.1 中提出。目前，Windows 98 和 Windows NT 仍然支持 DDE 技术，但近十年来微软已停止对其进行发展，仅维持兼容和支持。

在 Windows 操作系统中，有一个名为 DDEML(动态数据交换管理库)的程序，专门负责协调 DDE 通信。实际上，Client(客户端)和 Server(服务器端)之间的大部分会话并非直接进行，而是通过 DDEML 来进行调解，该程序既可以充当 Client，也能作为 Server。

DDE 有以下三种连接方式：

① 冷连接(CoolLink)：数据交换是一次性的数据传输，类似于剪贴板。当服务器中的数据发生变化时，不会主动通知客户，但客户能够随时从服务器读写数据。

② 温连接(WarmLink)：当服务器中的数据发生变化后，会立刻通知客户，客户在得到通知后将数据取回。

③ 热连接(HotLink)：当服务器中的数据发生变化后，会马上通知客户，同时将变化的数据直接推送给客户。

6.7.1.2　DDE 通信的数据交换过程

DDE 应用程序分为客户、服务器、客户 / 服务器、监视器这四种类型。其中，监视器应用程序可以解释所有 DDE 应用程序的 DDE 消息，但无法执行这些消息，一般用于调试。

DDE 应用程序可以拥有多重并发会话。会话中的消息必须进行同步控制，不过不同会话之间可以进行异步切换。

DDE 应用程序必须对所有会话进行唯一的定义。客户和服务器应用程序窗口句柄用于定义一个会话，所以客户应用程序可以与多个服务器进行会话，并通过窗口句柄来控制该会话。当客户应用程序与单个服务器进行多重对话时，为每个会话产生一个新的窗口，使每一个会话都有唯一的窗口句柄是一种可行的解决办法。

当 DDE Client 程序向 DDE Server 程序请求数据时，需要知晓 DDE Server 程序的名称(即 DDE Service 名，具有唯一性)、DDE 主题名称(Topic 名)以及请求的数据项名(Item 名)。

通常情况下，DDE Service 名就是 DDE Server 的程序名称，但并非绝对，它是由程序设计人员在程序内部设定的，不能仅通过修改程序名称来改变。Topic 名和 Item 名同样由 DDE Service 在其内部设置。所有 DDE Server 程序的 Service 名、Topic 名都在系统中进行了注册。当 DDE Client 向 DDE Server 请求数据时，DDE Client 必须向系统报告 DDE Server 的 Service 名和 Topic 名。只有当 Service 名、Topic 名与 DDE Server 内部设定的名称一致时，系统才会将 DDE Client 的请求传达给 DDE Server。当 Service 名和 Topic 名相符时，DDE Server 会马上判断 Item 名是否合法。如果请求的 Item 名是 DDE Server 中的合法数据项，DDE Server 就会建立此项连接。一旦建立连接的数据发生数值改变，DDE Server 会及时通知 DDE Client。一个 DDE Server 可以拥有多个 Topic 名，Item 名的数量也不受限制。

6.7.1.3　DDE 方式的优缺点

DDE(动态数据交换)是专为 Windows 操作系统的非程序员用户设计的首个跨程序通讯标准。早期的许多 Windows 应用都采用了 DDE，且不少现代软件仍对其提供支持。然而，DDE 存在明显的局限性，主要体现在通信效率较低，在处理大量数据时，数据刷新速度较慢，因此更适用于数据量较小的场景。

6.7.2　OPC 技术

6.7.2.1　OPC 产生的背景

随着计算机控制系统规模的不断扩大，越来越多不同标准的设备接入系统，不同设备和通信协议之间的数据访问问题亟待解决。OPC(OLE for Process Control)是建立在微软公司 OLE/COM 技术基础上，用于过程控制的对象链接嵌入式技术。它是由多个自动化公司、软硬件供应商与微软合作开发的一种数据交换接口的工业标准，旨在为现场设备、控制系统、企业生产管理软件之间提供开放、一致的接口规范，实现不同供应商的软硬件“即插即用”的连接。

COM 技术的出现为实现控制设备和控制管理系统之间的数据交换提供了技术基础。但如果没有一个工业标准化的 COM 接口，各个控制设备厂家开发的 COM 组件之间的相互连接是无法实现的。OPC 作为工业标准定义的特殊 COM 接口，理解相关 COM 技术是掌握 OPC 技术的关键，同时 OPC 技术也有其独特之处。

OPC 规范主要包括 OPC 服务器和 OPC 客户两部分。其实质是在硬件供应商和软件开发商之间建立一套完备的“规则”。OPC 服务器提供了从数据源获取数据的标准方式。标准的 OPC 接口统一了各现场设备、应用软件的标准，方便访问不同数据源，并将数据传送给客户应用程序。只要控制设备生产商开发一套遵循 OPC 规范的服务器，充当数据源向外发送数据的代理，客户应用程序就能以标准方式通过服务器完成数据交换，实现数据交换的标准化和开放化，为工业控制和管理提供有效的数据交换工具。

OPC 以 OLE/COM 技术为基础，定义了一套适用于过程控制应用的接口，支持过程数据访问、报警、事件与历史数据访问等功能。而一般的 OLE/COM 仅支持复合文档、数据传递功能。开发 OPC 技术的初衷是解决“I/O 驱动”问题。传统的 I/O 驱动程序为应用软件提供的接口不一致且不开放，应用程序需要为每一台控制设备开发不同的驱动程序接口。通过“I/O 驱动”访问现场实时数据的连接关系较为复杂，不同硬件需编写不同的“I/O 驱动”程序，硬件的改进或升级也需对“I/O 驱动”进行修改。OPC 标准旨在统一驱动软件的接口，现场设备中的 OPC 服务器保留现场数据，并通过标准接口提供给数据使用方。这种标准接口保证了开放式数据交换，一个 OPC 服务器可以为多个客户提供数据，一个客户也可以访问多个 OPC 服务器。其数据访问方式如图 6-7 所示。

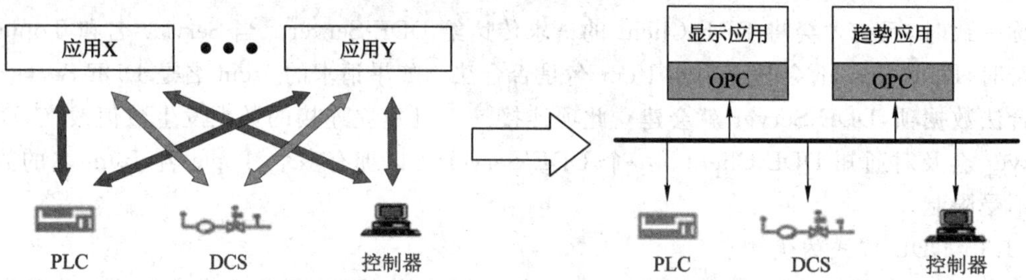

图 6-7　OPC 数据访问方式

OPC/DDE 改变了传统过程控制系统中上位软件与 I/O 设备驱动一对一的关系，实现了标准的通信和互操作。OPC/DDE 接口既适用于通过网络将最下层控制设备的原始数据提供给 HMI/SCADA、批处理等自动化程序(作为数据使用者的 OPC/DDE 应用程序)，也适用于应用程序和物理设备的直接连接。DDE 基于 Windows 的消息(Message)机制，而 OPC 基于 COM 技术，相比之下，OPC 传输数据的速度比 DDE 快。

6.7.2.2　OPC 接口与对象

OPC 标准中存在两种接口：OPC 定制接口(custom interfaces)和自动化接口(Automation interfaces)。定制接口由 C++ 语言编写的客户程序和服务器程序使用，执行效率较高；自动化接口支持使用 Visual basic、Delphi、Excel 等高级商业应用程序开发的客户应用程序。定制接口是 OPC 服务器必须提供的，而自动化接口则不一定提供。OPC 服务器与应用之间的连接如图 6-8 所示。

6.7.2.3　OPC 通信机制

(1) OPC 的工作原理

OPC 服务器借助标准的 OLE/COM 接口制定 OPC 标准，主要由两部分构成：一是 OPC 服务器，与数据源(如智能仪表、PLC 等控制设备)相连，将采集的数据通过接口发送给

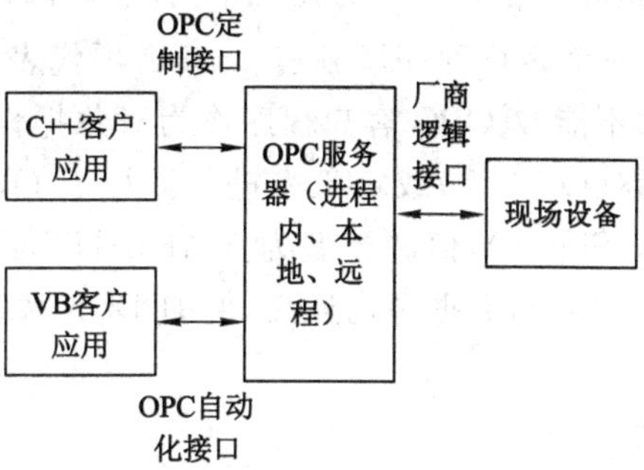

图 6-8　OPC 服务器与应用之间的连接

相关用户；二是 OPC 客户端，连接 OPC 接口和服务器，获取服务器提供的大量信息。数据源和客户端相连接的接口标准实现了设备与软件间的数据传输。

(2) OPC 接口体系

OPC 服务器接口的实现主要包括定制接口与自动化接口两个方面。定制接口是 OPC 服务器开发中必须实现的接口，而自动化接口则可选择性实现。定制接口较为复杂，可能导致一些编程语言无法访问；自动化接口无语言限制，所有语言都能通过它访问内部的 COM 对象，但它限制了接口成员函数的类型，从而限制了接口的应用范围。尽管 OPC 规范有相应的接口标准规范，但未明确接口方法的实现方式，因此在开发 OPC 服务器时，设计人员需结合不同设备特点实现接口成员函数。

(3) OPC 数据访问规范

OPC 数据访问规范是 OPC 诸多规范中最重要的部分，其他相关规范多以此为基础建立。OPC 基金会以 COM/DCOM 技术为基础制定了通信标准，为服务器与客户端提供统一的数据交换标准。开发人员依据此规范开发 OPC 客户程序，结合不同软件提供商提供的 OPC 数据访问规范接口服务器，访问硬件设备信息，既能节省成本，又能大大提高工作效率，在工控领域备受欢迎。

(4) OPC 数据传输机制

OPCClient 对 OPCServer 数据的读写操作主要有同步传输和异步传输两种方式。同步传输时，OPCClient 调用 IOPCSyncIO 接口对 OPCServer 进行读写操作，直至数据读写完成；异步传输的数据传输效率较高，当大量 OPCSenver 相互连接时，可提高同步传输的时效性。

6.7.2.4　OPC 的数据及存取方式

总体而言，OPC 数据存取规范包含服务器对象(Server Object)、组对象(Group Object)、项对象(Item 名)等几个对象。OPC 服务器对象维护服务器信息，是 OPC 组对象的容器；OPC 组对象维护自身信息，提供包容 OPC 项的机制，并管理 OPC 项。

OPC 组为客户应用程序提供了组织数据的机制，例如一个组可包含显示面板的所有数据项，并能对数据进行读写操作。在特殊情况下，可在组里建立客户应用程序与项的连接，并可根据需要禁止或允许这种连接。OPC 客户应用程序还能修改 OPC 服务器向其提交数据变化的刷新速率。

OPC 组分为公共组(Public)和局部组(Local or Private)两种类型。公共组可被多个客户程序共享,局部组则为某一个客户程序所独有。OPC 项代表与服务器里数据源的连接,从定制接口角度看,OPC 项不能被 OPC 客户程序作为对象操作,因此未定义外部接口,对 OPC 项的操作通过其包容器(OPC 组)或定义来进行。每个 OPC 项包含值(Value)、品质(Quality)和时间标签(Time Stamp),值的类型为 VARIANT,品质的类型是 SHORT。需要注意的是,项并非数据源,只是与数据源的连接,例如 DCS 系统中可让 OPC 客户程序访问的标签。

6.7.2.5　OPC 服务器的组成

OPC 服务器由服务器(server)、组(group)和数据项(item)三类对象组成:

服务器对象拥有服务器的所有信息,是组对象(Group)的容器,一个服务器对应一个 OPC Server(即一种设备的驱动程序)。客户程序访问服务器时,先建立与 OPC Server 对象的连接,然后可浏览服务器的信息或地址空间,也可建立 OPC Group 对象来访问实时数据。

组对象维护自身信息,包容并逻辑组织 OPC 数据项(Item),为客户提供组织数据的方法。客户可对组进行读写操作,还能通过组对象设置客户端的数据更新速率以及提供读取 OPC Item 值的接口。

数据项是读写数据的基本逻辑单位,每个数据项有值(Value)、品质(Quality)、时间戳(Timestamp)三个属性。数据项与具体的位号相连,从属于某一个组,不能独立存在,如图 6-9所示。OPC 数据项指向设备的寄存器单元,OPC 客户可通过数据项对设备寄存器进行操作,OPC 规范通过数据项隐藏常见设备的特殊信息,增强了 OPC 服务器的通用性。

应用程序作为 OPC 接口中的 Client 方,硬件驱动程序作为 Server 方。每个 OPC Client 应用程序可连接多个 OPC Server,每个硬件驱动程序可为多个应用程序提供数据,其结构如图 6-10 所示。

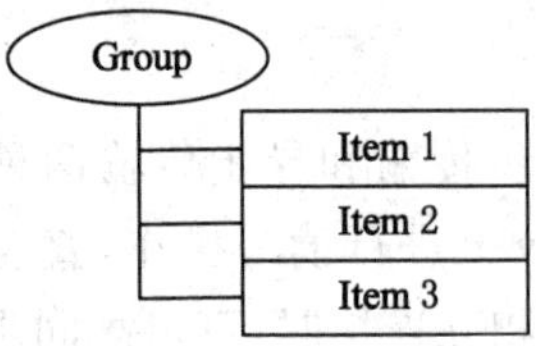

图 6-9　组与数据项关系

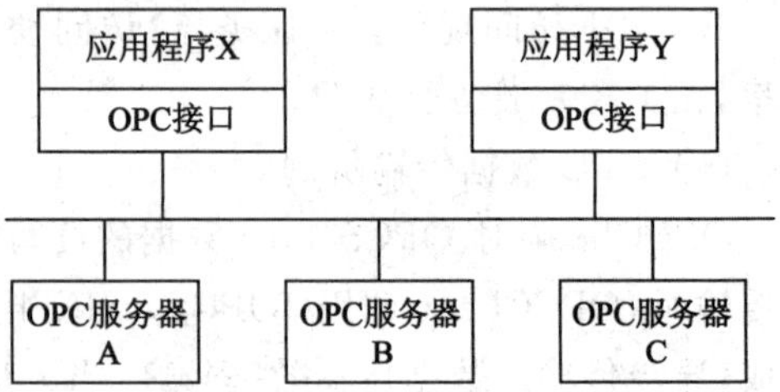

图 6-10　OPC 服务器与应用之间的连接

6.7.2.6　OPC 的报警(ALARM)和事件(EVENT)

OPC 报警与事件规范接口提供了一种机制,当 I/O 设备中产生指定的事件或报警条件时,OPC 客户应用程序能够得到通知。通过该接口,OPC 客户应用程序可以设置 OPC 服务器支持的事件和条件,并获取其当前状态。

在 OPC 中,报警是一种非正常情况(Condition),事件是可以检测到的变化。情况是 OPC 事件服务器(Event Server)或其所包容对象中命名的一个状态,对 OPC 客户应用程序有一定作用。事件可能与某种情况相关，也可能无关，OPC 客户程序可以接收这类特殊事件发生的通知。

习　　题

1. 说明组态软件结构、功能。
2. 简述实时数据库的特征是什么。
3. 说明监控组态软件的 I/O 设备驱动部分所包含的内容。
4. 云平台有什么特点？
5. OPC、DDE 的特点分别是什么？

第7章　分布式测控技术

"十四五"规划明确提出，要加快推进工业互联网平台建设，大力推动智能元器件和设备的研发与推广应用。从"双碳"目标的提出到碳中和"1+N"政策体系的构建，制造业绿色转型的步伐持续加快，这进一步凸显了工业互联网建设的紧迫性与重要性。

随着"十四五"规划各项目稳步推进、渐趋成熟，以及"工业互联网+安全生产"模式的不断深化，未来，生态培育将成为工业互联网企业竞争的核心领域。与此同时，工业互联网与云技术的深度融合将成为发展趋势，这将有效打破信息孤岛，显著提升制造业运营效率，大幅缩短产品制造周期，为制造业高质量发展注入强劲动力 。

7.1　工业互联网技术

在工业环境中搭建网络，核心目标在于实现工业现场设备之间、工业现场设备与工业业务软件系统之间的通信连接。传统工业网络存在明显局限性，其网络能力相对薄弱，拓扑结构呈封闭状态，所承载的协议与数据缺乏通用性，难以实现资源共享与交互。不过，随着技术发展，这些问题正逐步得到解决。当前，更具兼容性的标准（如以太网）被广泛应用，以太网能够运行 TCP/IP 协议甚至 Web 协议，极大地提升了网络的开放性与接入能力，使得工业设备与系统之间的互联互通更加便捷高效。

7.1.1　工业网络概述

依托计算机卓越的数据处理能力，借助软件实现交互式的信息输入输出功能，不仅生动构建起人机交互桥梁，还能实现多样化功能：清晰展示工艺流程图，以动态画面实时呈现数据变化；支持便捷修改与设置各类参数；高效编制生产报表，精准生成趋势分析图表；及时触发报警画面，直观呈现异常状况；灵活设置打印参数，并全面涵盖生产管理相关操作，为用户打造全方位、便捷高效的人机交互界面 。

7.1.1.1　网络拓扑分类

网络拓扑描绘的是网络的形态，体现了网络在物理层面的连通方式。网络拓扑结构则具体指通过传输介质将各类设备进行互联的物理布局方案，它明确了网络中计算机等设备的连接形式。拓扑图直观呈现出网络服务器、工作站的配置情况以及彼此间的连接关系。网络拓扑结构类型丰富多样，其中较为常见的有星形结构、环形结构、总线结构、树形结构、网状结构以及混合型结构等。

(1) 星形结构

图 7-1(a)展示的是星形拓扑结构。在此结构中,中心主节点承担着中继交换与数据处理的重要功能,它接收来自各个分散节点的信息,并进行转发操作。当某个分散节点需要传输数据时,需向中心节点发送传输请求,以此与目标节点建立传输连接。一旦两个节点之间建立起连接,便会形成一条专用线路,用于数据通信。

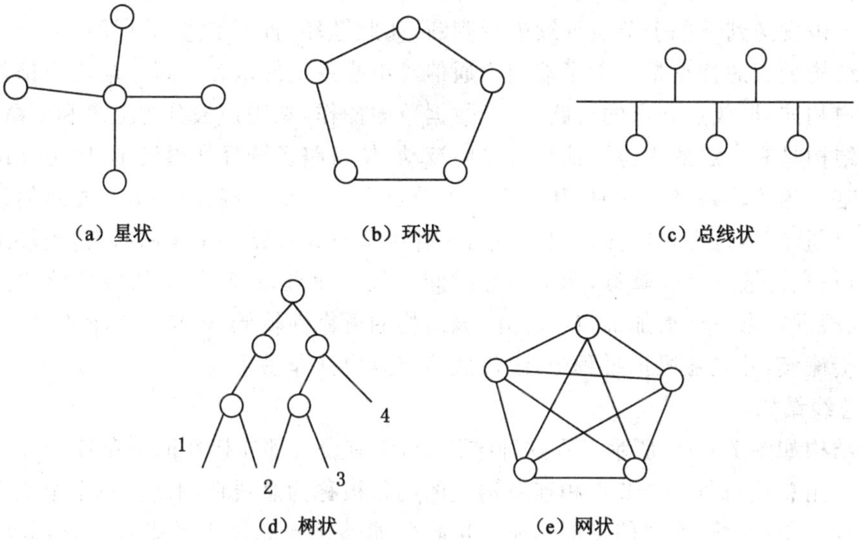

图 7-1　主要拓扑结构

从上述描述可以看出,在星形结构中,信息传输的核心是中心节点的转接技术。由于这种结构的特性,中心节点一旦出现故障,整个网络都将面临危机,所以确保中心节点安全稳定地工作至关重要。目前,星形拓扑结构广泛应用于符合 IEEE 802.2、IEEE 802.3 标准的以太局域网中。

星形拓扑结构的主要优点有体现在三个方面:

① 管理维护便捷高效,由于所有数据通信均需经由中心节点完成,该节点能够全面收集网络中的通信状况,为网络管理与维护提供丰富且准确的数据支持;

② 节点扩展与移动操作简单易行,在进行节点扩展时,仅需从集线器、交换机等集中设备处引出一条线路即可完成新节点的接入,而移动节点时,只需将相应设备迁移至新位置,相较于环形网络,不会因局部变动对整体网络造成影响 ;

③ 故障诊断与隔离较为容易,各分节点均与中心节点直接相连,使得从中心节点对每个节点进行测试变得方便快捷,同时也便于将故障节点及时从系统中分离,降低故障扩散风险。

然而,星形结构也存在一定缺陷:

① 安装成本与工作量较大,该结构需要使用较长的连线实现节点与中心节点的连接,这不仅增加了线缆购置费用,也大幅提升了安装工作的复杂程度与工作量;

② 网络运行过度依赖中央节点,一旦中心节点设备出现故障,整个网络将陷入瘫痪状态,因此对中心节点设备的可靠性与稳定性提出了极高要求,需采取多重保障措施以避免单

点故障引发全网危机。

(2) 环状结构

环状网络结构如图 7-1(b) 所示。在这种拓扑结构中，各个节点通过环接口连接在一条首尾相接的闭合环状通信线路上。数据在环网中按照特定方向，从一个节点单向传输至另一个节点。无论信息从哪个节点发出，都要经过环上的所有环接口。信息传输时，会判断目标地址是否与环上某节点的地址一致，只有地址匹配的节点的环接口才会接收信息，若不匹配则信息会被发送到下一个节点继续进行判断，如此循环，直至信息回到发送节点。

环状结构最大的特点是消除了端用户通信对中心系统的依赖。每个端用户都与相邻的两个端用户相连，形成点到点的链路，由于数据单向操作，端用户被分为上游和下游。

环状结构具有一定的优势。信息流单向流动，使得路径选择变得简单，因为在两个节点之间仅有唯一的传输路径。同时，环路上的各节点采用自举控制，控制方式相对简便。

然而，环状结构也存在明显的缺陷。由于各个节点在环路上呈串联状态，当环中节点数量较多时，信息传输速率会降低，网络响应时间延长。而且，环路封闭的特性导致网络扩充困难，难以根据需求灵活增加节点。此外，该结构的可靠性较低，一旦某个节点发生故障，整个网络就会瘫痪，并且在维护过程中，定位故障节点也并非易事。

(3) 总线结构

总线结构如图 7-1(c) 所示。在这种结构中，所有设备都连接在同一条连接介质上。由一条高速公用总线与若干个节点相连所构成的网络被称为总线形网络。每个节点上的网络接口板硬件具备接收和发送信息的功能。接收器能够接收总线上的串行信息，并将其转换为并行信息后传输至 PC 工作站；发送器则把并行信息转换为串行信息，以广播的方式发送到总线上。当总线上发送信息的目的地址与某节点的接口地址相匹配时，该节点的接收器便会接收来自总线的信息。

总线型拓扑结构具有以下特点：

① 易于分布：因为节点直接连接到总线上，所以所需电缆长度较短，电缆使用量少，安装过程相对简便，而且在进行网络扩充时也较为容易实现。

② 故障诊断困难：在总线型拓扑结构中，各节点共享总线资源。这就意味着，任何一个节点出现故障，都可能导致整个网络无法正常运行。并且在排查故障时，由于所有节点都共享总线，所以必须对每一个节点进行检测，才能准确定位出现问题的节点，增加了故障诊断的难度和工作量。

③ 故障隔离困难：当节点出现故障时，为了保证网络的正常运行，通常需要直接移除故障节点。而如果传输介质发生故障，由于所有节点都连接在同一条总线上，所以需要切断整段总线，这使得故障隔离变得困难，且可能影响网络的正常使用。

④ 对节点要求较高：由于所有节点共享总线，为了确保网络的有序运行，每个节点都需要具备介质访问控制功能，以便与其他节点协调共享总线资源，避免数据传输冲突，保证信息的准确传输。

(4) 树状结构

树状结构呈现出层级分明的特点，是一种适用于多级系统的拓扑结构。在这种结构中，通信线路相对较短，这使得联网成本得以降低，同时也让网络的维护与扩展操作更为便捷。然而，树状结构的复杂性较高。

从网络运行的角度来看，在树状结构的网络里，除了叶节点（如图 7-1(d)中编号为 1、2、3 和 4 的点以及它们各自的连接）之外，其他分支网络的正常运作会受到节点或连接故障的影响。

(5)网状拓扑

网状拓扑结构中，各节点借助传输线相互连接，且每个节点至少与其他两个节点相连。这种拓扑结构赋予网络较高的可靠性，因为在通信子网内，任意两个节点交换机之间往往存在两条或更多的通信路径，即便部分线路或节点出现故障，数据仍可通过其他路径传输，保障网络的正常运行。同时，其可扩充性良好，网络能够构建成各种形状，灵活地采用多种通信信道和不同的传输速率，以适应不同的应用需求。

然而，网状拓扑结构也存在明显的缺陷。其结构复杂，构建和管理难度较大，实现成本较高，包括硬件设备的采购、网络线路的铺设以及后期的维护等方面都需要投入大量资源。由于结构的复杂性，故障排查和修复也较为困难，增加了维护的工作量和技术要求。因此，网状拓扑结构在局域网中并不常用。

与之相对，总线状结构是目前应用最为广泛的结构，同时也是传统的主流网络结构。它适用于信息管理系统、办公室自动化系统、教学系统等领域。在实际的网络组建过程中，单一的拓扑结构往往无法满足复杂的应用需求，因此常采用混合型拓扑结构，即综合运用多种拓扑结构的优势，例如将总线状结构与其他拓扑结构相结合，以实现网络性能的优化，提高网络的可靠性、可扩展性和管理效率，更好地适应不同的应用场景和用户需求。

7.1.1.2　介质访问控制技术

介质访问控制（Medium Access Control，简称 MAC）主要致力于解决信道使用冲突时信道的分配问题，并规定数据帧在介质上的传输方式。当信道使用出现冲突时，连接介质的访问遵循“先来先服务”原则。此外，MAC 子层还负责定义物理寻址和逻辑拓扑，同时实现线路控制、出错通知（不进行错误纠正）、帧的传递顺序以及可选的流量控制功能。

在本地微型计算机网络中，传输访问控制方式旨在合理分配信道。由于传输路径具有共享特性（常称为通道），单个物理通道在同一时刻只能为一个节点提供服务，这就需要解决如何充分利用信道的空间和时间，且避免各信息间的冲突，以实现信道的合理分配。在微机局部网络中，常见的传输访问控制方式主要有三种，分别是冲突检测的载波侦听多路访问（Carrier Sense Multiple Access with Collision Detection，CSMA/CD）、令牌环（Token Ring）以及令牌总线（Token Bus）。

(1) 冲突检测的载波侦听多路访问（CSMA/CD）

在 CSMA 机制中，由于信道传播存在延时，即使通信双方的站点侦听到介质空闲，也可能在发送数据时发生冲突，因为双方可能同时检测到介质空闲并发送数据。虽然 CSMA 能够检测到冲突，但缺乏预防和阻止冲突的机制，导致冲突频繁出现。为了有效监测冲突，一种改进的 CSMA 方案中，发送站点在传输过程中持续侦听介质。若两个站点同时检测到信道空闲并发送数据，改进方案能在极短时间内检测到冲突。检测原理是当冲突发生时，信道上会出现超过发送站点自身发送载波信号幅度的电磁波。一旦检测到冲突，发送站点会立即停止发送，并向总线发送一串阻塞信号，通知总线上的其他站点，从而快速终止被破坏的帧，节省时间和带宽。这种方案在局域网中得到了广泛应用。

(2) 令牌环（Token Ring）

在令牌环网络中,传输的小数据(一种 3 字节的特殊帧)被称为令牌,它代表着传输权限。当环上的某个工作站收到令牌且有信息需要发送时,它会改变令牌中的一位(将令牌转变为帧开始序列),添加待传输的信息,然后将整个信息发送给环中的下一个工作站,因此令牌环网络不会发生传输冲突。令牌传递的具体流程如下:

① 首先对环进行初始化,然后生成一个空令牌在环上流动。

② 准备发送帧的站点处于等待状态,直到检测到空令牌的到来,其状态才会发生变化。

③ 发送站接收到空令牌后,将其状态设置为忙,并在令牌后面添加数据帧进行发送。

④ 当令牌处于忙状态时,网络中不存在空令牌,所有想要发送数据帧的工作站都必须等待。

⑤ 数据在传输过程中,经过的每个站点的环接口会将帧的目的地址与本站地址进行比较。若地址匹配,先将帧放入接收缓冲区,再送入本站,同时帧继续在环上流动;若地址不匹配,环接口仅转发数据帧。

⑥ 发送的帧在环上循环一周后回到发送站,由发送站将其从环上移除,并将令牌状态改为“闲”后发送到下一站。

令牌环能够提供可调整的访问控制方式,并支持优先权服务,实时性较强。然而,它需要对令牌进行维护,若空闲令牌丢失,会降低环路的利用率,并且其控制电路较为复杂。

(3) 令牌总线(Token Bus)

令牌总线是在总线拓扑结构中,利用“令牌”来控制节点对公共传输介质的访问,适用于总线或树形网络。在令牌总线中,节点以逻辑环的形式连接,类似于令牌环的控制方法,但不同的是,令牌总线中的信息是双向传输的,并且任何节点都可以“监听”其他节点发送的信息,发送的信息需包含下一个要控制的节点的地址。由于只有持有令牌的节点才能传输信息,这种方式有效避免了冲突,无须进行冲突检测。

该控制方式的优点在于各工作站对介质的共享权力平等,可设置优先级也可不设置;具有较好的吞吐能力,吞吐量会随着数据传输速率的提高而增加,且联网距离比 CSMA/CD 方式更远。但其缺点是控制电路复杂,成本较高,在轻负载情况下,线路传输效率较低。

7.1.1.3 信息交换技术

信息交换是指数据在不同信息实体之间进行交互的过程,其目的是在异构环境中实现数据共享,更充分地利用资源,提升系统信息传输的性能和速度,以充分达成数据的集成与共享。

在通信网络中,研究信息交换技术至关重要,因为计算机通信网对通信设备和线路的利用率相对较低。以图 7-2 所示的复杂网络为例,在两站之间交换信息时,如何合理选择路径以提高通信效率,是研究信息交换技术的目的所在。

通常使用的信息交换技术有三种:线路交换、报文交换和分组交换。

(1) 线路交换

线路交换技术也称作电路交换技术。电路交换是一种直接的交换方式,它为即将进行通信的一对装置(站)提供一条可临时连接的专用通道,该专用通道既可以是物理通道,也可以是通过时分或频分复用技术实现的逻辑通道。这条通道是在节点内部电路对节点间传输路径进行选择、连接后完成的,由多个节点和多条节点间传输路径组成链路。通过源站点请求,完成交换网中对应的逐个节点的接续(连接)过程,从而建立起一条从源站到目的站的传输通道。例如在图 7-2 中,S_1 要把报文 M_1 传送给站 S_2,存在多条路径,如路径 $N_1 \rightarrow N_6 \rightarrow$

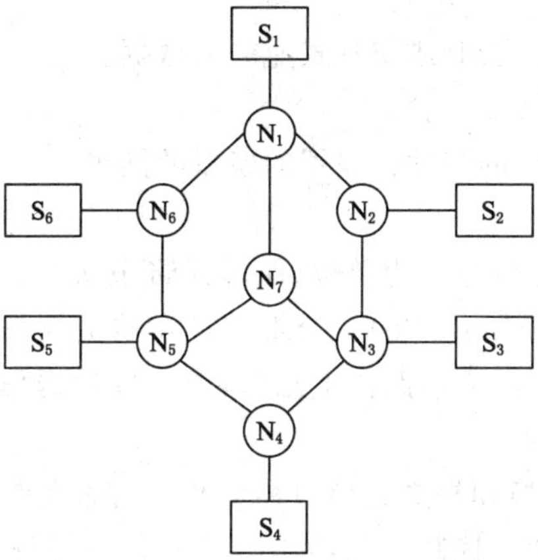

图 7-2　复杂网络的信息交换

N_2或 $N_1 \rightarrow N_7 \rightarrow N_5$等。首先，站 S_1向节点 N_1申请与站 S_5通信，按照路径算法(如路径短、等待时间短等)，节点 N_1选择 N_7为下一个节点，节点 N_7再选 N_5为下一个节点，这样站 S_1经节点 $N_1 \rightarrow N_7 \rightarrow N_5$ 与站 S_5建立了一条专用的物理线路。然后站 S_1向 S_5传送报文，报文传送周期结束后，“立即拆除”专用线路 $N_1 \rightarrow N_7 \rightarrow N_5$，并释放占用资源。然而在线路交换中，连接起来的节点，即使两站之间不存在数据传送，这条线路对于线路上的其他站点来说都是不可用的，这降低了线路的利用率。

(2) 报文交换

报文交换(message switching)与线路交换不同，它不需要建立专用线路。如果某站要发送一个报文，需将目标站名附加在报文上，然后把报文交给某一站暂时保存，再由该站发送到下一个站，直至到达目标站。要发送的信息包含目标站的地址，在站中会被整理成一个数据包 —— 即报文，完整的报文在网络中依次经过每一站点向前传送。每一个节点都会接收包含所有信息的整个报文，核验目标结点地址，然后根据网络中的交通情况选择转发时机，将其转发到下一个节点。经过多次的存储-转发，最后发送至目标站点，因此这样的网络被称为存储-转发网络，传输过程中的交换结点存储空间要足够大(一般是磁盘)，以便长报文在传输过程中得到缓冲。

当交换结点接收到来自各个方向的报文时，报文要进行排队，然后再寻找下一个转结点进行转发。

仍以图 7-2 中站 S_1要发报文 M_1给站 S_5为例。首先站 S_1把目标 S_5的名字附加在报文上，再把报文交给节点 N_1。节点 N_1存储这个报文，并决定下一个节点为 N_7，但要在节点 $N_1 \rightarrow N_7$的线路上传输这个报文，还需进行排队等待。当这段线路可用时，就把报文发送到节点 N_7。节点 N_7继续仿照上述过程，把报文发送到节点 N_5，最后到达站 S_5。

报文交换是以报文为数据交换的单位，报文携带有目标地址、源地址等信息，在交换节点采用存储转发的传输方式。因而具有以下优缺点：

优点：

① 不需要建立专用通道，消除了连接建立时延，用户发送报文具有随时性。

② 通信双方在不同的时间一段一段地部分占有这条物理通路，利用率得到了提高。

缺点：

① 实时性差，不适合传送实时或交互式业务的数据。

② 只适用于数字信号。

③ 在降低成本、减少节点的缓冲存储器的容量的同时，会增加传送时延。

（3）分组交换

在通信过程中，通信双方以分组为单位、使用存储-转发机制实现数据交互的通信方式，被称为分组交换（packet switching，PS）。分组交换实质上就是存储转发的过程，它将所接受的分组暂时存储下来，在目的方向路由上排队，当可以发送信息时，再将信息发送到相应的路由上完成转发。

分组交换结合了线路交换和报文交换两种交换方式的优点。首先将报文交换中的报文分成多个小的报文段，并附加上控制信息，如图 7-3 所示。目标站从不同的路径分别接收这些报文段，再将这些小的报文段整合成一个完整的报文。这些报文段又被叫做报文分组，它是分组交换中最小的基本单位。

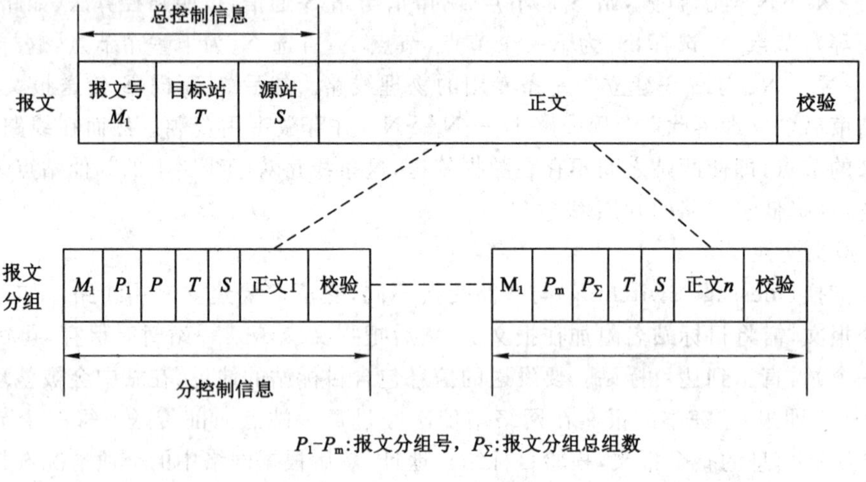

图 7-3 报文分组示例

分组交换的主要特点为：

① 线路利用率高。

② 不同种类的终端可以相互通信。

③ 信息传输可靠性高。

④ 分组多路通信。

分组交换与报文交换的形式差别在于是否以报文分组为单位进行信息传送。在报文分组中，网络如何协调管理这些报文分组流是研究的重点。

7.1.1.4 纠错技术

网络通信旨在实现应用进程间的信息传输，数据的任何丢失或损坏都将对通信双方产生重大影响。差错控制是指在网络通信过程中，用于检测差错，并采取措施进行纠正，将差错限制在可接受范围内的技术与方法。其核心目的在于提升数据传输的可靠性，然而，任何差错控制方法都无法纠正所有可能出现的差错。

（1）差错分类

① 失真(Distortion):在网络通信中,失真表现为被传送信息中的一个或多个比特发生改变,或在信息中插入新内容(也称为“插入”)。噪声干扰、收发两端失步、恶意攻击、节点硬件故障以及软件差错等,都可能导致失真现象。通常可通过校验方法对其进行检测。

② 丢失(Deletion):丢失指网络丢弃被传输的信息。噪声脉冲严重破坏某个帧、收发双方失步、流量或拥塞控制措施不当致使资源不足,以及接收方检测到信息损坏后主动丢弃等,均是造成信息丢失的主要原因。可通过序号、计时器和确认机制共同检测丢失错误,并采用重传的方式进行纠正。

③ 重复(Duplication):重复即多次收到相同信息。差错控制机制误判数据丢失导致重传,或路由选择机制(如洪泛法等基于扩散的路由策略)引发重复帧,都可能造成信息重复。利用序号可检测此类错误,通过丢弃重复数据来解决问题。

④ 失序(Reordering):失序是指数据到达接收方的顺序与发送方发送顺序不一致。自适应路由选择策略导致分组经多条路由传送出现后发先到、中间结点缓存或转发错误,以及重传丢失数据等,都可能引发失序。解决方法包括暂存乱序数据以便后续正确排序,或丢弃乱序数据并按数据丢失处理。

（2）检查和纠正差错

差错控制技术通常涵盖错误检验与错误纠正两个环节,常见的检验方法有奇偶校验和循环冗余校验,纠错方式包括重发纠错、自动纠错和混合纠错。

① 奇偶校验:奇偶校验(Parity Check)是一种校验传输代码正确性的方法,依据被传输二进制代码中“1”的个数为奇数或偶数进行校验,分别称为奇校验和偶校验。数据传输时,常设置专门的奇偶校验位,以确保传输代码准确无误。该方法常用于每帧仅传送一个字节数据的异步通信;而在每帧传送多个字节数据块的同步通信中,一般采用循环冗余校验。

奇偶校验通常用于每帧只传送一个字节数据的异步通信方式(见图7-4),而同步通信方式每帧传送由多个字节组成的数据块(见图7-5),一般采用循环冗余校验。

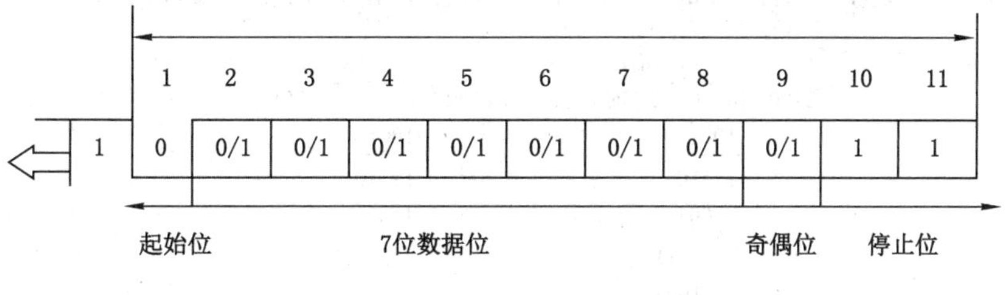

图7-4　异步通信信息帧

② 循环冗余校验:循环冗余校验(Cyclic Redundancy Check,CRC)是一种基于信道编码技术的校验方法,通过对网络数据包或计算机文件等数据生成固定位数的简短校验码,检测数据在传输或存储过程中可能出现的错误,其原理基于除法及余数运算,如图7-6所示。具体过程为:发送端发送基本信息位,同时CRC校验位生成器用基本信息位除以多项式G(x)。基本信息位发送完毕后,生成CRC校验位并紧随其后发送。接收端接收到两个字节的CRC校验位后,对接收数据进行除法运算,若余数为0(即能被生成多项式G(x)除尽),则表明信息传输正确;否则,判定传输错误。

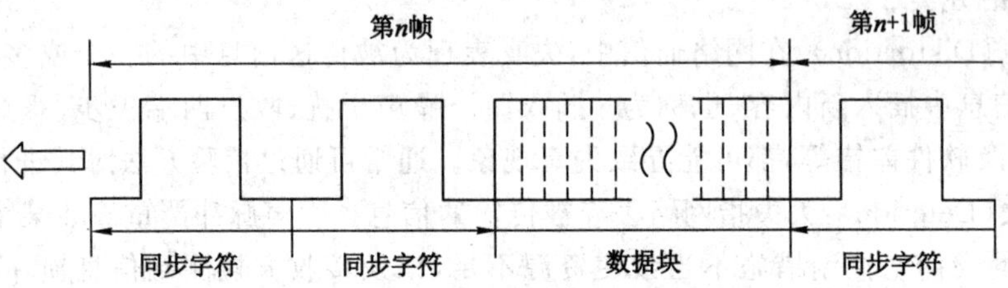

图 7-5　同步通信信息帧

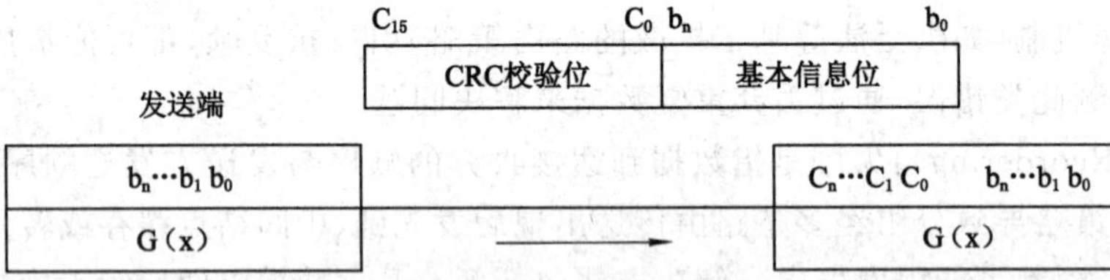

图 7-6　CRC 示意图

假设要加校验位的原始数据为 10110011，生成多项式为 $G(x)=x^4+x^3+1$，这里生成多项式所对应的二进制数据在计算过程中充当除数的角色，并且发送端和接收端都要能够进行“模 2 除法（异或）”，通过这样来判断传输过程中有没有发生错误。由于生成多项式 $G(x)=x^4+x^3+1$ 的最高次幂是 4，加上常数项 1，对应的二进制数有 5 位，所以校验码位数为 5－1＝4 位。通过在原始数据后面加上比除数少一位的校验码，比如上面的生成多项式对应的二进制数据为：11001，然后可以看到在原始数据后面加上 4 个 0，即 101100110000。

如图 7-7 所示，校验码为 0100，传输数据可以扩展为 12 位 101100110100，接收数据后，除以 11001，如果余数为 0，则校验成功，证明发送端输出的数据就是 10110011。

```
         11010100                  11010100
11001)101100110000        11001)101100110100
      11001                     11001
       11110                     11110
       11001                     11001
         11111                     11111
         11001                     11001
           11000                     11001
           11001                     11001
             100                         0
     (a) 发送                   (b) 接收
```

图 7-7　CRC 发送和接收编码

（3）纠错方式

重发纠错方式：发送端发送具有检错功能的编码（如循环冗余校验码）；接收端核验后，

通过反向信道向发送端反馈应答信号;发送端根据应答信号判断接收情况,若接收有误,则从缓冲存储器中读取原码复本重新传输,重复该过程直至接收端正确接收信息。

自动纠错方式:发送方不仅传输错误检测数据,还发送错误校正码。接收端收到数据后,解码过程可检测并自动纠正部分传输错误,但纠错能力有限。若错误超出处理范围,则需在信息码中增加更多冗余码。

混合纠错方式:混合纠错(Hybrid Error Correction,HEC)结合了上述两种方式的优点。发送端发送兼具自动纠错和检错能力的编码,接收端收到后检查错误情况,若在纠错能力范围内则自动纠错;若超出纠错能力,则通过反馈信道请求发送端重发信息。该方式因综合了自动纠错和检错重发的优势,能有效降低误码率,近年来得到广泛应用。

7.1.2　通信编码技术

计算机通信主要采用并行通信与串行通信两种方式。并行通信中,比特数据同时经由并行线路传输,这种方式显著提升了传输效率。然而,并行传输的线路不宜过长,因为随着线路延长,外界干扰增强,数据出错的概率也会随之大幅增加。串行通信则是将数据按位依次传送,仅需一根传输线,大幅降低了硬件成本,尤其适用于远距离通信场景。在串行通信领域,又可细分为异步传送和同步传送两种模式。

在数字信号传输方式中,最为常见且简单的做法是利用两种不同电压来表示数字位的两个状态(1 或 0)。比如,以零电压代表 0,恒定正电压代表 1,如图 7-8 所示。该图展示了用 4 种不同脉冲代码传输数字信号 101100100 的情形,其中图 7-8 (a) 采用的是不归零码 NRZ。由于这种编码在码元之间不存在间隔,导致接收端难以判定一位的结束与下一位的起始边界,因此必须借助特定方法来实现发送端与接收端的同步。

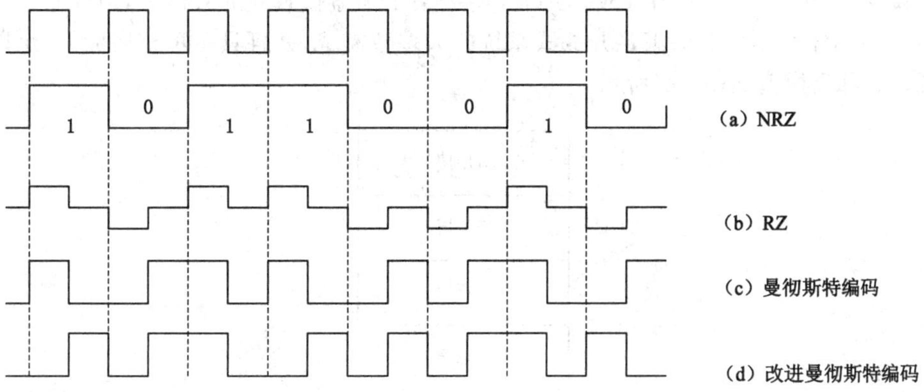

图 7-8　数据编码

图 7-8(b)、(c)属于归零码 RZ。归零码(return-to-zero,RZ)中,码元中间的信号会回归到 0 电平,所以任意两个码元之间由 0 电平隔开。由于噪声对电平的干扰强于对电平转换的干扰,而这种编码方案是通过识别电平转换边来判别 0 和 1 信号的,这使得该编码方案能更有效地抑制噪声。

通常将图 7-8(c)称为曼彻斯特(Manchester)编码,也叫相位编码(PE),它是一种同步时钟编码技术，常用于局域网传输。在曼彻斯特编码中，每一位的中间都会出现跳变，位中间的跳变既可用作时钟信号，也可用作数据信号，是主要用于数据同步传输的一种编码方式。其改进形式如图 7-8(d)所示，它在每个时钟周期的中间都有一次电平跳变，该跳变用于同步。人们把这种编码称为差动曼彻斯特编码。在使用双绞线作为传输介质的网络中，这种编码的可用性很高。收发双方可依据编码自带的时钟信号来保持同步，无须专门用于传递同步信号的线路，因而成本较低，但实现技术较为复杂。

7.1.3 网络协议及结构

网络协议是网络上所有设备进行通信时必须遵循的规则集合，它明确规定了通信过程中信息所采用的格式以及这些格式的具体含义。大多数网络采用分层的体系结构，每一层都构建在其下层之上，并为其上层提供相应服务。

网络协议的层次结构具体如下：

① 明确服务及接口标准：在这种结构中，每一层的服务内容以及接口标准都清晰明确。

② 最高层为应用程序：最高层是用户的应用程序，直接面向用户需求。

③ 中间层提供服务：除去最高层外，中间的每一层都作为其下层的用户，并向上一层提供服务，在整个层次结构中起到承上启下的作用。

④ 最底层为物理线路：最底层是物理通信线路，它是整个网络提供服务的基础，且使用着来自最高层传送的相关参数。

1977 年，英国标准化协会向国际标准化组织(ISO)提议，为定义分布处理之间的通信基础设施，需要一个标准的体系结构。随后，ISO 针对开放系统互联(OSI)问题成立了专门委员会，并指定由美国国家标准协会(ANSI)开发一个标准草案，要求在专委会第一次正式会议之前提交。1978 年 3 月，在 ISO 的 OSI 专委会于华盛顿召开的会议上，与会专家一致认为这种分层的体系结构能够满足开放式系统的大多数需求，并且具备可扩展能力，足以适应新的需求。OSI 模型如图 7-9 所示。

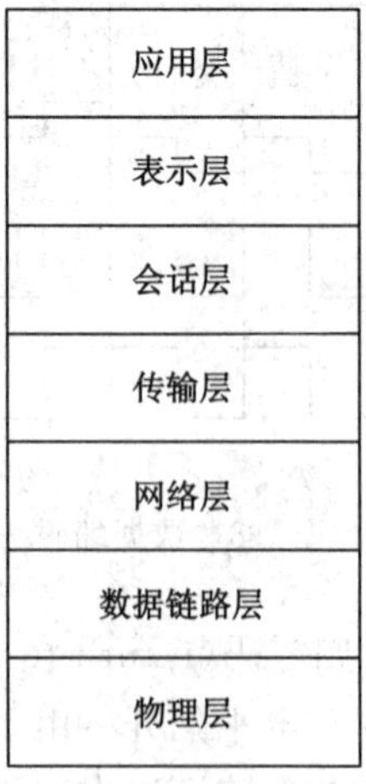

图 7-9　OSI 模型

(1) 物理层

物理层的主要职责是对数据传输所需的物理链路进行创建、维持和拆除，同时具备机械、电子、功能和规范等方面的特性。简单来讲，物理层的作用是确保原始数据能够在各种物理媒介上进行传输。它提供了互联设备，保障设备之间的数据通信顺畅进行，还为数据传输营造安全可靠的环境。由于现存计算机网络中的物理设备和传输媒体种类繁多，通信手段也各不相同，物理层的重要作用就在于尽可能地屏蔽这些差异，使得物理层之上的数据链路层无须感知这些差异。该层的典型规范代表包括：EIA/TIA RS-232、EIA/TIA RS-449、V.35、RJ-45 等。

（2）数据链路层

数据链路层在接受物理层所提供服务的基础上，向网络层提供服务。其主要任务是在两个相邻节点之间的线路上，以帧为单位传输数据，并且要保证数据传输无差错。数据链路层将数据分解成帧，然后按顺序依次传输这些帧，每一帧都包含数据以及必要的控制信息，如同步信息、地址信息、差错控制信息和流量控制信息等。该层协议的代表包括 SDLC、HDLC、PPP、STP、帧中继等。

（3）网络层

网络层处于传输层和数据链路层之间，是整个通信子网中较为复杂的一层，同时也是通信子网的最高层，它在下层（数据链路层和物理层）的基础上，向资源子网提供服务。网络层的主要任务是实现网络上不同主机之间的通信。它通过路由选择算法，挑选最适宜的路径，使分组能够高效地通过通信子网，进而实现网络之间的互联。数据在经过数据链路层时会被转换为数据包，网络层通过选择路径、分段组合、流量控制、拥塞控制等一系列过程，完成信息在设备之间的传输。该层协议的代表包括 IP、IPX、RIP、OSPF 等。

（4）传输层

传输层（transport layer）的主要作用是从会话层获取数据，然后将其发送到网络层，并且确保所有数据都能准确无误地传送到目的地。这一层保证了信息在会话层和网络层之间的可靠传输，它从会话层获取数据后，在必要时对数据进行分割处理，再将数据传递到网络层，同时保证数据在传输过程中不会出现破坏和丢失的情况。传输层负责提供主机中两个进程之间安全可靠的数据传输服务，它向高层屏蔽了下层数据通信的细节，其数据传输单元是报文段（segment），简称报文。该层协议的代表包括 TCP、UDP 等。

（5）会话层

会话层（session layer）主要负责控制通信会话的建立或结束进程。这一层也被称为会晤层或对话层，其核心职责是维护两个实体之间的会话连接，确保点到点的传输安全稳定，同时实现会话管理和数据交换管理。

（6）表示层

表示层（presentation layer）的主要功能是实现不同信息格式和编码之间的转换。它主要负责协商和建立数据交换的格式，解决各应用程序在数据格式表示上的差异，使得主机应用层之间的数据能够相互理解，其主要工作涵盖数据的加密、解密、编码以及格式转换等方面。

（7）应用层

应用层（application layer）的具体内容取决于对系统的要求。它是用户应用程序与网络之间的接口，承担着完成用户在网络上的各种工作的任务。应用层在前面六层工作的基础上,实现网络应用程序与网络操作系统的联系。它能够为用户提供多种常见服务,如文件服务、目录服务、文件传输服务(FTP)、远程登录服务(Telnet)、电子邮件服务(E-Mail)等。

7.2 分布式控制系统

分布式控制系统(Distributed Control System,DCS),也称为集散控制系统,是一种对生产过程进行集中管理、分散控制的计算机控制系统。它是随着现代大型工业生产自动化水平不断提高,以及过程控制要求日趋复杂而诞生的综合性控制系统。DCS 融合了计算机技术、网络技术、通信技术和自动控制技术,是一种将危险分散、控制集中优化的新型控制系统。其设计思想为分散控制和集中管理,设计原则是分而自治与综合协调,体系结构呈现出层次化的特点。目前,DCS 已在石油、化工、电力、冶金以及智能建筑等现代自动化控制系统中得到广泛应用。

7.2.1 DCS 概述

自 1975 年美国霍尼韦尔公司成功推出全球首套分布式控制系统(DCS)以来,全球数十家自动化企业相继推出上百种 DCS 产品。尽管这些系统各具特色,但在架构层面却存在相似性,其差异主要体现在所采用的计算机、网络及设备的不同。得益于技术的成熟度与广泛的应用实践,DCS 技术备受行业关注。此外,DCS 的发展历程呈现出由小及大的演进趋势,从早期的小型控制系统逐步发展成为集成控制管理系统,推动工业控制系统正式迈入信息管理与集成控制的新时代。

7.2.1.1 DCS 的发展过程

20 世纪 60 年代以后,生产工程向着大型化和复杂化的方向发展,这也导致了计算机集中监视和控制的集中控制系统的诞生。集中控制使得监视、操作和管理变得更加方便和快捷,同样也增加了危险的高度集中性,如果系统发生故障,将对装置造成非常大的影响和危险。

微处理机自诞生以来,新型控制系统同时也得到了无比优越的开发条件。1975 年,随着计算机、通信、控制和 CRT 4C 技术的持续发展和完善,美国 Honeywell 首次向全球推出了分散控制系统 TDC－2000,从第一套 DSC 诞生至今,DCS 系统已经经历了三个发展阶段。

(1) 第一个发展阶段:1975 至 1980 年(初创阶段)

在这一时期,受限于当时的软硬件技术水平,分布式控制系统(DCS)尚处于探索与起步阶段。系统性能存在诸多局限性,硬件架构也显露出设计上的不足,难以满足复杂工业场景的严苛需求。

(2) 第二个发展阶段:1981 至 1987 年

这一时期,容错与冗余技术已被成熟应用于分布式控制系统(DCS),大幅提升了系统的整体可靠性与控制性能,功能体系也更加丰富完备。DCS 不再局限于单纯的工业过程自动化控制,开始向生产管理自动化领域拓展延伸。随着局域网(LAN)技术的引入,DCS 的网络通信能力显著增强,为实现更高效的数据交互与系统协同奠定了基础。

(3) 第三个发展阶段:1987 年至今

在此阶段,各大厂商基于国际标准化组织(ISO)开放系统互联(OSI)结构,采用制造自动化协议(MAP)标准,有效解决了不同机型之间的互联难题。硬件层面,DCS 系统搭载更先进的 CPU,配合优化的冗余技术,实现了存储容量与通信速度的双重跃升;软件层面,则普遍采用通用操作系统,提升了系统兼容性与易用性。这一时期的 DCS 深度融合控制、监督与管理调度功能,实现了生产经营全流程信息的自动化管理,推动工业控制迈向智能化、集成化的新阶段。

7.2.1.2　DCS 的组成

集散控制系统一般由以下四部分组成。

(1) 现场设备级

现场设备级一般位于被控生产过程的附近,直接面向现场的,跟现场输入、输出过程相连,把现场物理信号(如电流、压力等)转换为电信号或数字信号,并进行一些简单处理(过滤、诊断等),或把各种控制输出信号转换为物理量,包括现场仪器(传感器、变送器)和执行器(舵机、丝杠)等。比如阀门、电机、各类传感器、变送器、执行机构等等,这些是工业控制现场的基础设备、同时也是 DCS 的基础。该层与分散控制级的主要接口仍然是 4～20 mA(模拟量)或电平信号(开关量)。在 DCS 系统中,现场控制机的功能就是接受并服从上位机的命令,同时将执行结果反馈给上位机。它与上位机之间就是通过模拟信号或者现场总线的数字信号来进行通信的。

(2) 过程控制级

过程控制级,又叫作分散控制级、现场控制单元或基本控制器,在 DCS 系统中具有很重要的作用,是整个系统的核心部分。它实现了数据采集、调控、顺序控制等控制功能。输入信号来源于现场仪器(如传感器、传输器)以及电气开关,输出则用于驱动执行器。比如阀门的开闭调节、顺序控制、连续控制等等。过程控制级接收现场控制级传来的信号,在保证工艺要求的情况下进行控制规律运算,然后输出控制信号给现场控制级的设备,实现整个系统的控制。所以,过程控制级处理能力要足够强,能将反馈回来的信号进行分析,然后输出控制命令。现场控制级别不是最高的,它也一样必须将现场的情况反馈给过程管理级。

(3) 集中监控级

以操作监视为主,还包括管理功能。这一级是向操作员和控制系统工程师提供组态、监视和操作服务,提供高质量的服务,包括高质量的硬件平台以及功能强大的软件,实现对生产过程实行高级控制策略、调度优化、故障诊断等。

(4) 综合管理级

综合管理主要包括生产管理和经营管理,主要有企业资源计划(ERP)、供应链管理(SCM)和客户关系管理(CRM)。这一级由管理计算机、办公自动化系统、工厂自动化服务系统构成,实现整个企业的生产信息、资源信息、经营信息、管理信息等综合管理。

7.2.1.3　DCS 的主要特点

(1) 高可靠性

DCS 的系统控制功能是分散在不同计算机上实现,并且采用容错设计设计其系统结构,所以当某一台计算机发生故障时,其他计算机负责的功能可以正常运行。另外,由于系统中各台计算机所承担的任务比较单一,所以可以针对实际情况采用具有特定结构和软件的专用计算机，从而增加每台计算机的可靠性，使得整个系统性能得到提高。

(2) 开放性

DCS采用开放式、标准化、模块化和系列化设计，系统中的计算机之间采用局域网方式通信，进行设备之间的信息传输，当系统要进行功能改变和扩充时，很容易地就可以将新增计算机连入系统通信网络或从网络中卸下，几乎不会对系统其他计算机造成影响。

(3) 灵活性

根据不同的流程应用对象通过组态软件分别进行软硬件组态，即检测测量与控制信号，并确定他们相互间的连接关系，然后选择合适的控制规律以及基本图形组成各种监控和报警画面，这就构成了所需的控制系统，具有极大的便利性。

(4) 易于维护

系统是由功能单一的小型或微型专用计算机组成的，当某个计算机或者系统局部发生故障时，发生故障的部分可以在系统保持正常运行的情况下在线更换，系统维护简单方便，可快速排除故障。

(5) 协调性

通过通信网络完成各工作站之间的数据传送，信息在整个系统中共享，并协调各个工作站之间的工作，保证整个控制系统的功能并进行优化处理。

(6) 控制功能齐全

它具有丰富的控制算法，并集连续控制、顺序控制和批处理控制于一体，有能力实现串级、前馈、解耦、自适应和预测控制等各种各样的先进控制，在必要时也可以加入特殊的控制算法来实现系统的优良控制。

7.2.1.4 DCS的发展趋势

(1) 系统功能向开放式方向发展

传统DCS采用封闭式的结构，当DCS来自不同的厂商时，他们之间是难以兼容。而采用开放式结构的DCS能使得用户具有更大的系统集成自主权，根据实际需要用户可以选择不同厂商的设备连同软件资源一起接入控制系统中，使系统可以高度集成。系统不仅可以进行DCS与DCS的集成，还可以进行涵盖DCS与PLC、FCS等各种控制设备和软件资源的广义集成。

(2) 仪表技术向数字化、智能化、网络化方向发展

工业控制设备正在向着智能化和网络化的方向发展，这促进了过程控制的功能进一步分散下移，这也可以推动实现真正意义上的“全数字”、“全分散”控制。此外，由于这些智能仪表的精度较高、重复性好、可靠性高，且具有双向通信和自诊断功能，使得系统方便安装、使用便捷和维护方便。

(3) 工控软件正向先进控制方向发展

先进控制的发展也成为了挖掘并提升DCS综合性能最有效、最直接、也是最具价值的前进方向，主要包括先进控制、过程优化、信息集成、系统集成等软件的开发和产业化应用。在将来，工业控制软件也将继续向标准化、网络化、智能化和开放性的发展方向不断前进和开发。

(4) 系统架构向FCS方向演进

从技术实现角度来看，当前现场总线与分布式控制系统(DCS)的集成主要存在三种

方式：

① 基于 DCS 系统 I/O 总线的集成：通过部署现场总线接口卡挂载至 DCS 的 I/O 总线，使 DCS 控制器将来自现场总线的信息识别为传统 DCS 设备卡数据，实现无缝对接。

② 基于 DCS 系统网络层的集成：将现场总线系统集成至 DCS 的高层网络，该方式无须改动 DCS 控制站结构，对原有系统影响最小化，确保兼容性与稳定性。

③ 基于网关的并行集成：现场总线与 DCS 系统通过网关进行桥接，实现两者的并行协同工作，灵活构建混合架构的控制系统。

7.2.2　DCS 过程控制级

DCS 的过程控制级，它直接与生产过程现场的传感器、执行机构相连接，从而完成生产过程控制，它能与集中操作监控级进行数据通信，接收显示操作站下加载的参数和作业命令，最后向显示操作站报告现场整理之后的工作情况信息。过程控制级的测控装置种类丰富，主要有 3 种，即现场控制站、可编程序控制器(PLC)、智能调节器。

7.2.2.1　现场控制站

DCS 的核心是现场控制站，它完成了系统主要的控制功能。现场控制站可以保证系统的性能、可靠性等重要指标实现，因此要求对它的设计、生产及安装都必须严格把控。下文主要以 PCI 总线工业控制机作为现场控制站介绍。

现场控制站是 DCS 的核心组成部分，集数据采集、预处理、控制运算、输出控制等功能于一体，其硬件组成包括：

(1) 主控单元：主控单元也就是主控制器，是 DCS 中各个现场控制站的中央处理单元，是 DCS 的核心设备。在一套 DCS 系统中，根据危险分散的原则，按照工艺过程的相对独立性，每个典型的工艺段应配置一对冗余的主控制器，主控制器在设定的控制周期下，循环地执行以下任务：从 I/0 设备采集现场数据→执行控制逻辑运算→向 I/O 设备输出控制指令→与操作员站进行数据交换。

(2) 输入输出设备：用于采集现场信号或输出控制信号，主要包含模拟量输入设备(Analog Input, AI)、模拟量输出设备(Analog Output, AO)、开关量输入设备(Digital Input, DI)、开关量输出设备(Digital Output, DO)、脉冲量输入设备(Pulse Input, PI) 及一些其他的混合信号类型的输入输出设备或特殊 I/O 设备。

(3) 电源转换设备：主要为系统提供电源，主要设备包含：AC－DC 转换器输出不同等级的电源和不间断电源(UPS)等。

(4) 机柜：机柜用于安装主控制器、I/O 设备、网络设备及电源装置，内有多层机架结构，供电源和设备使用，外壳采用金属材料。

7.2.2.2　智能调节器

智能调节器是一种数字化的过程控制仪表，它的核心是微处理器或单片微型计算机，它具有数据通信功能，能完成生产过程 1～4 个回路直接数字控制任务，在 DCS 的分散过程控制机中得到广泛的应用。智能调节器不仅可接受 4～20mA DC 电流信号输入的设定值，还具有异步通信接口 RS-422/485、RS-232 等，可与上位机连成主从式通信网络，发送接收各种过程参数和控制参数。智能调节器在我国的工业控制领域得到了广泛应用。

7.2.2.3 可编程序控制器(PLC)

它采用一种可编程的存储器,在其内部存储执行逻辑运算、顺序控制、定时、计数和算术运算等操作的指令,通过数字式或模拟式的输入输出来控制各种类型的机械设备或生产过程。随着各类器件的发展,PLC 的可靠性越来越高,功能越来越强大,使它在 DCS 中得到了广泛的应用 。

PLC 与智能调节器不同的是:PLC 主要配制的是开关量输入/输出通道,用于执行顺序控制功能,也提供了模拟量输入/输出及 PID 控制模块,而且均带有 RS-485 标准的异步通信接口。PLC 是专门为在工业环境下应用而设计的数字运算操作电子系统,具有更丰富 IO 变量类型和通信功能,以及控制能力。

7.2.3 DCS 集中监控级和综合信息管理系统

7.2.3.1 DCS 集中监控

DCS 的集中监控级主要由显示操作站构成,其核心功能是集中处理过程参量信息,实时采集各个现场控制站的数据。通过简单的软件操作,显示操作站可实现图形化展示生产过程量变化、绘制各类工艺流程图、生成趋势曲线等功能;同时支持修改过程参数,完成控制系统组态,显著提升系统的可视化操作水平。此外,DCS 凭借强大的综合管理能力,能够系统处理企业或工厂的全方位信息,实现生产与运营的综合管理。在此基础上,DCS 的集成信息管理衍生出管理信息系统(management information system,MIS),通过自动数据处理实现高效管理。

7.2.3.2 MIS

“MIS”这一概念由 J. D. Gallagher 于 1961 年首次提出,他设想构建一个以计算机为核心、以信息处理为中心的综合性系统,即管理信息系统(MIS)。作为现代管理系统的重要组成部分,MIS 是一种用于资料处理、存储和调用的系统。它从外部环境和系统内部获取数据,经过筛选、组织和加工,转化为信息并快速传递给管理者,为各级管理人员开展有效管理活动提供支持。

作为一门新兴学科,MIS 的主要任务是借助现代计算机及网络通信技术,强化企业信息管理。通过梳理企业人力、物力、财力、设备和技术等资源,建立准确的数据体系,并对各类信息资料进行加工处理与编制,及时为管理人员提供决策依据,进而提升企业管理水平和经济效益。MIS 系统常用于辅助系统决策,例如识别亟待解决的问题,并将关键信息反馈给上层管理人员,使其及时掌握工作进展或不足。简而言之,MIS 系统的最终目标是帮助管理人员实时了解企业现状,把握未来发展方向。

(1) MIS 的组成

一个完整的 MIS 涵盖辅助决策系统(DSS)、工业控制系统(IPC)、办公自动化系统(OA),以及数据库、模型库、方法库、知识库,还有与上级机关及外界交换信息的接口。其中,办公自动化系统(OA)和对外信息交互模块高度依赖 Intranet(企事业单位内部互联网)技术。可以说,现代企业 MIS 离不开 Intranet 的支持,而 Intranet 的构建又依赖于 MIS 的体系结构和软硬件环境。

(2) MIS 的核心

传统 MIS 系统以 CS(Client/Server,客户端/服务器)架构为核心,而基于 Internet 的

MIS 系统则采用 BS(Browser/Server,浏览器/服务器)架构。相较于 CS 架构,BS 架构优势显著:传统 MIS 系统对操作环境要求苛刻,限制了操作者的活动范围;而 BS 架构仅需网络支持,用户可在任意地点访问系统,极大提升了灵活性与便捷性。此外,MIS 的建设与运行需要企业领导者、管理人员、技术人员的共同参与,尤其是企业领导的深度介入。MIS 是一项系统性工程,单纯依靠计算机开发人员无法实现其全部功能,必须整合多方力量协同推进。

(3) 管理信息系统的功能

MIS 的功能主要体现在三个方面:

① 确定所需信息:精准识别管理活动中真正需要的信息,避免“信息过载”。

② 搜集和处理信息:以明确的需求为导向,采集并加工信息,确保信息的准确性、真实性和实用性。

③ 促进信息应用:推动信息在管理决策中的有效使用,发挥信息的价值。

7.2.4　和利时(Hollysys)智能 DCS

和利时创立于 1993 年,是国内颇具影响力的工业自动化供应商。HOLLiAS MACS 系列分布式控制系统,是和利时在深入剖析十多年来用户需求、总结多行业应用特点,并融合三代 DCS 系统开发应用经验的基础上精心打造的。该系列全面传承了过往系统的高可靠性与便捷性,将自身核心技术与国际前沿技术深度结合,推出了面向未来工业自动化需求的新一代 DCS。目前,HOLLiAS MACS 系列主要包含 HOLLiAS MACS-S 系统、HOLLiAS MACS-K 系统这两种型号 。

HOLLiAS MACS-K 是和利时针对过程自动化应用场景研发的大型分布式控制系统。系统设计大量采用全冗余、多重隔离等可靠性设计技术,并引入安全系统设计理念,为系统长期稳定运行提供了坚实保障。其基于工业以太网和 PROFIBUS-DP 现场总线构建底层架构,集成遵循 HART 标准协议的 HAMS,实现对现场智能设备的统一管理。同时,该系统具备强大的集成能力,能够轻松接入 SIS、PLC、MES、ERP 等系统,打破现场智能仪表设备、控制系统、企业资源管理系统之间的信息壁垒,助力工厂实现智能化转型与管控一体化目标 。

7.2.4.1　主要特点

(1) 开放化

当今 DCS 不再是封闭孤立的系统,MACS 系列便是有力证明。它可通过简单组态,直接且无缝地集成第三方系统与设备,无须对系统程序进行复杂更改。在硬件通信协议支持上,该系列兼容 PROFIBUS、HART、MODBUS 等国际主流现场总线,方便用户灵活添加智能仪表、PLC、变频器等第三方设备。软件层面,提供 OPC、DDE、ODBC 等标准接口,确保与第三方应用程序能顺畅进行数据交换 。

(2) 信息化

DCS 已突破传统控制系统范畴,MACS 系列在这方面表现卓越。它将工厂管理与过程管理有机融合,显著提升企业生产效率。通过无缝集成制造执行系统(MES),实现控制信息与生产管理信息的深度融合;集成设备管理功能(AMS),实现工厂设备全电子化信息管理与维护;连接常见企业管理系统(ERP),使现场控制层成为企业管理可直接触及的部分;

支持基于 Internet 的远程访问与浏览，让用户无论身处何地，都能实时掌握过程信息。

(3) 智能化

MACS 系列各子部件均实现智能化，部件间依靠全数字信息协同控制。每个 I/O 模块都配备 CPU 芯片，具备 I/O 通道故障诊断能力。而且各个部件均可进行自诊断，一旦发现异常，能自动报警，极大提升系统的自我维护与故障处理能力。

(4) 小型化

顺应行业趋势，MACS 系列采用低功耗设计，有力推动系统小型化进程。主控制器典型功耗仅 6 W 左右，无须风扇散热，体积缩减至三代进口 DCS 主控的十几分之一。I/O 模块典型自身功耗约 2 W，体积大幅缩小的同时，可靠性进一步提升，减少了空间占用与能源消耗。

(5) 高可靠

DCS 设计理念向安全系统靠拢，MACS 系列广泛运用安全保护系统中的技术与器件。采用确定性实时的工业以太网协议，无论网络通信负荷如何变化，都能避免数据碰撞，保障系统网络可靠运行；运用信息冗余技术进行数据纠错，采用数据加密技术防止非法数据访问；借助故障-安全(Fail-safe)设计技术，确保通道故障时系统维持在安全状态；软件开发遵循国际安全编码标准，软件测试代码覆盖率达 100%，大幅提高系统自诊断覆盖率。

7.2.4.2　HOLLiAS MACS-K 系统特点

(1) 安全可靠

① 全冗余：从系统网络、控制网络，到控制器、电源模块、I/O 模块，均可进行冗余配置，消除单点故障隐患，确保系统在部分组件出现故障时仍能正常运行。

② 多重隔离：系统总线与模块间采用光电隔离，系统电源与现场电源分开供电，模块通道之间实现电气隔离，有效防止干扰信号传播，提高系统稳定性。

③ 可靠设计：系统专为恶劣工业环境打造，抗电磁干扰性能符合 IEC61000 标准，防腐蚀能力达到 ISA S71.04 标准 G3 等级要求，能够在复杂工况下稳定运行。

④ 安全网络：系统网络采用确定性实时以太网，并配备带防火墙的交换机；控制器 CPU 采用 PowerPC 构架的工业级芯片，内置防网络风暴组件，抵御网络攻击与异常流量。

⑤ 丰富诊断：控制器和 I/O 模块均设有智能诊断单元，每个模块可对通信状态、信号断线、短路、超量程等问题进行全面自诊断，并及时上报故障信息。

⑥ 高可靠：融入大量安全系统设计理念，如信号质量位判断、故障导向安全，所有传输数据都进行校验，全方位提高系统可靠性。

(2) 灵活开放

① 网络结构多样：支持 P-TO-P(对等网)、C/S(客户机/服务器)、P-TO-P 和 C/S(混合)三种系统网络结构，可采用星形、环形或总线型拓扑结构的工业以太网连接，满足不同用户组网需求。

② 协议兼容广泛：兼容各类现场总线，支持 HART、PROFIBUS-DP、PROFIBUS-PA、MODBUS 等协议。配备功能丰富的 HMI 人机界面，以及符合 IEC61131-3 标准的控制算法编程软件，方便用户进行操作与编程。

③ 用户自定义功能：支持用户自定义各类功能块和脚本语言，满足个性化控制需求。

④ 在线修改无扰：可灵活修改控制算法和硬件配置，且在现场不停车情况下无扰修改，

减少对生产的影响 。

⑤ 易维护设计:系统设计充分考虑用户使用与维护便利性,提供完善的系统状态和诊断信息,便于快速定位与解决问题 。

⑥ 多语言支持:支持外文语言包,组态软件可在离线或在线状态下整体切换多国语言,方便不同地区用户使用 。

系统在性能参数方面表现出色,支持最多 15 个域,每个域可容纳 64 台操作员站、64 台现场控制站;I/O 模块数可达 400 个,I/O 点数为 4800 点,模拟量控制回路数 512 个。实时响应能力突出,从操作键入到相应输出变化时间小于 1 s;控制器任务调度周期提供 10 ms、20 ms、40 ms、100 ms、200 ms、500 ms、1 s 多种选择;画面数据更新时间小于 500 ms,能够及时准确地反馈系统运行状态 。

7.3　现场总线控制系统

现场总线控制系统(Fieldbus Control System,FCS)作为分布控制系统(DCS)的升级迭代产物,已成为工业生产过程自动化领域备受瞩目的焦点。现场总线技术起源于 20 世纪 90 年代,是一项先进的工业控制技术,它将网络通信与管理理念深度融入工业控制领域。本质上,现场总线是一种数字通信协议,构建起连接智能现场设备与自动化系统的数字式、全分散、双向传输、多分支结构通信网络。

该技术融合控制技术、仪表工业技术和计算机网络技术,具备六大核心特点:现场通信网络实现设备间高效数据交互;现场设备互联打破传统系统孤立局面;互操作性确保不同厂商设备协同工作;分散的功能块使控制功能更灵活分布;通信线供电简化系统布线与供电架构;开放式互联网络便于系统扩展与集成。这些特性不仅使其完美契合工业界对数字通信与自动控制的严苛要求,还为其与 Internet 互联构建多层复杂网络创造可能,代表着未来工业控制体系结构的重要发展方向。

7.3.1　现场总线介绍

7.3.1.1　现场总线及其结构

目前,全球已涌现出 100 多种不同类型的现场总线,其中宣称具备开放性的就超过 40 种。国际标准化组织(ISO)与国际电工委员会(IEC)均深度参与现场总线标准的制定工作。最早被确立为国际标准的是 CAN 总线,其属于 ISO1198 标准体系。然而,IEC/TC65 主导的现场总线标准制定工作历经 20 余年波折。自 1984 年启动以来,该组织最初致力于推出全球统一的现场总线标准,但在漫长的 16 年标准制定过程中,最终形成了兼具妥协与折中性质的 IEC61158 现场总线国际标准。2000 年,该标准纳入 8 种现场总线类型;至 2007 年 11 月,已扩展至 20 类,涵盖了 20 种经市场验证的主流现场总线、工业以太网及实时以太网技术,其中包括中国自主研发的 EPA“实时以太网标准”。

随着智能现场仪表的研发与应用,现场总线技术逐步发展成熟。这是一种开放型数字通信技术,其诞生初衷是以数字通信替代传统一对一的 I/O 连接方式,将数字通信网络延伸至工业生产现场。依据 IEC(国际电工委员会)和 FF(现场总线基金会)的定义,现场总线是连接智能现场设备与自动化系统的数字式、双向传输、多分支结构通信网络，支持双向、多节点、总线式全数字通信，这也是其核心特征。现场总线通信线路可直达生产现场或设备，直接构建现场通信网络，实现通信网络与控制系统的深度集成。其体系结构主要包含以下六个方面：

(1) 现场通信网络

现场总线突破传统点到点模拟量或单向并行开关量传输模式，采用典型数字式通信架构，将通信能力延伸至生产现场设备，具备多点一线的双向串行数字传输能力，显著提升数据交互效率与可靠性。

(2) 现场设备连接

现场设备涵盖生产现场的传感器、变送器、执行器、服务器等装置，通过一对现场总线(如双绞线、同轴电缆、光纤或电源线)实现现场数据传输(见图 7-10)。

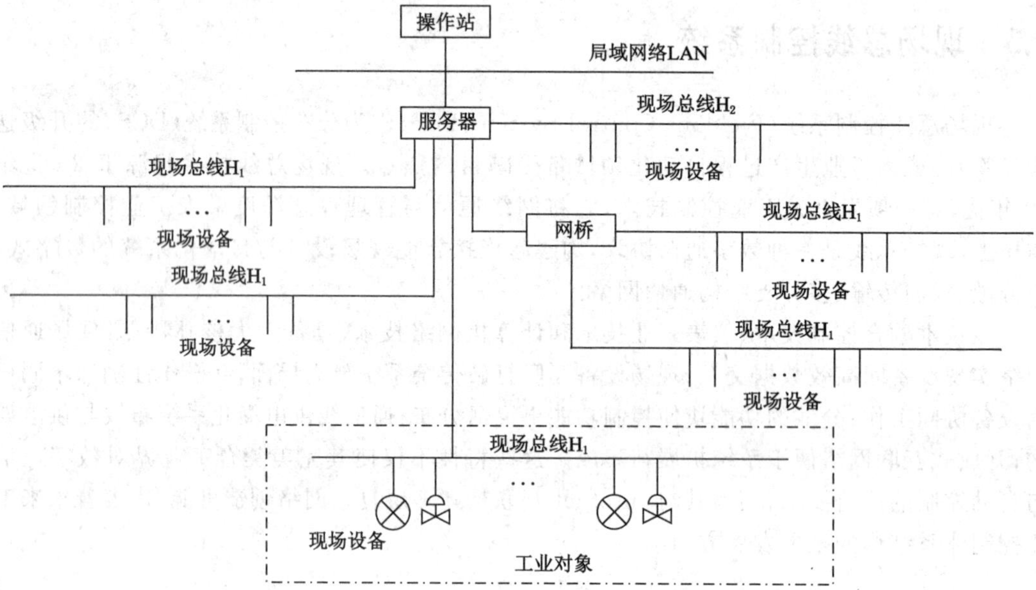

图 7-10　FF 现场总线控制系统网络结构

① 变送器：鉴于直流信号具备不受线路电感、电容及负载特性影响、无相移等优势，IEC 将 4～20mA(DC)电流信号与 1～5V(DC)电压信号确立为过程控制系统模拟信号的统一标准。变送器负责将传感器输出信号调理为标准电压或电流信号，主要分为温度、压力、流量、物位及分析五大类，除具备检测、变换与补偿功能外，还可执行基本 PID 控制与运算。

② 执行器：执行器接收控制器指令，调节被控介质参数，维持被控变量稳定。常见类型包括电动与气动执行器，不仅能驱动和执行控制信号，还集成调节阀输出特性补偿、PID 控制运算、阀门特性自动校验及故障自诊断等功能。

③ 服务器和网桥：DCS 服务器承担域内系统数据集中管理与监视任务，负责捕捉和记录报警、日志、SOE(事件顺序记录)、事故追忆等信息，并为域内及其他域的数据请求提供服务。网桥则在数据链路层实现局域网互联，服务器下连 H1 和 H2 总线，上接局域网；网桥一端连接 H2，另一端连接 H1(见图 7-11)。

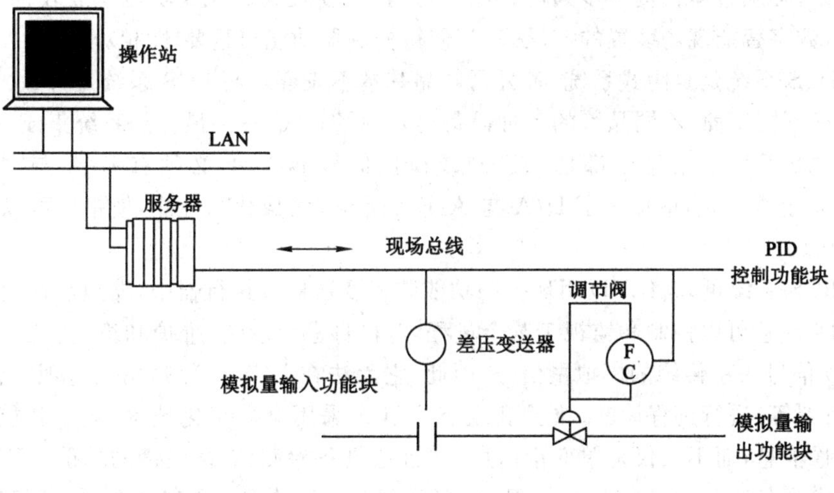

图 7-11　FCS 分散功能块

④ 辅助设备:辅助设备包括 H1/气压转换器、H1/电流转换器、电流/H1 转换器、安全栅、总线电源及便携式编程器等。工程师站、操作员站和计算机站共同承担监控功能,其中工程师站用于系统组态,操作员站负责工艺操作与监视,计算机站则专注于优化控制与建模。

(3) 分散功能

现场总线控制系统将功能块分散至现场仪表执行,取代了传统集散控制系统中的过程控制站,形成虚拟控制站架构。例如,现场总线变送器除基础功能外,还可运行控制功能块;执行器不仅具备常规操作功能,还能执行控制功能块与输出特性补偿,甚至实现阀门特性自校验与故障自诊断,用户可通过统一组态灵活选用功能块,实现高度分散化控制,如图 7-11 所示。现场总线执行器除了具有一般执行器功能之外,还可以运行控制功能块和输出特性补偿块,甚至还可以实现阀门特性自校验和阀门故障自诊断功能。

(4) 通信线供电

现场总线不仅承担信息传输任务,还可为现场设备供电,使现场仪表能直接从通信线路获取能量。总线供电模式简化了系统布线,配合安全栅可构建本安环境下的低功耗系统,为现场总线在易燃易爆危险场景中的应用提供了安全保障。

(5) 开放式互联网络

现场总线采用开放式架构,支持同层或跨层网络互联,其通信协议遵循公开、标准、规范原则,可实现网络数据库共享。这意味着不同厂家生产的符合现场总线协议的设备与功能块,经统一组态后,均可接入 FCS 系统,实现工业综合自动化,如图 7-11 所示。

(6) 互操作性

鉴于现场设备来源广泛,不同厂商产品间的交互操作需求迫切。因此,厂商需提供具备高互操作性与兼容性的产品,降低用户软硬件集成难度,实现设备“即插即用”,提升系统部署与维护效率。

7.3.1.2　现场总线和 FCS 的比较

(1) DCS 系统是大系统,其控制器功能强而且在系统中的作用十分重要,数据公路更是系统的关键,必须整体投资一步到位,事后的扩容难度较大。FCS 功能下放较彻底,信息处理现场化,数字智能现场装置的广泛采用,使得控制器功能与重要 性相对减弱。

(2) DCS 系统是封闭式系统,各公司产品基本不兼容。而 FCS 系统是开放式系统,用户可以选择不同厂商、不同品牌的各种设备连入现场总线,达到最佳的系统集成。

(3) DCS 系统的信息全都是二进制或模拟信号形成的,必须有 D/A 与 A/D 转换。FCS 系统是全数字化,就免去了 D/A 与 A/D 变换,高集成化高性能,使精度可以从±0.5%提高到±0.1%。

(4) FCS 系统可以将 PID 闭环控制功能装入变送器或执行器中,缩短了控制周期。

(5) DCS 它可以控制和监视工艺全过程,对自身进行诊断、维护和组态。由 于 DCS 弱点,其 I/O 信号采用传统的模拟量信号,因此,它无法在 DCS 工程师站上对现场仪表(含变送器、执行器等)进行远程诊断、维护和组态。FCS 采用全数字化技术,数字智能现场装置发送多变量信息,而不仅仅是单变量信息,并且还具备检测信 息差错的功能。FCS 采用的是双向数字通信现场总线信号制。因此,它可以对现场装置(含变送器、执行机构等)进行远程诊断、维护和组态。

(6) FCS 由于信息处理现场化,与 DCS 相比可以省去相当数量的隔离器、端子柜、I/O 终端、I/O 卡件、I/O 文件及 I/O 柜,同时也节省了 I/O 装置及装置室的空间与占地 面积。

7.3.2 常见总线

7.3.2.1 CAN 控制器局域网络

控制器局域网(CAN)最初由德国博世公司设计,用于车辆监控和控制系统。随着时间推移,该系统已广泛应用于各类工业领域,并被国际标准化组织(ISO)纳入 ISO 11898(已废止)标准。CAN 的主要特点如下:

(1) 集中化管理:CAN 总线系统可对所有电控单元进行集中错误诊断与配置。

(2) 低成本优势:电控单元通过单个 CAN 交互界面实现通信,降低硬件成本。

(3) 稳定高效传输:CAN 通信基于标识符优先级排列,确保最高优先级标识符数据传输不受中断。

(4) 灵活长距高速:数据传输距离最远可达 10 km,传输速率最高达 1 Mbps;理论上,单一 CAN 网络可挂接无限个节点,实际受硬件电气特性限制,作为 CAN 收发器时,同一网络通常允许挂接 110 个节点。其高传输速率便于实现实时控制,硬件错误检定特性增强了抗电磁干扰能力,即使传输距离达 10 km,仍能保持 50 Kbit/s 的传输速率。

(5) 可靠的错误处理:具备无破坏性的逐位仲裁机制、可靠的错误检测与处理功能,信息损坏时自动重发;可判别暂时性错误和永久性故障节点,故障节点脱离总线不影响系统正常运行。但信息传输量过大时,易出现数据堆积过载问题。

(6) 实时性与冗余性:CAN 控制器支持多主通信,各节点依据报文标识符优先权,通过无损逐位仲裁竞争总线发送权;协议对通信数据编码,支持多节点同时接收相同数据,保障了数据通信实时性,且便于构建冗余结构,提升系统可靠性与灵活性。

(7) 缩短开发周期:CAN 总线通过 CAN 收发器接口芯片 82C250 与物理总线相连,CANH 端仅能处于高电平或悬浮状态,CANL 端仅能处于低电平或悬浮状态,避免多节点同时发送数据导致总线短路,保护节点设备,简化开发过程。

7.3.2.2　LONWORKS(局部操作网络)

局部操作网(Lonworks)由美国 Echelon 公司研发，具有以下特性：

(1) 灵活的拓扑结构：支持总线型、星型、环型及混合型等多种网络拓扑，可根据信息采集点布局灵活选择连接方式，降低布线复杂度与工作量，提升系统可靠性与可维护性。

(2) 多样的通信介质：支持双绞线、电力线、光纤、无线、红外等多种通信介质。

(3) 高可靠性网络：Lonworks 为对等网络，单一节点故障不会导致系统瘫痪，某个信息采集节点损坏或关闭不影响其他节点运行。

(4) 便捷的系统扩展：节点间采用逻辑连接，便于添加和修改节点；Neuron 芯片内置 I/O 对象、LonTalk 协议，支持高级语言编程，简化系统开发与升级流程。

7.3.2.3　PROFIBUS(过程现场总线)

过程现场总线 PROFIBUS 是德国标准，1991 年在 DIN 19245 中发布。该总线有多种改进型，适用于不同场景：

(1) PROFIBUS-PA：用于过程自动化，支持总线供电，具备本质安全特性，适用于危险防爆区域。

(2) PROFIBUS-FMS：适用于一般自动化场景。

(3) PROFIBUS-DP：用于加工自动化，适配分散的外围设备。

其主要特点包括：

① 设计简便经济：总线模块采用紧凑型一体化设计，提供低成本现场解决方案，便于系统设计。

② 组态调试轻松：在 PLC 编程软件包中，无须额外特殊软件，通过鼠标拖拽即可完成 Profibus-DP 组态；设备故障可通过总线报告反馈，定位便捷，不产生额外费用。

③ 维护便捷高效：端子模块的 I/O 通道支持短路和过载保护，同时支持 Profibus 网络远程诊断，降低维护难度。

④ 便于集成扩展：PROFIBUS 总线将孤立设备接入信息化网络，为系统扩展和企业综合自动化奠定基础；其应用可节省线缆、桥架等硬件成本，降低培训与维护费用，有效减少工程造价。

此外，PROFIBUS 作为开放系统协议，德国 FZI 信息研究中心为其提供产品一致性和实验性检测服务，保障产品质量。

7.3.2.4　HART(可寻址远程传感器数据通路)

可寻址远程传感数据通路 HART 由美国 Rosemount 公司研发，参照 ISO/OSI 模型的物理层、数据链路层和应用层设计，特性如下：

(1) 物理层：基于 Bell 202 通信标准，采用 FSK 技术，在 4～20 mA DC 模拟信号上叠加 FSK 数字信号(逻辑 1 为 1 200 Hz，逻辑 0 为 2 200 Hz，波特率 1 200 b/s，调制信号 0.5 mA 或 0.25 Vp-p，250 Ω 负载)。使用屏蔽双绞线时，单台设备传输距离可达 3 000 m，多台设备直连距离为 1 500 m。

(2) 数据链路层：数据帧长度可变，最长 25 字节；可寻址范围为 0～15，地址 0 时兼容 4～20 mA DC 模拟与数字通信，地址 1～15 时为全数字通信，支持“问答式”或“广播式”通信模式。

(3) 应用层：定义 3 类命令，第 1 类为通用命令，适用于所有 HART 协议产品；第 2 类为普通命令,适用于多数 HART 协议产品;第 3 类为特殊命令,针对特定 HART 协议产品。此外,还为用户提供设备描述语言(DDL)。

7.3.2.5 FF(现场总线基金会现场)总线

基金会现场总线 FF(Foundation Fieldbus)以 ISO/OSI 开放系统互联模型为基础,采用其物理层、数据链路层和应用层,并在应用层之上增设用户层。用户层针对自动化测控需求,定义统一信息存取规则,通过设备描述语言规范通用功能块集。

7.3.2.6 EPA

EPA 由浙江大学、浙大中控牵头,联合中国科学院沈阳自动化研究所、清华大学、大连理工大学和重庆邮电学院共同开发,获得我国"863"高科技研究与发展计划支持,是我国首个拥有自主知识产权的现场总线标准。该标准已纳入 IEC 标准体系,作为第 14 类型写入实时以太网国际标准 IEC61784-2,是中国工业自动化领域首个被国际认可的标准。

EPA 是面向工业现场设备通信的开放网络技术,通过分段化系统结构和确定性通信调度策略,解决了以太网通信的不确定性问题,使以太网、无线局域网、蓝牙等商用技术可直接应用于现场设备间通信。基于 EPA 开放网络平台,可实现传统控制系统(如 DCS、PLC)与 FCS 之间的信息无缝集成,推动工业现场设备控制与非控制信息向制造执行层和企业管理层传递,结合信息集成、数据利用与挖掘技术,实现工业生产全过程的高效智能化管理。

7.3.3 EPA 总线

EPA(Ethernet for Plant Automation)即用于厂矿自动化的以太网。它不仅适用于离散工业自动化场景(如汽车生产线),也适用于过程自动化(如化工等连续生产过程)。

7.3.3.1 EPA 的通信模型

EPA 通信模型与 ISO/OSI 模型的对比如表 7-1 所示。从中可见,EPA 在应用层之上增设了用户层。该用户层直接面向用户,用户可依据自身控制逻辑需求,借助 EPA 组态软件组合不同功能块的应用过程(FBAP),实现多样化控制策略;也可按需组态各类非实时性应用程序服务。

表 7-1 EPA 通信模型网 ISO/OSI 七层参考模型比较

ISO/OSI 七层参考模型	EPA 通信结构模型(用户层)用户应用进程
应用层	HTTP .FTP ,DHCP .SNTP .SNMP .EPA 应用层规范.EPA 管理功能块
表示层	未使用
会话层	未使用
传输层	TCP/UDP
网络层	IP
数据链路层	实时通信调度接口.
物理层	IEE802.3/AEEE802. 1EEE802.15

表 7-1 中,HTTP 为超文本传输协议,FTP 为文件传输协议,DHCP 为动态主机组态协议,SNTP 为简单网络时间协议,SNMP 为简单网络管理协议;TCP 为传输控制协议,UDP

为用户数据报文协议，IP 为互联网协议，这些均是 IT 领域成熟有效的协议；IEEE802.3 则是美国电气与电子工程师协会制定的以太网标准。

EPA 通信模型如图 7-12 所示。图中 ARP 为以太网地址解析协议，ICMP 为 Internet 控制信息协议，IGMP 为 Internet 组管理协议。由图可知，EPA 在网络层和数据链路层的 MAC(介质访问控制)层之间定义了 EPA 通信调度接口，用于调度实时与非实时信息传输。应用层定义了 EPA 应用层协议与服务、EPA 套接字映射接口、EPA 管理功能块及其服务，同时支持 HTTP 等 IT 领域现有协议。新增的用户层，采用基于 IEC61499 和 IEC61804 定义的功能块及其应用进程。

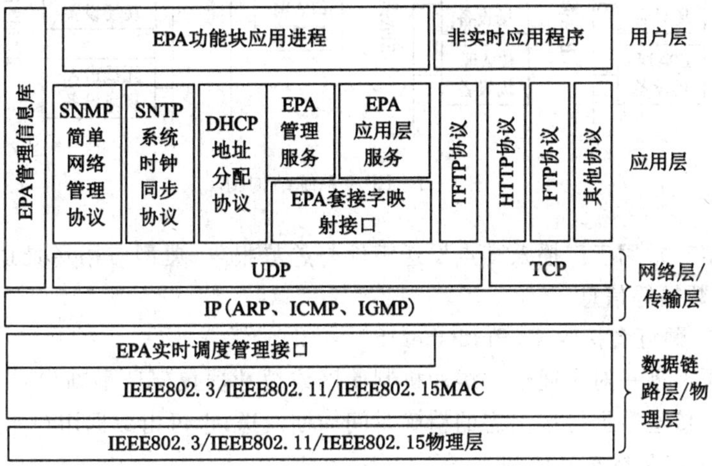

图 7-12　EPA 总线通信模型

应用进程 AP(Application Process)是现场总线内实现相关功能的集合，是驻留在设备内部的分布式应用，也是现场总线活动的基本单元。AP 可组合成复合对象，多个复合对象还能形成复合列表对象。设备中 AP 数量与其功能及执行情况相关，可通过软件下载或固化在专用集成电路(ASIC)内。而位于应用层的功能块应用进程(FBAP)，由功能块组成应用集合，用于构建自动控制回路，完成自动化系统任务。

此外，图 7-13 对套接字映射进行了说明。套接字(Socket)是协议访问点的接口抽象，在网络设备中作为通信端点；映射(Mapping)则是与其他集合成员对应的、具有特定特征或属性的集合。

7.3.3.2　EPA 的通信模式

EPA 支持三种通信模式：

(1) 客户/服务器(Client/Server)

该模式用于 EPA 网络中两个设备间由用户发起的一对一排队式非周期通信。排队机制确保消息按优先级顺序收发，避免消息覆盖。常用于设置参数或执行操作，如更改给定值、访问和调整调节器参数、确认报警、上传下载数据等。

(2) 报告分发型(Report Distribution)

这是一种排队式非周期通信，也是用户发起的一对多通信模式。与客户/服务器模式的主要区别在于一对多通信特性，一个报告者对应由多个设备组成的收听者组，收听者地址通

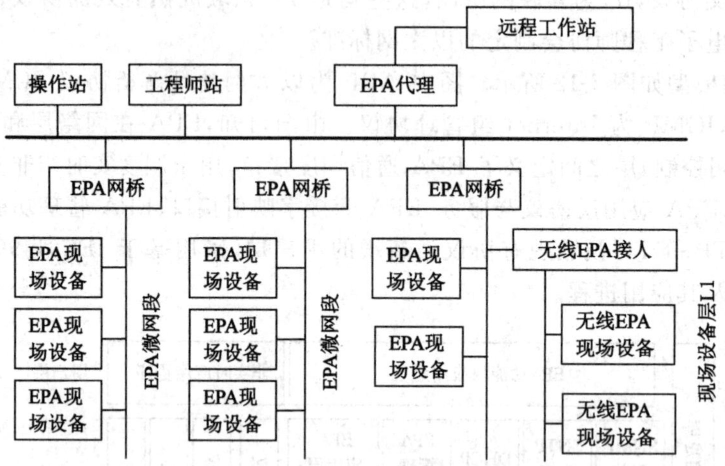

图 7-13　EPA 系统结构图

过组态预先确定。常用于广播及多点发送事件与趋势报告，典型应用场景是向操作台发送报警状态、趋势数据等信息。

(3) 发布者/预订者接收型(Publisher/Subscriber)

主要用于缓冲型一对多通信。缓冲机制使网络缓冲器仅保留最新发布的数据，新数据会覆盖旧数据。传输数据可按组态的精确时间周期发送，也可由数据用户非周期发送 。

7.3.3.3　EPA 系统网络拓扑结构

EPA 控制系统通信网络分为两个网段：过程监控层网段 L2 和现场设备层网段 L1。L1 网段用于连接工业生产现场的各类设备(如变送器、执行机构、分析仪器等)，以及现场设备与 L2 网段；L2 网段主要用于连接控制室设备和人机接口(如图 2 所示)。L1 和 L2 网段仅基于系统层次关系划分，本质上均遵循相同的 EPA 通信协议。组成这两个网段的网络可选用以太网、无线局域网或蓝牙通信技术中的一种或多种，其中以太网网段兼容 IEEE802.3 协议，无线局域网网段兼容 IEEE802.11 协议，蓝牙网段兼容 IEEE802.15 协议。

现场设备层 L1 网段的物理接口和线缆特性需满足工业现场应用要求。实际应用中，推荐 L2 网段采用以太网，L1 网段可灵活选用以太网、无线局域网或蓝牙中的一种或多种组合。

7.3.3.4　EPA 系统技术特点

(1) 确定性通信

以太网因采用 CSMA/CD(载波侦听多路访问/冲突检测)介质访问控制机制，存在通信“不确定性”，这曾是其应用于工业数据通信网络的主要障碍。在 EPA 系统中，依据通信关系将控制现场划分为多个控制区域，各区域通过 EPA 网桥分隔，区域内设备通信流量被限制在本区域，区域间通信由 EPA 网桥转发。在单个控制区域内，EPA 设备按预先组态的分时发送原则向网络传输数据，避免冲突，保障了设备间通信的确定性和实时性。

(2) 互可操作

与传统 4～20 mA 标准不同，工业数据通信网络不仅要实现信号互通互联，更需解决信息互通问题，即信息的互相识别、理解与互操作。信号互通指两个通信设备在通信介质、信号类型、大小及输入/输出匹配等物理层参数上符合同一标准;在此基础上,采用统一数据链路层协议,不同设备即可实现网络互联与信息交互。

(3) 开放性

《EPA 标准》完全兼容 IEEE802.3、IEEE802.1P&Q、IEEE802.1D、IEEE802.11、IEEE802.15 以及 UDP(TCP)/IP 等协议,通过 UDP 协议传输 EPA 协议报文,减少协议处理时间,提升报文传输实时性。为保障系统在工业现场的可靠性,《EPA 标准》还针对工业环境增加了媒体接口选择规范与线缆安装导则。EPA 网络支持以太网、无线局域网、蓝牙上其他协议(如 FTP、HTTP、SOAP,以及 Modbus、ProfiNet、Ethernet/IP 协议)报文并行传输,使 IT 领域的适用技术、资源和优势能在 EPA 系统中得以充分利用。

(4) 分层的安全策略

针对以太网等技术带来的网络安全问题,《EPA 标准》从企业信息管理层、过程监控层和现场设备层三个层次实施分层化网络安全管理。EPA 现场设备配备特定网络安全管理功能块,对接收报文进行访问权限和密码检测,仅处理合法报文,丢弃非法报文。对于互联网远程访问,采用 EPA 代理服务器及多种信息网络安全管理措施,防止非法入侵。

(5) 冗余

EPA 支持网络冗余、链路冗余和设备冗余,并制定了相应的故障检测与恢复措施,包括设备冗余信息发布、冗余状态管理、备份自动切换等,保障系统稳定运行。

7.4 工业以太网系统

7.4.1 工业以太网系统概述

7.4.1.1 以太网概述

以太网是一种计算机局域网技术,其技术标准由 IEEE 组织的 IEEE 802.3 标准所规定,涵盖物理层连线、电子信号以及介质访问层协议三部分内容。凭借广泛的适用性,以太网在局域网技术领域占据主导地位,致使令牌环、FDDI 和 ARCNET 等其他局域网技术的应用逐渐式微。

传统以太网是传输速率为 10 Mb/s 的常用局域网(LAN)标准,总线型拓扑为其标准拓扑结构。为减少信号冲突、提升网络速度与使用效率,快速以太网(100BASE-T、1000BASE-T 标准)借助交换机进行网络连接与组织,使网络拓扑从总线型转变为星形结构。不过,在逻辑层面,以太网依然沿用总线型拓扑和 CSMA/CD(载波多重访问/碰撞侦测)总线技术。

以太网实现了网络中多节点信息发送的功能,每个节点需获取电缆或信道才能传输信息,“以太”(Ether)也由此得名。每个节点都拥有全球唯一的 48 位地址,以此确保以太网上所有节点能够相互识别与鉴别。

7.4.1.2 工业以太网

工业以太网以 IEEE 802.3(Ethernet)强大的区域和单元网络为基础,实现了多媒体世界的无缝集成。当前,企业内部互联网(Intranet)、外部互联网(Extranet)以及国际互联网

(Internet)不仅在办公领域广泛应用,也在生产和过程自动化领域大规模普及。在此背景下,具备交换功能、全双工模式和自适应能力的100M波特率快速以太网(Fast Ethernet,符合IEEE 802.3u标准)应运而生。用户可依据实际需求,灵活选用不同性能的以太网产品。以太网良好的兼容性,为用户实现技术无缝升级提供了便利。

7.4.1.3 基本结构

在ISO/OSI通信参考模型中,工业以太网包含HSE、Profinet、Ethernet/IP和Modbus TCP等多种协议,这些协议均基于IEEE 802.3以太网技术标准构建。IEEE 802.3标准覆盖了ISO/OSI模型的下四层,其中TCP/IP协议套件(包括UDP、TCP、IP、ARP、ICMP和IGMP)被用作网络层和传输层协议,成为以太网的“事实标准”。在高级协议层面,工业以太网协议通常简化或去除会话层和表示层,并重新定义应用层,部分协议(如HSE)还增设了用户层,其结构如图7-14所示。

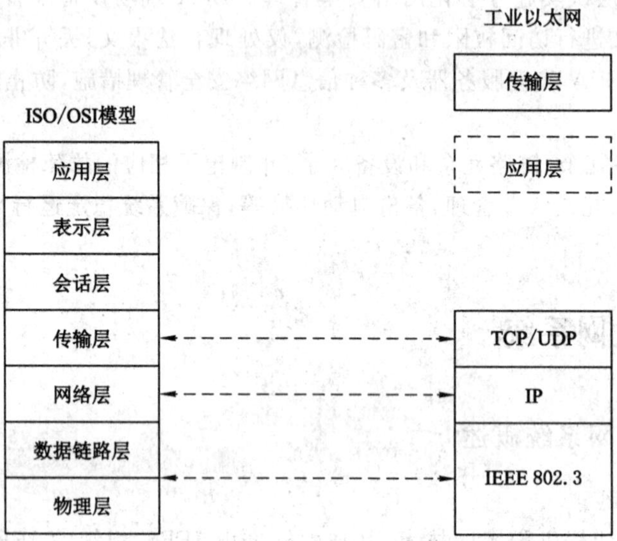

图7-14 工业以太网通信模型

根据系统规模和实际应用场景,工业以太网可灵活采用星形、环状(含冗余双环)、线状(或类总线状)等网络拓扑结构。相较于商业以太网,工业以太网严格遵循电气和电子工程师协会(IEEE)相关标准,在设备防爆性、抗腐蚀性、机械强度、电磁兼容性等方面表现更优,对复杂工业环境具有更强的适应性。

7.4.2 基于工业互联网测控系统

2013年,美国通用电气率先提出工业互联网概念,并联合AT&T、思科、英特尔和IBM共同组建工业互联网联盟(IIC,Industrial Internet Consortium),引发全球关注。2015年,通用电气推出工业互联网平台Predix;2016年,西门子发布MindSphere和Sinalytics。与此同时,国内众多企业与机构也相继推出类似平台,标志着全球新一轮工业互联网平台生态竞争正式拉开帷幕。航天云网便是在此背景下,基于李伯虎院士提出的云制造理念启动建设,虽经实际运营团队深度优化,但核心思路始终清晰明确。

7.4.2.1　INDICS 工业互联网平台

2017 年 6 月 15 日，航天云网正式发布 INDICS 工业互联网平台。该平台依托航天科工强大的科技创新与制造资源，开放聚合社会资源，构建起以“制造与服务相结合、线上与线下相结合、创新与创业相结合”为特色，适配互联网经济业态与新型工业体系的航天云网生态系统。

(1) 功能分析

① 边缘层：航天云网 INDICS 平台通过“物联网接入工具”实现工业设备连接，该工具具备丰富的数据采集协议、强大的协议转换能力及主流数据上传协议，可满足 21 类不同工业领域的设备数据采集需求。其核心功能涵盖物管理与物接入，产品架构如图 7-15 所示。在工厂车间场景中，工业设备、服务系统及产品可通过虚拟网关或 INDICS EDGE 物理网关接入平台。网关内置云平台 API，支持两种数据采集模式：设备主动向网关上传数据，或网关通过轮询方式从设备寄存器读取数据。获取数据后，网关即刻上传至物联网接入平台，实现数据的实时采集、分析与展示。

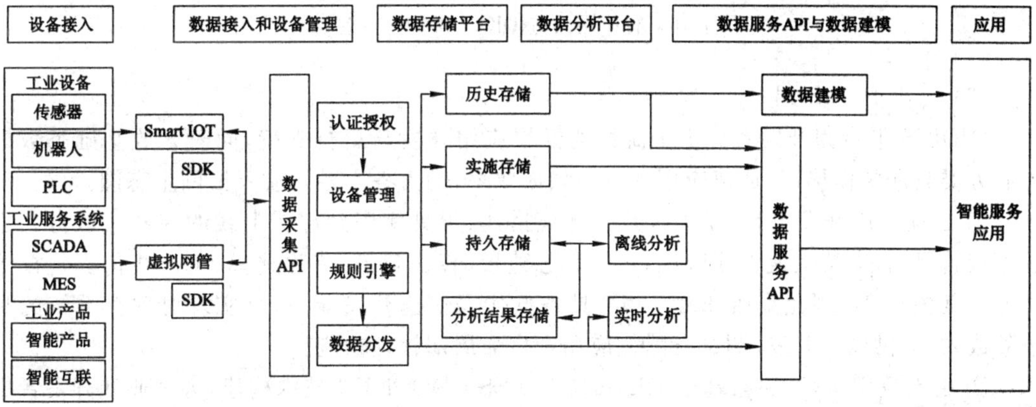

图 7-15　INDICS 框架

主要功能：数据采集协议支持 OPC UA、MODBUS RTU、MODBUS TCP、S7，同时通过 GPIO 接口实现模拟量与数字量数据采集；数据上传协议包含 HTTP、HTTPS、MQTT（工业主流通信协议）；可接入设备类型覆盖机械加工、焊接技术、特种加工、仿真技术等多个工业领域。如图 7-16 所示的智能网关 INDICS EDGE 由航天云网自主研发，作为连接 INDICS 云平台的核心设备，集成数据采集、转换、处理、传输，工厂 OT 组网及通信协议转化等功能模块。由于内置云平台 API，用户无须二次开发即可实现与 INDICS 云平台云制造应用、工业大数据应用的无缝对接，为企业提供了便捷的设备上云服务。

(2) IAAS 层

航天云网为企业桌面及服务器应用提供高性能超级服务器，涵盖天域系列数据管理系统、分布式存储、操作系统、虚拟智能化平台、工业防火墙及负载均衡系统等核心组件。同时，面向企业上云需求，提供云服务器及备份、云操作系统、云负载均衡、云防火墙等基础设施服务，并由专业技术团队提供全面的安全规划与风险评估。依托自主可控的基础设施产品，航天云网构建 INDICS 云平台，有效推动产业平台生态整合，实现 IAAS 技术能力的对外输出。

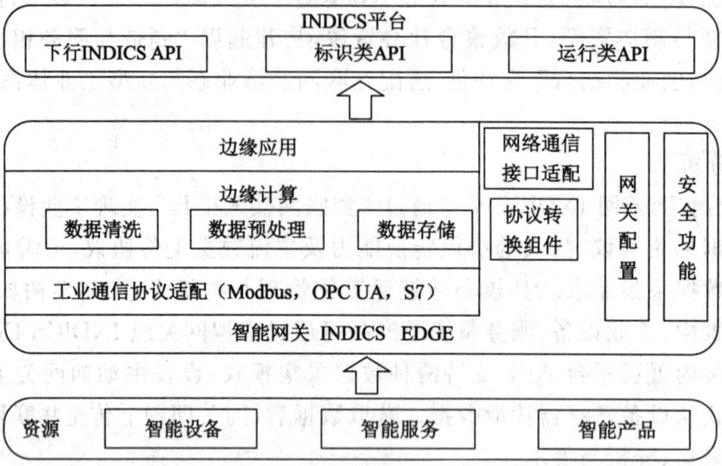

图 7-16　智能网关 INDICS EDGE 连接关系

(3) 工业 PAAS 层

INDICS 平台为开发者提供全流程的云端应用开发与运行支持，同时开放基础类数据与业务类数据操作接口，加速应用开发与集成效率，助力各方融入航天云网生态圈。

① 云端应用开发工具：提供从开发环境搭建、工具使用到部署上线的一站式服务。通过可视化界面，支持快速构建应用，集成组态建模、算法建模、流程建模、生产线仿真建模等功能。其核心“可视化集成开发环境”具备低代码快速开发能力，可实现对现存系统的高效集成，并提供软件开发、测试、部署、应用全生命周期管理功能。

② 云端应用运行工具：基于 KUBERNETES＋DOCKER 技术构建，为企业和开发者提供高可靠、高性能的应用云化服务，支持普通应用、微服务、云化原生、大数据分析、中间件等五类企业级容器应用一键上云。同时，配套镜像仓库、持续集成、智能运维及 20 余种容器运行组件服务，实现应用云端全生命周期管理，极大提升开发效率。

③ 通用 API 和业务 API：API 中心提供 API 全生命周期托管服务，包括注册、发布、管理、监控与运维。其中，通用 API 为开发者提供标准化、服务化、集约化的功能接口，开放平台服务与数据；业务 API 则针对基础类和业务类数据操作，助力应用快速开发集成，推动生态圈协同发展(见图 7-17)。

(4) 工业 SAAS 层

INDICS 平台应用体系涵盖五大类：

① 面向企业系统级应用：包括企业大脑、企业驾驶舱等产品，实现企业业务、APP 及工业资源集成，通过数据分析工具为管理层提供云化指挥、决策、控制功能。

② 面向行业的云服务：分为产业云平台(如模具云、家具云)和场景化云服务(如电梯智能监控、电机健康诊断)两类，实现设备状态监控与行业资源整合。

③ 面向数字化转型的解决方案：基于 INDICS 平台，针对仓储物流、运营管理等行业场景，提供定制化转型方案。

④ 工业大数据解决方案：整合大数据基础套件、安全服务及工业智能管理系统，服务石

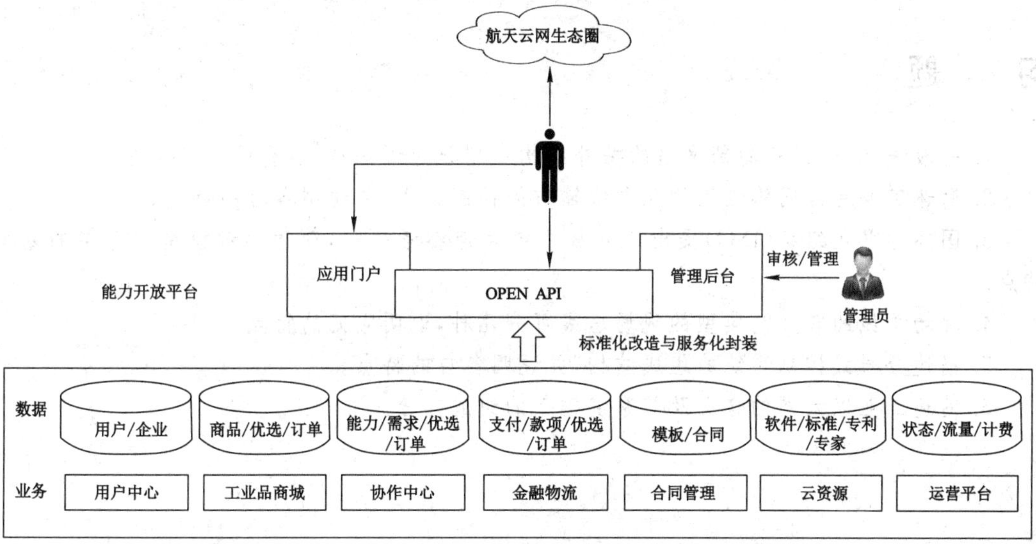

图 7-17　整体功能架构

油石化、能源电力等行业。

⑤ 智能制造解决方案：为轻工、汽车等行业提供智能机床、试验机等设备，支持关键部件性能分析。软件层面，提供 SCADA、MES、ERP、MTM 等信息产品，其中 ERP 采用 SAP 云端系统，SCADA、MES、MTM 由航天云网自主研发，目前智能制造实践以智能生产线改造为主。

7.4.2.2　平台生态

航天云网 INDICS 平台构建了完整的四层功能架构：边缘层通过物联网接入工具与智能网关实现工业设备、系统及产品的数据采集与上传；IAAS 层提供自主可控的云基础设施与安全服务，保障数据安全；工业 PAAS 层以开发工具、运行环境及 API 接口为核心，构建开发者生态；工业 SAAS 层则面向企业、行业提供多元化应用服务。各层级协同运作，形成开放共享、高效协同的产业生态圈。

7.4.2.3　服务选型

CMSS(云制造服务系统)致力于实现云制造模式下企业应用服务的动态集成与协同，支持专业类 APPS 与智能协同类 APPS。其中，专业类 APPS 涵盖智能研发、精益制造等工业应用，助力企业智能化改造与生态管理；智能协同类 APPS 提供跨企业协同设计、资源调度、生产执行及虚拟仿真等功能，实现产业链供需精准对接与服务协同。

航天云网以构建智能化端到端应用集成与服务系统为目标，为制造全产业链提供全要素、全流程、全生命周期的 APP 支持。通过推动企业设备与数据接入平台，实施智能化改造，打造系统全面、开放共享、使用便捷的创新生态。INDICS 平台作为连接与开发的基础，支撑数据采集与应用环境搭建；CMSS 则以集成协同为核心，实现企业内外部业务高效联动，共同推动工业互联网生态的发展。

习　题

1. 一般情况下，工业局部网络的拓扑结构可划分为哪几种，各有什么特点？

2. 简述工业局部网络常用的几种传输访问控制方式，并说明各自的特点。

3. 国际标准化组织(ISO)提出的开放系统互连参考模型，简述参考模型中每层的基本特点。

4. 现场总线的含义？典型的现场总线可分几种，说明它们的特点。

5. 描述分布式控制系统的组成结构，并说明各自的特点。

6. 简述工业以太网的含义及其系统框架的组成部分。

参考文献

[1] 张燕红.计算机控制技术[M].3 版.南京:东南大学出版社,2020.
[2] 于海生.微型计算机控制技术[M].北京:清华大学出版社,1999.
[3] 李江全.计算机控制技术项目教程[M].2 版.北京:机械工业出版社,2017.
[4] G S VIRK . Digital Computer Control Systems[M]. London:Palgrave, 1991.
[5] 王锦标.计算机控制系统[M].北京:清华大学出版社,2004.
[6] 韩喜春,张鹏,秦杰.计算机总线技术应用实例[M].北京:化学工业出版社,2010.
[7] 孙增圻.计算机控制理论与应用[M].北京:清华大学出版社,2008.
[8] 孙德辉,郑士富.微型计算机控制系统[M].北京:冶金工业出版社,2002.
[9] 李铁桥,张虹.计算机控制理论与应用[M].哈尔滨:哈尔滨工业大学出版社,2005.
[10] 周雪琴.计算机控制系统[M].西安:西北工业大学出版社,1998.
[11] 苏松基.数字计算机控制系统[M].北京:机械工业出版社,1982.
[12] 叶蓓华.数字控制技术[M].北京:清华大学出版社,2002.
[13] 甘永梅,刘晓娟,晁武杰,等.现场总线技术及其应用[M].2 版.北京:机械工业出版社,2008.
[14] 任波,乔莉,李环.现场总线技术及应用[M].北京:航空工业出版社,2008.
[15] 李正军,李潇然.现场总线与工业以太网及其应用技术[M].2 版.北京:机械工业出版社,2023.
[16] 李正军,李潇然.现场总线及其应用技术[M].3 版.北京:机械工业出版社,2023.
[17] 卢亚平,丁建强,任晓.计算机控制技术:理论、方法与应用[M].北京:清华大学出版社,2023.
[18] 施保华,杨三青,周凤星.计算机控制技术[M].武汉:华中科技大学出版社,2007.
[19] 王爱英.计算机组成与结构[M].5 版.北京:清华大学出版社,2013.
[20] 刘乐善,陈进才.微型计算机接口技术[M].北京:人民邮电出版社,2015.
[21] 疏松桂.计算机控制系统:理论与应用[M].北京:科学出版社,1988.
[22] 袁南儿.计算机新型控制策略及其应用[M].北京:清华大学出版社,1998.
[23] 范立南,李雪飞.计算机控制技术[M].北京:机械工业出版社,2009.
[24] 周俊.计算机控制技术[M].南京:东南大学出版社,2016:2016.
[25]王六平.PID 控制系统设计——使用 MATLAB 和 Simulink 仿真与分析[M] . 北京: 机械工业出版社, 2009.
[26] 龙志强,李晓龙,窦峰山,等.CAN 总线技术与应用系统设计[M].北京:机械工业出版

社,2013.
[27] 郭琼,姚晓宁.现场总线技术及其应用[M].4 版.北京:机械工业出版社,2024.
[28] 刘金琨.先进 PID 控制 MATLAB 仿真[M].4 版.北京:电子工业出版社,2016.
[29] 李士勇.模糊控制[M].哈尔滨:哈尔滨工业大学出版社,2011.
[30] 王茂,申立群.现代数字控制实践[M].哈尔滨:哈尔滨工业大学出版社,2011.
[31] 李壮举.基于自抗扰的解耦控制研究[M].北京:中国言实出版社,2019.
[32] 汪纪锋.现代控制理论[M].北京:人民邮电出版社,2013.
[33] 刘云生.实时数据库系统[M].北京:科学出版社,2012.
[34] (美)David M.Kroenke,David J.Auer.姜玲玲,冯飞译.数据库原理[M].北京:清华大学出版社,2008.
[35] 王云良,吴红亚.工业计算机应用与维护[M].北京:北京理工大学出版社,2014.
[36] 陈少春.计算机存储技术与应用[M].成都:电子科技大学出版社,2017.
[37] 杨心强,陈国友.数据通信与计算机网络[M].5 版.北京:电子工业出版社,2018.
[38] 肖军.DCS 及现场总线技术[M].北京:清华大学出版社,2011.
[39]王常力,罗安.分布式控制系统(DCS)设计与应用实例(第 3 版)[M]. 北京: 清华大学出版社, 2011.
[40] 陈家斌.接地技术与接地装置[M].北京:中国电力出版社,2003.
[41] 周志敏,纪爱华.电子信息系统防雷及接地实用技术[M].北京:电子工业出版社,2014.
[42] 阳宪惠.网络化控制系统:现场总线技术[M].2 版.北京:清华大学出版社,2014.
[43] 高晓蓉,李金龙,彭朝勇,等.传感器技术[M].3 版.成都:西南交通大学出版社,2021.
[44] 林向华,陈志青.现场总线技术及应用[M].西安:西安电子科技大学出版社,2019.
[45] 孙延明,宋丹霞,张延平.工业互联网:企业变革引擎[M].北京:机械工业出版社,2021.
[46] 王如松.组态软件应用技术[M].北京:机械工业出版社,2013.
[47] 尹周平,陶波.工业物联网技术及应用[M].北京:清华大学出版社,2022.
[48] 孙昕炜,李江,王恒心.工业物联网应用与实践[M].北京:清华大学出版社,2022.
[49] 崔林海.计算机组成原理与结构[M].哈尔滨:哈尔滨工业大学出版社,2015.
[50] 韩成浩,高晓红.CAN 总线技术及其应用[J].制造业自动化,2010,32(2):146-149.
[51] 张惠国,于宗光.可编程输入输出接口设计研究[J].中国电子科学研究院学报,2010,5(1):19-23.
[52] 黄仲平,雷怀宏.大型仿真控制系统中输入/输出接口系统的应用与开发[J].计算机仿真,1999,16(2):42-44.
[53]徐茂生. 计算机联锁控制系统输入与输出接口的研究[J]. 北方交通大学学报, 1998,(05): 91-93.
[54] 李秀梅,华洪涛.数据采集控制器输入输出接口[J].电子与电脑,2007(3):90-93.
[55] 雷浩丹.微型计算机的输入输出接口技术[J].中国新通信,2013,15(13):86.
[56] 吕树人.工业控制计算机系统的抗干扰方法[J].中国计量,2001(1):46.
[57] 张军,彭宣戈.嵌入式系统硬件抗干扰技术[J].微计算机信息,2006,22(14):16-17.
[58] 陈群阳,戴曙光,穆平安,等.DSP 系统抗干扰技术的研究[J].仪表技术,2004(4):60-61.

[59] 刘书刚.微控制器硬件抗干扰技术[J].单片机与嵌入式系统应用,2002,2(9):14-17.

[60] 赵翠琴,周华安,杨兴果,等.CAN 总线监控网络抗干扰措施研究[J].计算机测量与控制,2007,15(2):200-201.

[61]任彦, 陈淋艳, 崔桂梅. 曲线插补过程中运动轨迹平滑处理方法的研究[J]. 微特电机, 2009, 37(06): 18-20+64.

[62] 刘力.基于直插补模型的机器人机械臂运动控制轨迹智能修正研究[J].机械设计与制造工程,2021,50(3):23-27.

[63] 任强,罗泽林.基于插补算法与最优前瞻的数控运动轨迹控制研究[J].机械设计与制造工程,2016,45(4):63-66.

[64]韩进宏. 现代控制图的计算机应用方法[J]. 山东工程学院学报, 1995, (01): 26-30.

[65]潘云鹤, 孙守迁, 包恩伟. 计算机辅助工业设计技术发展状况与趋势[J]. 计算机辅助设计与图形学学报, 1999, (03): 57-61.

[66] 贺昀轩,李国进,齐佳鑫.数字 PID 控制器在单相逆变器中的研究[J].装备制造技术,2009(5):3-4.

[67] 王萍,王尉,贝太周,等.数字控制对并网逆变器的影响及抑制方法[J].天津大学学报(自然科学与工程技术版),2016,49(5):472-479.

[68] 伍晓红,商立群.计算机控制技术的发展及应用[J].现代电子技术,1998,21(2):44-45.

[69] 李杰,齐晓慧,万慧,等.自抗扰控制:研究成果总结与展望[J].控制理论与应用,2017,34(3):281-295.

[70] 侯忠生,许建新.数据驱动控制理论及方法的回顾和展望[J].自动化学报,2009,35(6):650-667.

[71] 胡包钢,应浩.模糊 PID 控制技术研究发展回顾及其面临的若干重要问题[J].自动化学报,2001,27(4):567-584.

[72]钟庆昌, 谢剑英, 李辉. 变参数 PID 控制器[J]. 信息与控制, 1999, (04): 273-277.

[73] 喻铁军,戴冠中.具有最小稳态误差的最优控制系统设计[J].信息与控制,1992,21(6):321-325.

[74] 刘麒,王影.单片机控制系统的软件抗干扰技术措施[J].电子器件,2017,40(2):415-419.

[75]李明佶. 微机测控软件抗干扰技术研究[J]. 数字技术与应用, 2014, (05): 75-76.

[76] 张辉,樊亚妮.嵌入式自控系统软件抗干扰技术[J].广东教育学院学报,2008,28(5):64-66.

[77] 邹平吉.嵌入式导航计算机系统设计研究[J].信息与电脑(理论版),2022,34(22):19-21.

[78] 杨明华,陶灵姣,杨斌,等.高可信容错计算机系统设计与应用研究[J].计算机工程,2012,38(15):237-239.

[79] YANG L,ZHANG H T.Design and performance simulation of computer control system for automatic monitoring of upper computer communication operation state[J]. Journal of Robotics,2021,2021:6551159.

[80] YANG J X,AI W,LIU Y X,et al.Kinematics model and trajectory interpolation algo-

rithm for CNC turning of non-circular profiles[J]. Precision Engineering, 2018, 54: 212-221.

[81] ZHANG P C.Research and analysis on the robot trajectory interpolation methods[J]. Journal of Computational and Theoretical Nanoscience, 2017, 14(2): 1079-1084.

[82] ZHANG H F, YE W, LI Q C.Robust decoupling control of a parallel kinematic machine using the time-delay estimation technique[J]. Science China Technological Sciences, 2023, 66(7): 1916-1927.

[83] ZHANG X, LIU J G, GAO Q, et al. Adaptive robust decoupling control of multi-arm space robots using time-delay estimation technique[J]. Nonlinear Dynamics, 2020, 100(3): 2449-2467.

[84] JI L.Software anti-interference design of SCM control system[J]. Applied Mechanics and Materials, 2014, 644/645/646/647/648/649/650: 667-669.